KB146382

『미래자동차 기술인력양성』 교육·훈련교재

전기자동차 고전압안전교육

미래자동차 인재개발원 편찬위원회

책 머리에…

글로벌 자동차 시장은 환경규제 강화 등으로 점차 내연기관 사용을 금지하고 전기를 동력으로 하는 미래형 친환경차로 급속히 변화하고 있다.

독일은 2030년, 프랑스와 영국은 2040년 이후 내연기관 자동차 판매를 금지하겠다고 하고 있으며, 자동차 제작사인 스웨덴의 볼보는 2019년 이후 내연기관 자동차를 생산하지 않겠다고 발표했다.

우리나라도 2011년부터 본격적인 전기자동차 보급 활성화 정책을 추진하여 2016년 전기자동차 보급대수가 1만대를 돌파한 후 지난 2020년 누적 판매대수 13만대를 돌파했다. 수소자동차 역시 세계 최초로 1만대를 돌파하는 하는 등 전기자동차 보급 속도가 매우 빠르게 진행되고 있다.

그러나 전기자동차는 고전압전기장치에 의한 구동력으로 운행되는 운송수단이다. 그러므로 항상 감전 위험에 노출되어 있고, 사고나 고장 시에도 고전압 상태로 사고처리 및 수리를 진행하기 때문에 반드시 전문가의 취급이 요구된다.

따라서 전기자동차 고전압전기장치에 대한 최소한의 안전교육이 필요하며 나아가 전기자동차의 정비·검사 기준과 성능검사에 대한 기준을 마련하고, 전기자동차 전문정비를 위한 교육 및 전문자격제도가 요구되는 상황이다.

하지만 전기자동차의 보급 속도에 비해 전기자동차에 대한 안전교육과 전기자동차 전문 정비인력의 보급은 그 속도를 쫓아가지 못하고 있다.

여기에 우리 정부도 2020년 미래형자동차 현장기술인력 양성을 본격적으로 추진하겠다고 발표하고 현재 다양한 지원정책을 추진하고 있다.

이 교육교재는 늘어나는 전기자동차의 보급에 맞춰 전기차 운전자를 비롯한 사고 시에 출동하는 교통경찰, 소방관, 보험사, 견인기사 및 고전압 전기장치를 취급하는 정비사 등 현장 인력에 대한 최소한의 안전을 지킬 수 있도록 매뉴얼로 집필한 것이다.

이 책을 통해 전기자동차 고전압전기장치를 취급하는 모든 이에게 전기자동차에 대한 이해와 업무능력을 향상시켜 실질적인 작업 안전에 커다란 도움이 되었으면 한다.

2022년 5월

미래자동차 인재개발원 편찬위원회

Contents

제5장 고전압 배터리 시스템

제6장 모터 제어기술

제7장 전기자동차 충전 시스템

제8장 전기자동차 유지관리 및 정비

제1장

전기 자동차 소개

전기자동차 소개

01 전기자동차와 하이브리드 자동차

1. 전기자동차

(1) 개요

전기 자동차는 차량에 탑재된 고전압 배터리의 전기 에너지로부터 구동 에너지를 얻는 자동차이며, 일반 내연 기관 차량의 변속기 역할을 대신할 수 있는 감속기가 장착되어 있다. 또한 내연 기관 자동차에서 발생하게 되는 유해가스가 배출되지 않는 친환경 차량으로서 다음과 같은 특징이 있다.

- 대용량 고전압 배터리를 탑재한다.
- 전기 모터를 사용하여 구동력을 얻는다.
- 변속기가 필요 없으며, 단순한 감속기를 이용하여 토크를 증대시킨다.
- 외부 전력을 이용하여 배터리를 충전한다.
- 전기를 동력원으로 사용하기 때문에 주행 시 배출 가스가 없다.
- 배터리에 100% 의존하기 때문에 배터리 용량 따라 주행거리가 제한된다.

(2) 주요 사항

전기 자동차는 차량 하부에 장착된 약 300~400V의 고전압 배터리팩의 전원으로 모터를 구동하며, 구동 모터의 회전 속도를 제어하여 차량 속도를 변화시키므로 변속기는 필요 없으나 구동 토크를 증대하기 위한 감속기가 장착되어 있다.

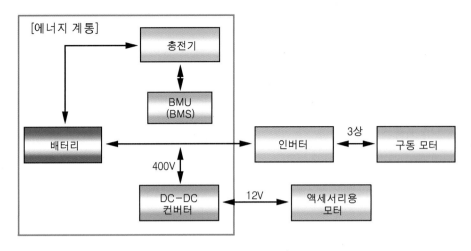

❖ **전기 자동차 에너지 계통의 구성**
출처 : ㈜ 골든벨(2021), [전기자동차 매뉴얼 이론&실무]

(3) 주행 모드

(가) 출발 및 가속

시동키를 ON 후 운전자가 가속 페달을 밟으면 전기 자동차는 고전압 배터리팩 어셈블리에 저장된 전기 에너지를 이용하여 구동 모터가 구동력을 발생함으로써 전기 에너지를 운동 에너지로 변환 후 바퀴에 동력을 전달한다.

차 속을 올리기 위해 가속 페달을 더 밟으면 모터는 MCU의 주파수 변환에 따라 더 빠르게 회전하여 차 속이 높아진다.

큰 구동력을 요구하는 출발과 언덕길 주행 시는 모터의 회전 속도는 낮아지고 구동 토크를 높여 언덕길을 주행할 때에도 변속기 없이 순수 모터의 회전력을 조절하여 주행한다.

❖ **출발 및 가속 때 에너지 흐름**
출처 : ㈜ 골든벨(2021), [전기자동차 매뉴얼 이론&실무]

(나) 감속 및 제동

차량 속도가 운전자가 요구하는 속도보다 높아 가속 페달을 작게 밟거나, 브레이크를 작동할 때 전기 모터의 구동력은 필요하지 않다. 이때 차량 바퀴의 주행 관성 운동 에너지를 구동 모터는 발전기의 역할을 하여 전기 에너지를 만들어 낸다.

구동 모터에서 만들어진 AC 전기 에너지는 MCU를 통하여 DC 전압으로 변환 후 고전압 배터리에 저장한다. 감속 시 발생하는 운동 에너지를 이용하여 구동 모터를 발전기의 역할로 사용함으로써 고전압 배터리팩 어셈블리에 전기 에너지를 재충전하여 전기 자동차의 주행거리를 증대시키는 것을 회생제동이라고 한다.

- 작동 : 10km/h 이상일 경우
- 미작동 : 3km/h 이하일 경우

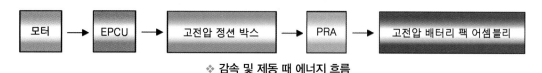

❖ **감속 및 제동 때 에너지 흐름**
출처 : ㈜ 골든벨(2021), [전기자동차 매뉴얼 이론&실무]

❖ **전기자동차 주행 패턴**
출처 : ㈜ 골든벨(2021), [전기자동차 매뉴얼 이론&실무]

(4) 전기자동차 구성

(가) 고전압 배터리 시스템
- DC360~450V 리튬 이온 배터리.
- 자동차 바닥에 설치됨.

(나) 모터/감속기
- 고전압 전기를 동력장치 구동 토크로 변환.
- 내연 기관 자동차의 엔진 위치에 대부분 장착.
- 수랭식 냉각계통을 가지고 있음.

(다) 급속충전기 터미널(단자)

- 고전압으로 배터리에 직접 고속으로 급속 충전

(라) 완속 충전기 터미널(단자)

- 일반전원(가정용 AC 220V)을 OBC에 공급하는 단자

(마) OBC

- 완속 충전 단자를 통하여 공급받은 전원을 변환
- AC ⇒ DC로 변환 후 고전압 배터리를 느리게 충전

(바) EPCU

- VCU, MCU, LDC 통합 설치된 패키지로 구성.
- 수랭식으로 별도의 냉각라인 구성됨.

(5) 전기자동차의 핵심기술

(가) 고전압 배터리 충전

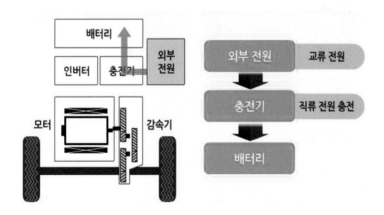

(나) 차량 주행 모드

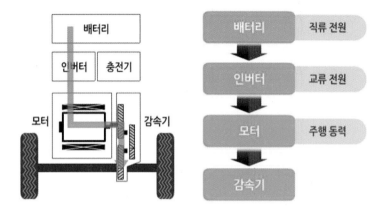

(다) 회생제동 모드

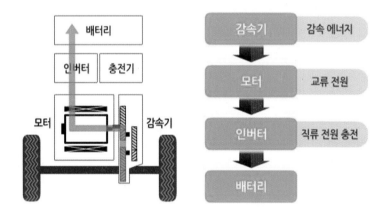

2. 하이브리드자동차

(1) 개요

　하이브리드자동차는 휘발유 엔진과 전기 모터 및 고전압 배터리 등 두 가지 이상의 구동 장치와 동력원을 동시에 탑재한 자동차로서 디젤 엔진과 전기 모터, 수소연료 엔진과 연료전지, 천연가스와 휘발유 엔진 등을 사용하는 예도 하이브리드자동차라 한다.

　출발과 저속 주행 시에는 엔진 가동 없이 모터 동력만으로 주행한다. 또한 배터리 충전은 회생제동이라는 방식으로 이루어지는데, 그 원리는 감속 시 브레이크를 밟으면 모터가 발전기로 전환되어 전기를 생성하여 배터리에 충전하는 방식이다. 이 때문에 연비가 기존의 내연 기관차보다 40% 이상 높고 배기가스는 감소한다. 또한 엔진 출력에 모터 출력이 추가되어 큰 구동력이 필요한 오르막길 등에서도 가속 성능이 좋고 정숙한 승차감을 느끼는 장점이 있다. 내연 기관 자동차보다 연비가 뛰어나 경제성이 좋으며 전기차 모드 주행 시 정숙성이 좋다.

(가) 내연 기관 자동차

내연 기관을 이용한 엔진을 주 동력원으로 사용하며 엔진에서 발생한 동력은 변속기를 통하여 토크를 변환 후 구동륜으로 전달한다.

(나) 하이브리드자동차

주 동력원인 엔진과 변속기 사이에 보조 동력원인 전기 모터를 장착하고 모터 구동을 위한 대용량의 고전압 배터리를 장착하여 두 가지의 동력원을 이용할 수 있다.

하이브리드 자동차   가솔린 엔진   전기 모터   고전압 배터리

❖ **하이브리드자동차 구성름**
출처 : 기아자동차, [플러그인 하이브리드 자동차 개요] 정비교육 교재

(2) 주요 사항

(가) 하이브리드자동차의 구동 방식

1) 하이브리드자동차의 구동 방식 분류

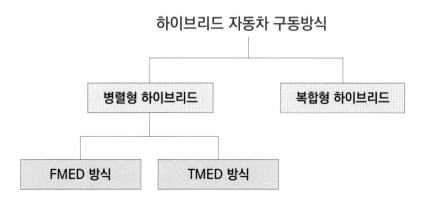

2) 병렬형 하이브리드 (FMED 방식)

모터가 엔진 측에 장착되어 모터를 통한 엔진 시동, 엔진 보조, 그리고 회생제동 기능 수행하며 EV 모드 없다(엔진과 모터가 직결되어 있어 모터 단독 구동 불가능).

Mild 타입 또는 Soft 타입 하이브리드 시스템이라 불림

- 출발 시 모터와 엔진을 모두 사용한다.
- 부하가 적은 저속 및 정속 주행 시에는 엔진만으로 주행한다.
- 가속이나 등판과 같이 고 부하 주행 영역에서는 엔진의 회전력을 하이브리드 모터의 회전력으로 보조함.
- 감속 시에는 회생제동 브레이크 시스템(하이브리드 모터가 발전기 역할)을 사용하여 바퀴의 운동 에너지를 전기 에너지로 전환하여 고전압 배터리를 충전한다.
- 정차 시에는 엔진을 정지시켜 연료를 절약하게 되는데 이를 오토 스탑(Auto Stop) 기능이라 한다.
- 적용 차종 : 현대(아반떼, 베르나), 기아(포르테, 프라이드), 혼다(시빅, 어코드).

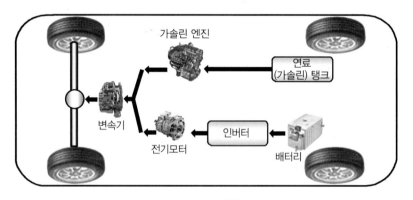

❖ **FMED 방식**

출처 : ㈜ 골든벨(2019), [내차달인교과서] 전기자동차편

2) 병렬형 하이브리드 (TMED 방식)

모터가 변속기에 직결되어 있고 전기차 모드 주행을 위해 엔진과는 클러치로 분리되어 있으며 기존 변속기 사용이 가능하여 투자 비용을 절감할 수 있으나 정밀한 클러치 제어가 요구되며 주행 중 엔진 시동을 위해 별도의 하이브리드 스타터 제너레이터가 필요하고 EV 모드가 가능하며 FMED 방식 대비 연비가 우수하여 풀 하이브리드 타입 또는 하드 타입 하이브리드 시스템이라고 한다.

- 시동 시는 엔진 시동 없이 자동차 구동에 필요한 하이브리드 시스템을 준비한다.
- 저속 주행 때 및 저 토크 주행 시 엔진 구동 없이 모터만으로 구동하여 연료 소모가 없으며 정숙하다.
- 정속 주행 시는 엔진 또는 모터로 구동되며, 고전압 배터리 잔량이 적정수준 이하일 경우 충전한다.
- 가속 주행 때는 운전자의 가속 요구를 파악하여 엔진을 자동으로 시동하고 엔진과 모터 사용을 적절히 분배하여 우수한 연비를 제공한다.
- 가속/등판 시는 엔진과 모터를 동시에 구동하여 가속 및 등판 시 강력한 파워를 제공한다.
- 감속 시는 엔진을 정지하고 회생제동 시스템을 통해 제동 시 발생하는 에너지를 회수하여 고전압 배터리를 충전한다.
- 정차 혹은 신호 대기 시 엔진과 모터를 정지시켜 배출 가스 및 연료 소모가 없다.
- 적용 차종 : 현대(쏘나타, 그랜저), 기아(K5, K7), 푸조(306, C4), 폭스바겐(투아렉), 아우디(Q7), 포르쉐(카이엔)

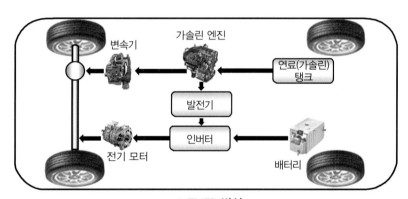

❖ **TMED 방식**

출처 : ㈜ 골든벨(2019), [내차달인교과서] 전기자동차편

3) 복합형 (Power Split Type 방식)

Power Split Type으로 동력 분기 형이라고도 하며 유성기어를 사용하여 엔진과 모터의 동력을 분배하여 동력을 전달하고 EV 모드 주행이 가능하여 엔진의 시동 없이 순수 모터 구동력만으로 주행할 수 있다.

- 적용 차종 : 도요타(프리우스, 캠리, RX400h, 하이랜더), 포드(에스케이프, 마리너), GM(타호, 유콘), 벤츠(ML450)

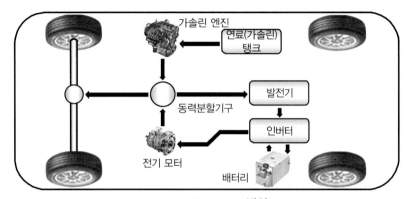

❖ **Power Split Type 방식**
출처 : ㈜ 골든벨(2019), [내차달인교과서] 전기자동차편

(3) 주행 모드

(가) 엔진 시동

- 고전압 배터리의 전기를 이용하여 하이브리드 스타터 제너레이터(HSG)의 회전력으로 엔진 시동
- HSG는 엔진 크랭크축 풀리와 구동 벨트로 연결되어 고전압 배터리에 의해 회전하게 되면 크랭크축도 같이 회전하면서 엔진 시동
- HSG 고장이 발생했을 경우 하이브리드 모터를 통해 엔진 시동

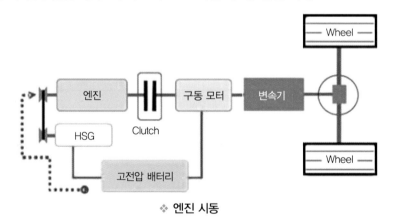

❖ **엔진 시동**

(나) EV 모드 주행

- 자동차 출발 시나 저속 주행 구간 등 저 토크 요구 시에는 하이브리드 모터의 동력만으로 주행한다.

- 엔진과 하이브리드 모터 사이에 있는 클러치는 차단된 상태로 모터의 회전력이 바퀴까지 전달한다.
- 엔진 OFF 시에는 전동식 오일펌프를 구동해 자동변속기 구동에 필요한 유압을 만들어서 엔진 클러치를 제어한다.

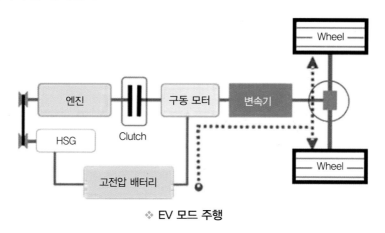

❖ EV 모드 주행

(다) 하이브리드 모드 주행

- 급가속 또는 등판 주행 시 엔진과 하이브리드 모터를 동시에 구동하여 하이브리드 모드로 주행한다.
- 전기차 모드 주행 중 하이브리드 모드 주행으로 전환할 때 엔진 동력을 연결하는 순간 큰 쇼크(Shock)가 발생할 수 있다.
- 쇼크 현상을 방지하기 위해 엔진 클러치 체결 전 하이브리드 스타터 제너레이터를 구동해 엔진 회전 속도를 빠르게 올려 하이브리드 모터 회전 속도와 동기화되도록 한다.
- 엔진 회전 속도가 동기화된 후 클러치를 연결하여 부드러운 연결이 되도록 하여 엔진 클러치 접속 충격 쇼크를 저감 한다.

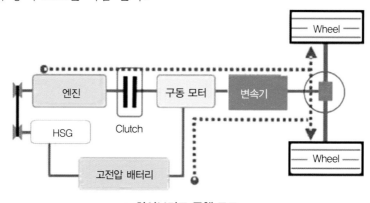

❖ 하이브리드 주행 모드

3. PHEV (Plug-in Hybrid Electric Vehicle)

(1) PHEV 개요

가정용 전기나 외부 전기 콘센트에 플러그를 꽂아 충전한 전기로 주행하다가 충전했던 전기가 모두 소모되면 내연 기관으로 움직이는 자동차 형태로서 내연 기관 엔진과 배터리의 전기 동력을 동시에 이용하는 하이브리드자동차에 전기 자동차의 개념이 결합된 방식이다.

플러그인 하이브리드 자동차는 기존의 하이브리드자동차에 외부 충전장치(plug-in)를 통해서 고전압 배터리를 충전 후 배터리 전원으로 주행하다가 전기가 소모되면 엔진으로 주행하며 고전압 배터리를 충전하는 기능을 가지고 운행하는 자동차를 말한다.

PHEV는 HEV의 배터리 용량을 더욱더 확대해 EV 상태로 운행 가능한 영역을 넓혀서 실제 44km(인증 기준)까지도 배터리와 전기 모터만을 가지고 운행할 수 있는 장점이 있다. 이러한 이유로 인해 CO_2 배출 없이 시내 주행이 가능하고, 고속도로에서는 엔진을 통한 주행으로 교체할 수 있으므로 HEV의 장점과 EV의 장점을 모두 갖춘 친환경 자동차이다.

전원 공급 장치를 통해
OBC로 배터리 충전

↓

전기 모터로 주행(약 44km)

↓

HEV 모드로 전환

❖ PHEV 개요
출처 : 기아자동차, [플러그인 하이브리드 자동차 개요] 정비교육 교재

(2) HEV / PHEV / EV 비교

항목	HEV	PHEV	EV
구동력	엔진+모터(기준용량)	엔진+모터(기준 2배 용량)	모터(기준 4배 용량)
배터리 용량	1 (기준))	6배	20배
에너지원	화석 연료	화석 연료+전기(외부 충전)	전기(순수 외부 충전)

    플러그인 하이브리드의 장점은 전기 자동차 모드와 하이브리드자동차 모드로 주행이 가능하여 전기 자동차의 짧은 주행거리를 극복할 수 있으며, 출퇴근 거리(30~40km)를 연료 소모 없이 전기 자동차 기능으로만 주행 가능하며 전기 자동차 기능의 주행 기능 강화로 하이브리드자동차 대비 배출 가스가 40~50% 감소한다. 플러그인 하이브리드 자동차는 완속 충전기 및 비상용 충전 케이블을 이용하여 220V 가정용으로 충전할 수 있다.

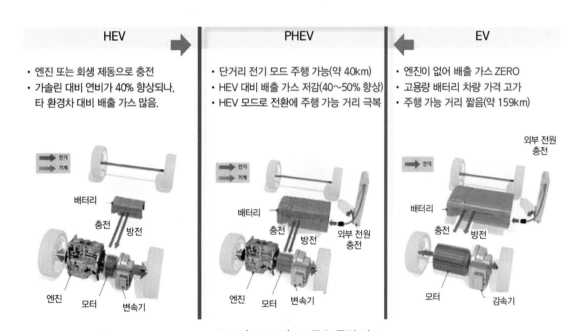

❖ HEV / PHEV / EV 주요 특징 비교
출처 : 기아자동차, [플러그인 하이브리드 자동차 개요] 정비교육 교재

(3) HEV / PHEV / EV 주행모드 비교

EV 자동차의 제한된 주행거리가 완벽하게 해결될 수 있는 고성능 배터리의 개발이 완성되면 EV 시장은 급격히 발전할 것이다.

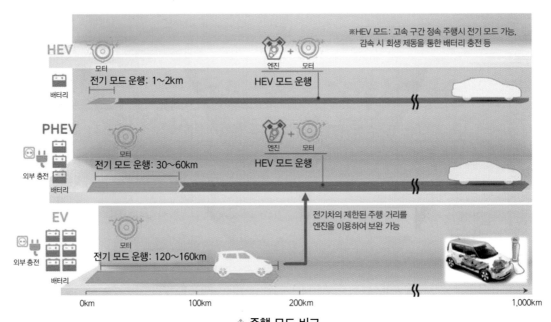

❖ **주행 모드 비교**

출처 : 기아자동차, [플러그인 하이브리드 자동차 개요] 정비교육 교재

(4) PHEV 기술 및 개발 동향

기술개발을 통한 성능 향상(HEV, PHEV)과 신모델 출시로 앞으로도 친환경 차 시장의 80%(~2030년)를 차지할 것으로 예상한다.

PHEV의 매력은 가정용 전기로도 충전할 수 있어서 충전 인프라의 확보 면에서 좀 더 자유롭다. 하지만 고용량의 배터리를 탑재하는 데에는 제한이 따르고 (충전 시간, 배터리 무게) 전 세계적으로도 PHEV는 일정 거리 EV 주행을 보장하고 내연 기관을 병용하는 시스템이 대부분이다. EV 자동차에서도 제시되고 있는 문제로서 전 세계의 급속충전 방식의 표준화 또한 요원 할 것으로 보인다. 요로7이 발효되는 2020년에도 PHEV는 살아남기 위해 끊임없이 노력할 것이며 자동차 산업 차세대 친환경 주자의 교두보 역할을 할 것이다.

4. FCEV (Fuel Cell Electric Vehicle)

(1) FCEV 개요

수소차는 수소와 공기 중의 산소를 직접 반응시켜 전기를 생산하는 연료 전지를 이용하는 자동차로서 물 이외의 배출 가스를 발생시키지 않기 때문에 각종 유해 물질이나 온실가스에 의한 환경 피해를 해결할 수 있는 환경친화적 자동차이다.

수소 연료 전지 자동차의 작동 원리는 수소가 연료 전지에 공급되면 전자와 수소이온으로 분리되고 이때 발생한 전자들은 외부 회로로 전달되어 연료 전지 자동차의 모터를 구성하는 동력원인 전기 에너지로 사용된다. 또한 수소에서 분리된 수소이온들은 전해질막을 통과해 막 반대편의 연료 전지에 공급된 공기 중의 산소와 반응하여 물을 생성한다. 이때 생성된 물은 수소차의 유일한 배출물로서 남은 공기와 함께 대기 중으로 배출된다.

수소 연료 전지 자동차는 전기 자동차에 비해 짧은 충전 시간(3~10분)에 완전히 충전되며 1회 충전으로 최대 415km를 달릴 수 있다.

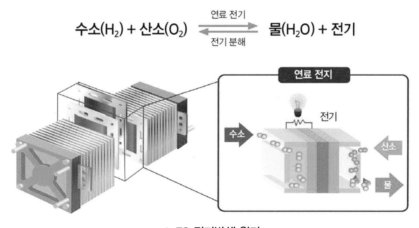

수소(H_2) + 산소(O_2) $\underset{\text{전기 분해}}{\overset{\text{연료 전기}}{\rightleftarrows}}$ 물(H_2O) + 전기

❖ FC 전기발생 원리
출처 : 한국폴리텍대학(2018), [친환경자동차]

(가) 연료 전지의 정의

직역의 오류(FC; Fuel Cell)로서 단순 번역하면서 배터리 같은 의미로 연상되었으나 실제로는 발전기(發電器)의 의미가 더 어울린다. 명칭은 연료 전지 스택(Fuel Cell Stack)이다.

(나) 수소를 사용하는 이유

1) 수소는 산소나 염소와 달리 산화력이 없다.

2) 수소는 독성이 없고, 방사능, 악취, 부식성, 수질 오염 걱정이 없다.

3) 수소는 발암 물질 생성에 대한 걱정도 없다.

4) 수소는 원자 번호 1번으로 양자 둘레를 도는 전자가 1개인 원소이다.

5) 수소는 자연 에너지에서 생성하는 일이 가능하다.

6) 수소 연료 전지는 배출물이 물뿐이고 이 물을 다시 사용할 수 있다.

(다) 전기를 만들어 내는 방법

물을 전기 분해하여야 하면 수소와 산소가 발생한다. 따라서 역으로 수소와 산소를 반응시키면 전기를 얻을 수 있다는 역발상을 할 수 있다. 실제로 전해질 촉매를 통하여 수소와 산소를 반응시키면 전자의 이동으로 전기가 발생하고 배출물은 수소와 산 소가 결합하여 물과 열이 발생한다.

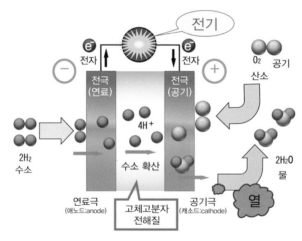

❖ **수소 연료전지의 원리**
출처 : ㈜ 골든벨(2021), [전기자동차 매뉴얼 이론&실무]

(2) FCEV 장·단점 비교

(가) 수소 연료 전지 자동차의 장점

1) 고효율성

이론상 수소 에너지의 효율성은 85%로서 휘발유 엔진 27%, 디젤 엔진 35%와 비교 하여 매우 높은 수준이다.

2) 에너지 수급 용이성

리튬 이온 배터리를 널리 사용하는 전기 자동차의 경우를 보면 리튬 자원의 고갈 위험이 있으나 수소의 원료가 되는 물은 쉽게 획득할 수 있다.

3) 친환경 에너지

지구온난화의 원인이 되는 배기가스를 배출하는 휘발유 엔진과는 달리 물을 방출하는 친환경 에너지를 사용한다.

4) 대형차 적용 가능

연료 무게가 상대적으로 가벼워서, 소형·중형차 중심인 전기 자동차보다 대형차에도 적용 가능한 이점이 있다.

5) 높은 주행거리

높은 주행거리는 수소 연료 차의 대표적인 장점으로, 1회 충전 시에 주행 가능한 거라는 도요타 Mirai의 경우 480km, 현대 Tuscon ix의 경우 415km 수준이다.

(나) 수소 연료 전지 자동차의 단점

1) 연료의 탑재 방식이 까다롭다. 액체 형태로 저장하는 것이 가장 요원한 방법이지만 보일 오프 현상으로 현재 기술로는 불가능하다(수소 액체 상태: 영하 253℃ 유지 기술 필요).
2) 촉매 전해질이 고가이다(백금, 이온 교환막).
3) 연료의 탑재 방법을 해결하면 그에 따른 장비와 부품이 고가로 된다.
4) 지역 수소 충전소 설치에 대한 주민의 동의가 어렵다(막연한 위험성 우려).
5) 저온 환경에서의 취약점이 있다. 촉매 전해질은 항상 일정한 가습해야 하는대 부동액을 사용하면 해결될 단순한 문제가 아니다.
6) 배출물에서 물이 나오는데 수많은 수소 연료 전지 차들이 운행 중에 배출해 내면 결코 적은 양이 아니므로 차량이 많아지면 겨울철에 문제 발생 여지가 있다.

(3) FCEV 기술 및 개발 동향

세계적으로 수소 연료 전지차 양산이 가능한 곳은 소수에 불과하다. 현대자동차는 2019년 수소 연료 전지차 가격을 3천만 원대로 낮추는 것을 목표하고 있다. 비용 부담을 보면 수소 연료 전지차는 연료 전지 스택(Stack)과 수소 연료 탱크가 가격의 약 40% 이상을 차지하고 있다.

5. 나노 플로 셀 연료 전지 자동차

(1) 나노 플로셀 연료 전지 자동차 개요

수소 연료 전지 자동차는 충분한 대안으로 주목받으며 전 세계적으로 개발이 활발히 진행되고 있으나 지금까지 여러 가지 문제에 노출되어 있으며 그러한 문제의 연구 노력이 대체 연료 전지를 찾고자 하는 데서 비롯되어 나노 플로 셀이라고 하는 시스템을 만들었다. 쉽게 풀이하면 소금물로 움직이는 자동차를 만들 수 있는가 하는 흥미로운 관점이 나노 플로 셀의 매력이다. 이러한 소금물 전지의 원리를 시작으로 한 나노 플로 셀 기술은 레독스 (Redox; 환원 산화) 플로 셀 기술이라고도 명명할 수 있는데 이는 미국 항공우주국(NASA)이 1970년대에 시험했던 기술이다.

레독스 플로 셀은 별개 탱크에 담긴 양전기와 음전기의 두 가지 전해액을 주입하여 전기를 만들어 낸다. 플로 셀은 박막을 사이에 두고 둘로 갈라진다. 이때 양 전기액이 한쪽으로 흐르고 음 전기액이 다른 쪽을 흐른다. 그러면 박막을 통해 이온 교환이 이루어져 전류가

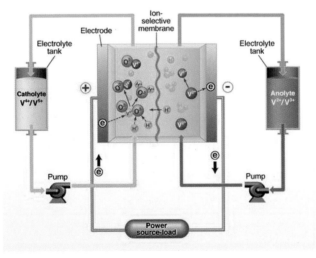

❖ 레독스 플로셀 전지 원리

출처 : http://bizreport.co.kr/wp-content/uploads/2020/02/unnamed-1.png

발생한다.

나노 플로 셀의 운용은 전기를 내보내면(소모하면) 이온 액은 증발하고, 저장 탱크는 텅비 어 다시 충전할 수 있게 된다. 따라서 나노 플로 셀 연료 전지 자동차는 에너지가 소모되면 주유소에서 노즐이 2개인 펌프로 양전기와 음전기 탱크에 각기 다른 액체를 주입하여 충전하는 방법으로 전기의 생산이 재개되는 형태이다. 즉 기존의 내연 기관 형태의 주유 방식을 택할 수 있고 공해물질 위험은 없다는 것이 가장 큰 장점이다.

(2) 나노 플로 셀 연료 전지 자동차의 장단점

(가) 나노 플로 셀 연료 전지 자동차의 장점

1) 발전용 이온 액은 불연성이며 무독성이다.

2) 발전과정에 배기도 없고 고압 장치가 필요하지도 않다.

3) 연료 탱크의 구조가 수소 연료 전지보다 간단한 구조이다.

4) 기존 주유소를 중이온 전해질 충전소로 쉽게 바꿀 수 있어 인프라 확충에 드는 비용을 크게 줄일 수 있다.

(나) 나노 플로 셀 연료 전지 자동차의 단점

1) 배터리액을 분리해 이용하다 보니 무게가 30% 정도 더 상승하는 단점이 있다.

2) 전기를 일으키는 물질(전해질)을 액체 상태로 만들어 두어야 하므로 추운 날씨에 문제가 된다.

3) 금속성 소금(Metallic Salt)을 사용하여 전해액을 만들어야 하므로 제조 단가가 높은 것이 단점이다.

4) 전해액을 갈아 넣는 충전 시간이 오래 걸리므로 개선이 필요하다.

02 지구 기후 위기와 친환경 자동차의 필요성

1. 지구 기후 위기와 변화

갈수록 빈번해지는 이상 기후 발생과 이에 따른 재해들이 계속되면서 세계적으로 기후 변화 문제가 환경문제에 국한된 것이 아닌 안보와 경제적 위협으로까지 인식하는 분위기가 높아지고 있다. 2014년 11월 2일 덴마크 코펜하겐에서 195개국 정부 대표가 모인 가운데 유엔 기후 변화에 관한 정부 간 협의체(IPCC)가 채택한 제5차 IPCC 평가 종합 보고서에 따르면 지난 133년(1880~2012년)간 지구 평균 기온은 0.85도 오르고 110년(1901년~2010년)간 해수면은 19㎝ 상승하였다. 이러한 기후 변화의 속도는 점점 더 가속화되어, 향후 지구 상승 온도를 2도 이하로 억제하려면 오는 2100년까지 화석 연료 사용을 완전히 중단하여야 한다고 지적했다.

IPCC에서 엄중 경고하는 바와 같이 심각하고, 광범위하며, 돌이킬 수 없는 피해를 일으킬 수 있는 기후 변화는 1992년 이른바 리우 협약 체결 이후 20여 년의 역사를 가진 중요한 글로벌 이슈로 자리매김하고 있다.

2015년 12월 파리 협정이 채택되었다. 이는 2020년 이후 기후 변화 대응을 위해 선진국 및 개도국 모두 감축 의무를 부담하는 것에 대한 전 세계적인 동의를 의미한다. 이를 통해 Post-2020 신기후 체제가 출범하였다. 우리나라를 포함하여 총 175개국이 신기후 체제 협정에 서명한 것은 전 세계가 기후 변화 대응에 동참하겠다는 의지를 표명한 것이라고 할 수 있다.

이에 앞서 각국은 2020년 이후 온실가스 감축 목표를 발표함으로써 기후 변화 대응에 동참하겠다는 의지를 표명하였다. 우리나라도 2015년 6월, 2030년 국가 온실가스 배출량을 배출 전망치(BAU; Business As Usual) 대비 37% 감축하겠다는 목표를 국제 사회에 발표하였다. 이러한 목표를 달성하기 위해 정부는 온실가스를 감축하기 위한 여러 가지 방안을 모색하고 있다. 그러나 아직 이러한 기후 변화 대응을 위해 시행되고 있는 방안이 온실가스 감축에 반드시 효과적으로 기여하고 있지는 않은 상황이다.

기후 변화 억제를 위한 국제 사회의 공감대가 형성되고 있는 가운데 주요 선진국들은 환경 규제와 무역을 연계하여 환경 없이 수출도 없다는 강경한 태도를 보인다. 2020년 선진국·개도국을 모두 포함하는 신기후 체제가 예상되는 가운데, 선진국뿐 아니라 개도국까지도 온실가스 배출 감축에 대한 책임을 갖고 미래를 준비해야 하는 시점이 도래하고 있다.

이에 우리나라에서도 국가 중기 온실가스 감축 계획과 저탄소 녹색성장 기본법 등을 통해 온실가스 감축에 대한 목표를 세우고 산업 분야별로 감축 방안을 지속해서 도출하는 실정이다. 저탄소 녹색교통 추진전략(2019)에 따르면 물류 분야는 2020년 BAU 대비 33~37%를 감축하는 것을 목표로 하고 있는데 온실가스 배출량 중 도로 부문의 비중은 약 72%를 차지하고 있다.

2. 친환경 자동차의 필요성

자동차 분야에서는 기후 변화 대응과 지속 가능한 성장의 조화를 위해 연비 향상과 온실가스 배출 기준 등에 대한 환경 규제가 전 세계적으로 더욱 강화되고 있다. 이로 인해 현재와 같은 내연 기관차 중심의 자동차 산업으로는 강화 일변도인 온실가스 규제에 대한 대응이 어려우며, 더욱이 더 다양화되어 가는 소비자 수요 충족을 위해서라도 전기 자동차로 대표되는 친환경 자동차의 필요성에 대한 인식이 확산하고 있다. 결국 기존 내연 기관 중심의 자동차 산업에서의 구조 개편은 향후 불가피할 것으로 전망된다.

최근 자동차 기술이 발전하면서 더욱 적극적으로 친환경 도시 교통 정책을 추진하는 지역이 늘고 있다. 올해 10월에 런던, 파리 등 12개 주요 도시에서 발표한 화석 연료가 없는 가로 선언(Fossil-fuel-free streets declaration)이 대표적인 예이다. 위 도시들은 주요한 교통수단으로 도보, 자전거, 공유 교통수단을 확대하고, 2025년부터 버스 차량도 무공해 차종만 구매하는 등 2030년까지 도시 내 주요 지역에서 무공해 교통이 가능하게 하겠다는 내용이다. 이러한 구상이 가능해진 것은 전기 자동차나 수소 연료 전지 자동차와 같이 운행 중 오염물질 배출이 전혀 없는 무배출 자동차(Zero emission vehicle) 기술의 상용화 덕택이다.

전기를 동력원으로 사용하는 전기 자동차와 수소 연료 전지 자동차는 운행 중 연료 연소 단계에서 발생하는 오염물질이 없다. 전기 자동차와 수소 자동차에서 발생한다고 거론되는 오염물질은 결국 연료 원인 전기와 수소의 생산·공급 과정에서 발생하는 것이다. 따라서 직접적인 오염 발생은 인구가 집중된 도시부가 아닌 다른 곳으로 분산시킬 수 있고, 탄소 포집 등 오염물질 생성 단계에서 집중적인 처리가 가능하다는 점에서 내연 기관 자동차와 같이 다수의 이동 오염원을 관리하는 것보다 효율적이다. 또한 장래 재생 에너지를 활용한 전기와 수소 생산은 늘어날 것으로 전망되므로 전기 자동차와 수소 자동차의 지속 가능성은 더욱 커질 것이다.

전기 자동차는 최근 배터리 기술이 향상되고 가격이 낮아짐에 따라 소형 자동차 부문에서는 대규모 상용화가 가능해지고 있다. 주요 제조사들이 상용 모델들을 출시하고 있으며, 초기 모델의 단점으로 거론되던 100km 내외의 항속 거리가 400km 이상으로 개선되고 있다. 최근에는 소형 차량 기술이 완성 단계에 도달하면서 버스, 트럭과 같은 중대형 자동차의 전기 자동차 모델 개발이 진행 중이다. 전기 자동차의 연료 공급은 주로 주차하는 동안 전력망과 연결하여 충전하는 방식이므로, 주택, 직장, 공용 주차 공간 등 주요 활동권역 내에 충전 인프라를 확대하는 것이 상용화를 위한 관건이다.

수소 자동차는 전기 자동차보다 긴 항속 거리가 가능하고 연료 공급 방식이 기존의 화석 연료와 같은 주유소 방식으로 친숙하다는 점이 장점이다. 그러나 차량 운행을 위해서 우선 수소 충전소가 최소 필요 규모는 확보되어야 하지만, 아직 충전소 구축과 유지에 드는 비용은 많이 들고 수익성은 낮아서 적극적인 인프라 보급이 어렵다는 단점이 있다.

결국 수소 자동차의 상용화를 위해서는 규모의 경제 실현이 관건이기 때문에 대규모 차량 보급과 효율적인 충전소 운영을 위한 상용 모델 개발이 진행되고 있다.

또한 이 같은 시대적 흐름이 지속되면서 차츰 친환경 자동차는 기후 변화 대응 수단을 넘어 에너지 신산업의 하나로서도 자리를 잡아가고 있다. 특히 인공 지능 기반 자율 주행차 등 자동차의 개념이 수송용 기계 장비에서 ICT 전자기기로 급진적으로 진화하고 있어, 이를 탑재한 스마트 전기차가 가까운 장래의 자동차 시장을 선도할 대안이 될 가능성 또한 높다. 디지털 혁명 등 기술 진보에 따른 시장구조의 역사적 변화 양상을 반추해 볼 때, 때에 따라서는 가까운 장래에 전기차에 의한 내연 기관의 부분적 또는 심지어 완전한 구축도 배제하기 어려운 상황이 도래하고 있다.

3. 자동차의 배출 가스 개요

(1) 대기 유해 물질의 성분

현재 대부분의 차량 연료로 사용되는 휘발유나 경유 등 석유계 물질은 이론적으로 완전 연소 시 산소와 결합하여 수증기(H_2O)와 이산화탄소(CO_2)만 생성한다. 그러나 실제로 완전 연소 되지는 않는다.

자동차의 연료로 사용되는 휘발유나 경유 등 석유계 연료의 연소과정에서 발생하는 불완전 연소 때문에 유해 물질의 배기가스가 배출된다. 불완전 연소하면 수증기나 이산화탄소가 아닌 유해 물질이 형성되어 배기가스에 섞여 나온다. 보통 휘발유 엔진에서 배출되는 배기가스의 성분은 질소(70%), 이산화탄소(18%), 수증기(8.2%), 유해 물질(1%) 정도로 배기가스가 이루어진다.

그중에서 유해 물질의 대부분은 일산화탄소(CO)와 탄화수소(HC) 그리고 질소산화물(NOx)이며, 디젤 엔진의 경우에는 매연, 입자상물질(PM) 등이 여기에 추가되며, 그 발생 원인과 유해성은 다음과 같다.

(가) 일산화탄소(Carbon-monoxide, CO)

유독 가스인 일산화탄소(CO)는 공기 부족 상태에서 연소할 때 발생한다. 즉 혼합비(=연료/공기)가 높을수록 CO는 증가한다. 그러나 공기 과잉일지라도 공기와 연료가 잘 혼합되지 않으면 CO가 생성된다.

CO는 불완전 연소에서 발생하며 무색, 무취, 무미의 가스로 감지하기 어렵고 인체 흡입 시 혈액 중의 헤모글로빈(Hb)과 결합력이 산소의 300배 이상 커서 혈액의 산소 운반 작용을 방해하여 저산소 혈증을 일으키고 인지 및 사고능력 감퇴, 반사작용 저하, 졸음, 협심증 등을 유발하며, CO가 0.3%(체적비) 이상 함유된 공기를 30분 이상 호흡하면 목숨도 잃을 수 있다.

(나) 탄화수소(Hydrocarbon, HC)

탄화수소(HC)란 탄소(C)와 수소(H)로 조성된 화합물을 말한다. HC는 배기가스뿐만 아니라 블로바이 가스나 증발 가스 중에도 포함되어 있다. 불완전 연소로 형성된 배기가스 중 탄화수소는 그 형태가 다양하다. 불 완전 연소로 인한 HC는 CO와 마찬가지로 공기가 부족하거나 희박한 상태에서 연소가 진행될 때 주로 발생한다. 또 연소실 표면 근처와 같이 충분히 고온인 화염이 전달되지 않는 구석진 곳에서도 발생한다.

HC는 엔진 온도가 낮을 때 발생하는 실화나 급가속과 급감속할 때 발생하는 미 연소가스 그리고 밸브 오버랩 시에 발생하는 미연소 가스의 누출 등이 원인이며, 호흡기계통과 눈을 심하게 자극하고, 암을 유발하거나 악취의 원인이 되기도 한다.

(다) 질소산화물(Nitrogen-oxides, NOx)

NOx는 일산화질소(NO), 이산화질소(NO_2), 일산화이질소(N_2O) 등 여러 가지 질소산화물을 말하며, NOx로 표기한다. NOx는 연소실 온도와 압력이 높고, 동시에 공기가 과잉 상태일 때 주로 생성된다. 그중 90~98%를 차지하는 NO는 무색, 무미, 무취인 물질로서, 대기 중에서 서서히 산화되어 대부분 NO_2로 변환된다. NO_2는 적갈색이며, 독성이 있고 자극적인 냄새가 난다. 특히 호흡을 통해 점막 분비물에 흡착되면 산화성이 강한 질산으로 바뀐다. 이렇게 생성된 질산은 호흡기 질환(기관지염, 폐 공기증 등)을 유발하고 폐에 수종이나 염증을 유발할 수도 있으며, 눈에 자극을 주는 물질이다. NOx는 이 외에도 오존의 생성, 광화학 스모그 발생, 수목의 고사에 영향을 미치는 것으로 알려져 있다.

(라) 입자상 고형물질(Particulate Matters, PM)

가솔린 기관은 디젤 기관보다 입자상 고형물질(PM)이 무시해도 좋을 만큼 적게 생성된다. 자동차용 디젤 연료는 공기가 부족한 상태에서 연소하면 순식간에 고형의 탄소 핵이 생성된다. 이 탄소 핵은 수소·탄소의 원자 수 비가 약 0.1 정도로서 지름 $0.02 \sim 0.03 \mu m$의 입자 수백 개가 뭉쳐진 고형 미립자(평균 입경 $0.1 \sim 0.3 \mu m$)이다. 이는 머리카락 지름($100 \mu m$)의 $1/300 \sim 1/1000$ 크기가 미세하여 75% 이상이 $1 \mu m$ 이하로서 $0.1 \sim 0.25 \mu m$가 대부분이다.

탄소 입자가 주성분이나 용해성유기물(SOF)도 다량 포함되어 있어 호흡기에 흡입되어 점막 염증 등 다양한 호흡기 질환을 유발하고 탄소 핵에 응집된 입자상 고형물은 폐암 등을 유발하는 발암 물질로서 호흡기 질환을 일으키는 것으로 알려져 있다. 특히 초미립 입자상 물질이 건강에 악영향을 미치는 것으로 밝혀져, 초미립 입자는 중량 규제에서 수량 규제로 전환되고 있다.

(마) 오존

전체 오존(O_3)의 약 90%는 지상 $20 \sim 40km$ 사이의 성층권에 존재하면서 태양 광선 중 생명체에 해로운 자외선을 흡수하여 지상의 생물들을 보호하는 좋은 오존이다. 반면, 나머지 10%는 지상 10km 이내의 대류권에 존재하여 지표 오존이라고도 하는데 호흡기나 눈을 자극하는 나쁜 오존이다.

지표 오존은 가정, 자동차, 사업장 등에서 대기 중으로 직접 배출되는 오염물질이 아니라, 질소산화물(NOx), 탄화수소(HC), 메탄(CH_4), 일산화탄소(CO) 등과 같은 대기 오염 물질들이 햇빛에 의해 광화학 반응을 일으켜 생성되는 2차 오염물질이다. 특히, 질소산화물(NO, NO_2)과 휘발성 유기 화합물(VOCs)이 오존의 주요한 원인 물질이다.

대기 중에 벤젠(C_6H_6), 톨루엔($C_6H5_CH_3$) 등 휘발성 유기 화합물이 없이 질소산화물만이 존재하는 경우라면 먼저 일산화질소(NO)가 이산화질소(NO_2)로 산화되고, 이산화질소가 햇빛에 의해 산소 원자(O)와 NO로 광분해 된다. 그리고 산소 원자는 대기 중의 산소 분자(O_2)와 반응하여 오존(O_3)을 만들며, 이 오존은 다시 NO를 NO_2로 산화시키는 데 소비된다. 따라서 휘발성 유기 화합물이 없는 대기 중에서는 오존의 생성과 소멸이 균형을 이루어 오존 농도가 증가 없이 일정하게 유지된다.

그러나 휘발성 유기 화합물(VOCs)이 존재하면 산소 원자(O)와 휘발성 유기 화합물의 반응으로 과산화기(RO_2, R은 유기물을 나타냄.)가 생성되는데, 이 과산화기가 오존 대신에

NO를 NO$_2$로 산화시키는 역할을 한다. 그 결과 오존이 덜 소모되어 대기 중의 오존 농도가 증가한다. 이와 같은 이유로 햇빛이 강한 여름철의 낮 시간대에 오존 주의보가 자주 발령되는 것이다.

4. 대기 오염에 따른 인체에 미치는 피해

자동차에서 배출된 미세 먼지(특히, PM2.5)는 입자가 매우 작아서 폐를 거쳐 혈관 또는 혈액까지 침투하기도 한다. 미세 먼지는 기도 점막을 자극하고 염증을 유발한다. 정상인에게도 기침·가래 등의 호흡기 증상을 유발하지만, 특히 호흡기 질환, 천식 등 알레르기 질환이나 심혈관 질환의 증상을 악화시키는 것으로 알려져 있다.

세계보건기구(WHO) 산하 국제암연구소(IARC)는 2012년 6월 12일 디젤 배기가스를 2A 등급에서 1등급 발암 물질로 바꾸어 지정하였다. IARC는 발암 물질을 5개 등급으로 나눠 암 발생에 충분한 증거가 있는 물질을 1등급, 발암 개연성이 있는 물질을 2A 등급, 발암 가능성이 있는 물질을 2B 등급으로 분류하고 있는데, 1등급에는 석면, 비소, 담배, 알코올, 카드뮴, 수은 등 100여 종이 있으며, 가솔린(휘발유) 엔진 배기가스는 2B 등급으로 분류되어 있다.

(1) 호흡기 질환

장기간 미세 먼지에 노출되면 면역력이 급격히 저하되어 감기, 기관지염 등의 호흡기 질환을 악화시킨다. 성인의 경우 미세 먼지에 노출되면 폐 기능의 감소 속도가 빨라진다.

질병관리본부의 연구에 의하면 초미세 먼지(PM2.5) 농도가 $10\mu g/m^3$ 증가할수록 폐암 발생이 9% 증가하고, 미세 먼지(PM10) 농도가 $10\mu g/m^3$ 증가할수록 만성 폐쇄성 폐 질환 관련 입원이 2.7%, 만성 폐쇄성 폐 질환 관련 사망은 1.1% 증가하는 것으로 나타났다.

(2) 심혈관 질환

미세 먼지에 단기적으로 심하게 노출되면 폐, 혈액, 심혈관계 등 전신 순환계에 미세 먼지가 순차적으로 침투하여 심근 경색, 심부전 등 심혈관 질환의 발생 위험을 높이게 된다. 이 외에도 미세 먼지는 혈압을 높이거나 교감 신경계를 활성화해 심박수 변동성, 부정 맥을 증가시킬 수 있다. 이러한 영향은 건강한 정상인보다 고령(75세 이상)인 사람, 기존 심혈관 질환이 있는 환자, 당뇨, 비만 등 감수성이 높은 환자에게서 더 크게 나타난다.

미세 먼지로 인한 심혈관 질환 영향에 관한 질병관리본부의 연구 결과는 다음과 같다.

1) 초미세 먼지(PM2.5)에 장기간 노출되면 심근 경색과 같은 허혈성 심질환의 사망률은 30~80% 증가한다.

2) 부정맥, 심부전, 급성 심장사에 의한 사망과도 상당한 관련이 있는 것으로 보고되었고, 특히 초미세 먼지(PM2.5) $10\mu g/m^3$ 증가 시 심부전에 의한 입원율은 30% 증가하는 것으로 나타났다.

3) 뇌혈관 질환 관련 사망률이 미세 먼지(PM10) 농도 $10\mu g/m^3$ 증가 시 10% 증가, 초미세 먼지(PM2.5) 농도 $10\mu g/m^3$ 증가 시 80% 증가한다.

5. 자동차 환경 규제 강화

(1) 자동차 배출가스 기준 강화

자동차 대부분은 화석 연료를 사용하므로 여기서 필연적으로 배출되는 오염물질이 대기를 오염시키고 있다. 그래서 나라마다 자동차로 인한 오염물질을 억제하고 관리하기 위해서 자동차 제작 단계부터 배출가스를 인증 제도를 시행하여 관리하고 있다. 배출 가스 인증 제도란 개발된 자동차 배출 가스를 법으로 규정된 시험 방법에 따라 검사하고, 보증 기간 내구성을 만족하는지 확인하는 제도이다. 인증 시험 방법은 크게 3종류로 미국, 유럽, 일본에서 각국의 주행 특성을 고려해서 개발된 주행 패턴에 따라 배출가스 시험 을하고, 저감 기술 수준을 고려하여 배출 허용 기준을 정하고 있다.

(가) 이산화탄소(CO_2) 규제 강화

지구온난화는 대기를 구성하는 여러 기체 가운데 온실효과를 일으키는 기체 즉, 온실가스에 발생하며, 화석 연료의 연소과정에서 배출되는 이산화탄소(CO_2), 메탄(CH_4), 아산화질소(N_2O), 수소불화탄소(HFCs), 과불화탄소(PFCs), 육불화황(SF6) 등이 있다.

지구온난화에 가장 큰 영향을 끼치는 이산화탄소는 휘발유와 경유 같은 연료의 연소과정에서 배출되며, 이산화탄소의 증가는 지구온난화의 주된 원인으로 세계적인 기상 변화를 초래하고 현재 지구에 가장 큰 위험을 초래하고 있다. 그래서 1992년 6월 세계기후변화 협약 이후 CO_2 규제가 본격화되고 EU에서도 2008년 자동차 배출물로 규제하는 등 세계의 주요 국가들은 기후변화에 대응하기 위하여 자동차 배기가스를 더욱 엄격하게 기준을 강화하고 CO_2 가스로 인한 지구온난화의 가속화에 따른 지구 환경 파괴를 방지하기 위한 배출가스 규제를 강화하고 있다.

(나) 이산화탄소 감소 방안

이산화탄소의 배출량은 북미, 중국, 러시아, 일본, 인도 등이 전 세계 발생량의 50% 이상을 차지하고 있다. 이러한 이산화탄소는 그 자체를 연소시키거나 후처리기술로 줄이는 방안은 제시되지 않고 있어서 연료 소비를 줄이고 CO_2 생성량을 줄이는 것이 가장 현실적인 대책으로 생각된다. 그래서 자동차 평균 온실가스 연비 제도는 개별 제작사에서 해당 연도에 판매되는 자동차의 온실가스 배출량과 연비 실적의 평균치를 정부가 제시한 기준에 맞춰 관리해야 한다. 이 제도는 미국, 유럽연합(EU), 일본, 중국 등 주요 자동차 생산국가에서 시행하고 있으며 한국은 친환경·저탄소 차 기술개발 촉진을 위해 2020년까지 온실가스 97g/km, 연비 24.3km/L의 선진국 수준으로 강화하고 자동차 제작사는 온실가스 또는 연비 기준 중 하나를 선택하여 준수해야 하며, 기준을 달성하지 못하는 경우 과징금이 부과된다.

유럽에서는 CO_2 규제가 가장 강력하며, 2015년에는 130g/km 그리고 2020년에는 95g/km까지 배출량을 강화한다. 이러한 배출가스 규제는 산업화에 따른 환경오염과 온난화 현상을 줄일 수 있는 대체에너지를 개발과 자동차의 연비 CO_2 발생량 규제와 자동차 제작사의 친환경 자동차 생산 실적 등은 미래 자동차 산업에 직접적인 영향을 주고 있다.

(2) 국내외 디젤 자동차 규제 현황

(가) 국내 수도권 경유 차 운행 제한

수도권 대기환경개선에 관한 특별법」(이하, 「수도권대기법」) 제25조 등에서 규율하고 있는 이른바 '특정 경유 차'는 대기 관리 권역에 등록된 경유 자동차 중 「대기환경보전법」 제46조에 따른 배출가스 보증 기간이 지난 자동차를 의미한다.

노후 경유 차 운행 제한 제도(LEZ; Low Emission Zone)는 「수도권대기법」 제28조의 2와 수도권 3개 시·도 조례 등에 근거하여 수도권 지역에 운행하는 수도권(대기 관리 권역) 내 저공해 조치 명령 미이행 차량 및 종합 검사 불합격 차량을 대상으로 수도권 내 운행을 제한하고 적발할 때 과태료를 부과하는 제도이다.

그런데 차량 크기가 총중량 2.5t 미만인 경우, 배출 가스 저감 장치를 부착한 경우, 저공해 엔진(LPG)으로 개조한 차량 등은 운행 제한 규정의 적용을 받지 않는다. 또한 저공해 조치 명령에 따른 저공해 조치 비용과 폐차 비용 등에 보조금을 지원해 주고 있어 노후 경유 차량 소유자들이 수도권 운행 제한에 따른 부담을 사실상 크게 느끼지 못하고 있어서, 제도의 실효성이 크지 않다는 비판이 제기되고 있다.

(나) 해외 공해 차량 운행 제한

1) 프랑스 파리

프랑스 파리를 통행하는 모든 차량(해외 차량 포함)은 배출 가스 등급 라벨 제도(Crit'Air) 라벨을 부착해야 하고 스티커를 부착하지 않은 차량은 벌금이 부과될 수 있다. 또한 프랑스 자동차 등록 대수의 6%를 차지하는 1997~2000년 등록 디젤 및 휘발유 자동차를 5등급으로 구분하여 파리시 진입을 금지하고 있다. 이미 1997년 이전에 생산된 디젤 자동차에 대하여는 5등급으로 분리되어 파리 도심 주행이 금지됐으며, 자동차 대수의 14%를 차지하는 2001~2005년 등록 디젤 차량 4등급의 진입 금지 등 과정을 거쳐, 2025년부터 모든 디젤차의 운행 금지를 논의하고 있다.

2) 독일 주요 도시

움벨트 존(Umweltzone; 저배출 지역)은 도심 지역에 배기가스를 많이 배출하는 차량의 진입을 통제하는 제도로 2008년부터 베를린·쾰른·하노버 등에서 시행되고 있다. 2018년 2월 독일 연방행정법원은 슈투트가르트와 뒤셀도르프시 당국이 대기질을 유지하기 위해 연방 규제와 관계없이 자체적으로 대기 오염이 심한 날에는 디젤차의 운행을 금지할 수 있다는 판결을 내렸다. 이 판결은 특정 도시에 대한 판결이지만, 판결 이후 함부르크가 일부 구간에만 일부 디젤차의 주행 금지 계획을 밝히는 등 파급 효과가 클 것으로 예상된다.

3) 영국 런던

2016년 취임한 사디크 칸 런던 시장은 5년간 총 8억 7,500만 파운드(약 1조 2,528억 원)를 대기질 개선에 투입하기로 하였고, 2003년 도입한 기존 혼합 통행료에 추가하여 유로 기준을 활용한 배출가스 과징금을 부과하고 있다.

독성 요금(Toxicity Charge; 일명 T-Charge) 제도라고 불리는 이 제도는 유럽연합 유해가스 배출 기준(유로4)을 충족하지 못한 차량이 런던 중심 지역에 진입할 때 혼잡 통행료(11.5파운드)와 별도로 10파운드를 부과하여 총 21.5파운드(약 3만 1천 원)를 내도록 하고 있다. 이 독성 요금 제도는 2019년 4월 시행될 예정인 초저배출 구역(Ultra Low Emission Zone)의 준비 단계의 성격을 가진다.

초저배출 구역 제도는 2019년을 기준으로 휘발유는 13년 이상, 디젤차는 4년 이상 된 자동차와 밴에 대해 유로4(휘발유 차), 유로6(디젤차) 기준을 충족하지 못하고 초저배출 구역에 진입하면 혼잡 통행료 이외에 배출가스 과징금 12.5파운드를 더해 총 24파운드(약 3만 4,000원)를 내도록 하고, 기준에 미달하는 버스나 대형 트럭은 혼합 통행료에 과징금 100파운드(약 14만 3천 원)를 더 부과하는 제도이다. 초저배출 구역 제도는 2021년 시 외곽 지역까지 확대될 예정이다.

4) 일본 동경

1967년 미노베 료키치가 '동경에 맑은 하늘을'이라는 공약을 앞세워 동경 도지사에 당선되었을 만큼 1960~1970년대 동경의 대기 오염은 심각한 수준이었다. 이후 다양한 대기 오염 정책이 시행되었는데, 경유 차에 대한 강력한 규제는 1999년 동경 도지사에 당선된 이시하라 신타로 지사의 '디젤차 NO 작전'으로 본격화되었다. 당시 디젤차는 동경도 내 차량의 20%에 불과했지만, 자동차에서 배출되는 질소산화물의 70%를 배출하는 것으로 알려졌다. 국토교통성, 환경성, 경제산업성 등 부처 갈등으로 자동차에서 배출되는 대기 오염 물질에 대한 규제가 지연되자 이시하라 지사는 대기 오염으로 검게 그은 페트병을 들고 다니며 국가와 싸워서라도 디젤차를 몰아내겠다. 우리가 지더라도 부끄러운 것은 중앙정부라며 지도력을 보였다.

2000년 12월 동경 도는 환경 확보 조례를 제정하여 자동차 입자상물질에 대한 규제를 시행하였고, 관동 지역 자치 단체(가나가와현, 효고현, 사이타마현)에서도 유사 조례를 제정하여 광역적 규제가 시행되었다. 2002년 동경도 환경국은 위반 디젤차 일소 작전을 발표하고, 디젤차 감시를 담당하는 자동차 G맨 을 임명해 20대 이상의 자동차를 사용하는 회사 도내 4,000곳을 방문해 정책 방향을 설명하고, 점검하는 등의 노력을 기울였다. 2003년 10월 동경 도는 조례를 제정하여 배출 기준을 충족하지 않는 디젤차의 동경 주행을 금지하고, 위반 시 50만 엔 이하의 벌금을 부과할 수 있도록 하였다. 이러한 노력으로 육안 으로 동경에서 후지산이 보이는 날이 1971년 32일, 2003년 74일, 2016년 111일로 늘어나고 있다.

03 전기자동차의 진실과 거짓

1. 전기자동차의 실체

기후변화 억제와 대기오염에 따른 사회적 문제를 줄이기 위한 노력의 하나로 전기차 보급이 빠르게 이루어지고 있다. 그러나 거리에 전기차가 늘어나는 것에 비례해 우려도 커지고 있다. 특히 소비자들이 민감하게 받아들이는 안전에 관한 우려가 크고, 최근 잇따라 발생한 전기차 화재는 불안감을 키운다. 그래서 소비자들이 '과연 전기차는 안전한가?'라는 의문을 품는 것은 자연스러운 일이다.

(1) 내연기관과 비교해 전기차 화재 비율 낮아

그렇다면 실제로 전기차 화재는 얼마나 심각한 수준일까? 소방청이 2020년 발표한 자료에 따르면, 2019년에 전기차 전체 대수 대비 화재 사고율은 0.02%로, 전체 자동차 화재 사고율(0.02%)과 비슷한 것으로 나타났다. 한편 기획재정부가 2021년 4월 발표한 'BIG 3 산업별 중점추진과제' 자료에서는 2020년 전체 자동차 화재 4,558건 중 전기·수소차 화재는 10건으로, 전체 화재 사고 비율(0.02%)보다 낮은 0.007%로 나타났다. 소방청과 기획재정부 자료의 전기차 화재 비율 차이가 큰 건 소방청 자료에서 분류한 전기차에 하이브리드 차와 플러그인 하이브리드 차가 포함되기 때문이다. 따라서 순수 전기차의 화재 비율은 일반 자동차보다 훨씬 낮은 셈이다.

그런데도 전기차의 안전에 대한 우려가 큰 것은 내연기관과 비교했을 때 전기차가 전체 자동차에서 차지하는 비율이 낮고 새롭다는 인식이 크기 때문이다. 사람들의 관심을 끌기에 더 좋은 소재라는 점에서 언론이 관련 이슈를 집중적으로 다루면서 불안감을 키운 것도 사실이다. 그러나 내연기관과 전기차를 안전성 관점에서 직접 비교하는 것은 무리가 있다. 안전성에 대한 우려를 낳는 원인과 위험의 성격이 다르기 때문이다. 이는 근본적으로 동력원과 구동계의 차이에서 비롯되는 만큼, 다른 관점에서 접근하고 이해하는 것이 맞다. 그리고 그런 관점에서 본다면 전기차는 안전성을 크게 우려할 정도는 아니다.

기본적으로, 시판되는 모든 전기차는 법규가 정한 기준에 따라 시험을 거쳐 형식 승인을 받는다. 이는 전기차뿐 아니라 모든 자동차가 마찬가지다. 오히려 전기차는 내연기관차에서는 볼 수 없는 기술과 장치를 쓰는 만큼 전기차만의 특성을 고려한 여러 안전 설계가 반영되어 있고, 그와 관련해 더 까다롭고 철저한 절차를 거쳐 안전성을 검증받는다.

전기차에서 생각할 수 있는 위험 요소는 크게 고전압 전기 시스템, 구동용 배터리를 들수 있다. 국내에서는 이와 관련해 관련 법규에서 정한 안전기준을 통과해야 전기차를 판매할 수 있다. 아울러 개별 요소에 관한 기준과 더불어 운행 중 및 충돌 후 상황을 고려해 구조적, 기능적 안전성을 확보할 수 있도록 기준을 제시하고 있다.

(2) 배터리 안전기준 강화

고전압 전기 시스템은 어떤 상황에서도 사람이 고전압에 접촉하거나 노출되지 않는 데 초점을 맞추고 있다. 전기차의 구동용 전기 시스템은 고전압으로 작동한다. 대개 400V, 포르쉐를 시작으로 최근에는 현대·기아도 800V 시스템을 쓴다. 이는 사람이 직접 닿으면 생명이 위험할 만큼 높은 전압이다. 이런 점을 고려해 차 안의 고전압 배선은 철저하게 절연이 되어 있고, 사고가 생기면 자동으로 배터리를 분리해 고전압이 차체에 흐르거나 외부로 노출되지 않도록 한다. 아울러 고전압 전기 시스템과 관련한 부품에 고장이 나면 배터리에 영향을 줄 수 있는 만큼, 부품과 배터리 어느 한쪽에 문제가 생기면 자동으로 연결을 끊도록 설계돼 있다. 이와 관련된 안전성은 정적 시험은 물론 충돌시험을 통해서도 검증한다.

구동용 배터리는 전기차 안전과 관련해 가장 중요하게 다루는 항목이다. 가장 크게 고려하는 부분은 배터리를 물리적 충격으로부터 보호하는 것이다. 전기차용 배터리는 대개 작은 단위인 셀과 셀 여러 개를 묶은 모듈, 여러 개의 모듈을 묶은 팩으로 구성된다. 이렇게 작은 단위에서 큰 단위로 묶어나가는 과정에서 외부 충격이 직접 전달되지 않도록 물리적 보호 구조가 여러 계층으로 이루어져 있다. 나아가 팩 단위에서는 차체 구조 이상으로 튼튼한 구조물로 만들어지므로, 일반적으로 상상할 수 있는 수준의 사고나 충격이라면 배터리에 영향을 주지 않는다고 할 수 있다.

아울러 전기차에 주로 쓰이는 리튬이온 배터리는 화학적 특성에 따른 열 폭주(thermal runaway)라는 잠재적 위험성이 있다. 셀 중 하나가 열 폭주로 불이 붙으면 주변에 있는 셀로 열이 전달되면서 연쇄적으로 불이 번질 수 있고, 그러면 배터리가 모두 타버릴 때까지는 끄기 어려울 만큼 격렬하게 탈 수 있다. 설계자들도 이런 위험성을 알기 때문에, 설계 단계부터 다양한 방법으로 예방 조치를 한다. 예를 들어 개별 셀은 다른 셀로 열을 쉽게 전달하지 않는 구조로 만들고, 셀 온도가 지나치게 높아지지 않도록 냉각장치가 달려 있다.

이렇게 만들어진 구동용 배터리는 안전성 시험을 거친다. 구동용 배터리 안전기준은 지난 2009년 우리나라에서 세계 최초로 정해, 국제 기준이 만들어지는 바탕이 될 만큼 철저하게 안전성을 검증하도록 만들어져 있다. 국내 안전기준에서는 낙하시험, 액 중 투입시험, 과충전 및 과방전 시험, 단락시험, 열 노출 및 연소시험을 거치도록 하고 있는데, 어느 조건에서도 불이 나거나 폭발하지 않도록 하는 데 초점을 맞추고 있다.

그 밖에 충전 과정에서 일어날 수 있는 감전에 대한 대책도 충분히 마련되어 있다. 충전 플러그와 소켓은 기본적으로 물이 잘 들어가지 않는 형태로 되어 있고, 안전한 상태가 아니면 전기가 흐르지 않게 되어 있다. 또한 실내에서 쓰는 가전제품 전원 플러그와 소켓과는 달리, 전기차의 충전용 플러그와 소켓에는 전기적 문제를 감지하고 제어할 수 있는 장치가 되어 있다. 따라서 충전 중 감전이나 화재가 생길 가능성은 지극히 낮다.

그런데도 전기차에서 화재를 비롯한 안전사고가 일어나는 것은 사실이고, 이는 지금의 기준을 충족하는 것만으로는 완벽하게 안전을 확보하기 어렵다는 뜻이기도 하다. 그러나 그동안의 경험을 바탕으로 안전 설계와 기준은 꾸준히 강화되고 있다. 배터리의 예를 들면, 지금까지의 안전기준에서 부족한 점을 보완할 수 있도록 국제 기준과 조화를 통해 각종 시험 항목을 추가해 시행할 예정이다. 이처럼 개선된 설계와 기준을 반영해 앞으로 나올 전기차들은 당연히 지금보다 더 안전할 것이다.

2. 전기자동차의 거짓과 진실

Q 전기차 주행거리가 짧아서 불편하지 않나요?

☞ 서울시민 중형차 기준 일일 주행거리가 33km고 현재 시판되는 전기차는 매우 다양한 주행거리를 보유하고 있으며 일반적인 승용차는 현재 300km 대의 주행거리를 가지고 있으므로 자신에게 맞는 전기차를 사용하면 운행에 특별한 무리는 없습니다.

Q 전기차도 결국 전기에 화석 연료를 사용하니까 안 좋은 거 아닌가요?

☞ 정부에서 이러한 전기발전을 신 재생 에너지로 대체하는 사업을 추진 중이며 전기차의 생산설비도 거의 친환경 에너지로 움직이도록 바뀌고 있습니다.

☞ 해외 연구 결과에 따르면 전기차를 생산하는 과정에서는 기존의 내연기관보다 탄소배출이 더 나올 수 있으나 주행 과정 및 폐기하는 과정까지 전 생애주기를 놓고 보면 약 50% 정도의 탄소를 절감할 수 있다는 내용이 발표되었습니다.

☞ 정부와 기업에서도 탄소를 줄이기 위한 다양한 노력하고 있으며 기업의 ESG 경영 또한 중요한 화두로 생각되기 때문에 지속해서 탄소를 줄이려는 노력은 계속될 것으로 전망됩니다.

☞ BMW의 전기차 배터리는 생산하는 삼성 SDI 생산공정은 신재생에너지를 사용하도록 모든 공정과 시스템이 변경되었습니다.

Q 배터리의 화학물질은 환경에 좋지도 않고 재활용도 안 되는 거 아닌가요?

☞ 기존 배터리의 오염 등은 알카라인이나 니켈-카드뮴 계열의 생활 배터리에서 비롯된 사항이며 전기차 배터리는 99% 재활용할 수 있고 다양한 재활용 프로세스가 수립되어 있습니다.

☞ 국내의 경우 폐배터리는 각 지자체에서 관리하게 되어 있으며 이에 대한 체계적인 관리 방법 및 재활용, 폐기 방법들에 관한 다양한 연구가 지속되고 있습니다.

Q 고객들이 300km 미만의 차량은 사지 않을 것이다?

☞ 실제로는 매일 얼마를 타는지가 중요하고 나머지는 충전하는 시간에 관계될 뿐이므로 크게 상관이 없을 수 있습니다.

☞ 만일 300km 차량이 좀 더 보편화된다면 보다 많은 충전 인프라가 설치될 것으로 전망되며 플랫폼 형태의 차량개발이 보편화되면 기본적으로 300km 이상의 주행거리를 가진 차량이 보편화되리라 전망됩니다.

Q 충전 인프라는 전기차 보급 이전에 무조건 많이 먼저 설치되어야 한다.

☞ 충전 인프라는 전기차 보급과 같이 보급 및 설치가 되어야 합니다.

☞ 정부나 지자체에서는 공공 충전기를 확대 설치하려는 지속적인 노력을 시행하고 있으며 충전 인프라 사업에도 대기업들이 가세하면서 전국적인 네트워크를 가지고 있는 주유소나 대형 유통상가 등에도 지속해서 충전 인프라가 확대되고 있어서 전기차를 구매하기 전 반드시 주변의 충전 인프라 상황 및 공동주택의 경우 충전기 설치가 가능한지를 먼저 확인할 필요가 있습니다.

Q 전기차충전에 시간이 너무 오래 걸린다.

☞ 대다수 사람이 편하게 충전하는 방법은 밤에 잘 때 충전하는 것입니다. 오전에 차를 사용하기 전에는 대부분 충전이 되어 있고 비록 100% 안되어 있다고 해도 평균 일일 주행에는 대부분 문제가 없으며 조금씩 나누어 충전하더라도 실제 예상되는 운행거리 이상으로 충전을 하면 문제가 없습니다.

☞ 또한 이동하는 경로상에 있는 충전 인프라의 상황을 실시간으로 확인하거나 예약되는 시스템을 통하여 차량이 충전이 제때 이루어지도록 하는 습관이 갖추는 것이 중요합니다.

☞ 공공 충전기의 경우 바쁜 사람들을 위한 급속충전기 및 초고속 충전기도 설치가 되고 있으며 이를 이용하면 매우 짧은 시간에도 또한 충전할 수 있습니다.

Q 전기료가 올라가진 않나요?

☞ 국내엔 전기차를 위한 전용 요금제가 별도로 있으며 2017년도부터 한시적으로 유예가 되었던 전기차 기본료 면제정책이 일몰되면서 단계적으로 전기차 충전요금이 오르고 있습니다만 본 제도 시행 이전의 경우에도 통계적으로 월 5~6만 원의 비용이 소요되었으며 이는 기존의 내연기관의 유지비를 고려하면 여전히 가격 측면의 장점이 있을 수 있다고 볼 수 있습니다.

Q 전기차가 시장 진입을 하려면 가격이 너무 비싼 거 아닌가요?

☞ 처음 선보이는 기술들 (스마트폰, 아이폰 등)도 처음 시장에 진입할 때는 가격이 매우 비쌌지만 다른 장점으로 대신하면서 금방 소비자의 선택을 받은 것과 같이, 전기차의 경우 초기 구매비용은 비싸지만, 정부나 지자체가 보조금으로 지원을 하고, 기존 차량 대비 유지비가 적게 들기 때문에 장기간 전기차를 타면 초기 투자 비용을 더욱 빨리 회수할 수 있고 향후 중고차 시장이 활성화되면 적은 비용으로 차량을 교체할 수 있습니다.

Q 전기차 배터리는 매우 위험하거나 폭발하지 않나요?

☞ 기존에 있었던 폭발과 같은 사례는 노트북 배터리나 핸드폰 배터리에 해당하는 내용이며 전기차 배터리는 설계 단계에서부터 그러한 위험성을 차단하게 되어 있고 또한 매우 까다로운 시험 규정을 통과하게 되어 있으므로 일반적으로 매우 안전하다고 할 수 있습니다.

☞ 다만 최근에 발생하는 일부 차종들에서의 지속적인 화재 양상에 대해서는 배터리 제조사 및 제작사에서 지속적인 화재 원인과 그에 대한 대책을 강구하고 있으며 조속한 시일 시 전고체 배터리 등이 적용되면 화재에 대한 원천적인 위험으로부터 보호가 된다고 볼 수 있습니다.

Q 전기차는 느리지 않나요?

☞ 테슬라 차량의 경우 2초대의 제로백(0~100km/h까지 걸리는 시간)을 나타내고 있으며 크로아티아의 리막이라는 자동차는 1초대의 제로백을 보이고 있습니다.

☞ 전기차는 구동하면서 Full Torque 구현이 가능하므로 기존 내연기관 차량에 비해서 절대 성능이 떨어지지 않으며 실제 내연기관과 신호등 정지등 상태에서 출발 시 전기차가 더 빨리 구동하는 모습을 보실 수 있습니다.

Q 전기차는 안전하지 않을 것 같다.

- 전기차도 기존 차량이 수행하는 충돌시험 테스트 등 각종 시험을 똑같이 시행하고 있습니다.
- 전기차의 차체 등은 모든 고전압 원으로부터 다중으로 절연처리가 되어 있으며 각종 센서가 큰 충격 등을 감지하여 자동으로 고전압 전원을 차단합니다.
- 또한 침수되는 경우 및 사고가 발생하였을 때 등에도 감전 등의 위험으로부터 운전자를 보호하기 위한 여러 가지 조치가 적용되어 있습니다.
- 다만 일부 차종에서 발생하는 화재 등의 경우에도 기존 내연기관 차량에서 발생하는 화재 대비 그 빈도수가 크지 않으며 조만간 적용될 것으로 전망되는 전고체 배터리 등을 통하여 화재나 폭발의 위험도 해소될 것으로 보이고 있습니다.

Q 전기차는 기술이 너무 복잡해서 정비 등이 복잡할 것 같다.

- 기존 내연기관에 적용되는 차량의 부품 수가 20,000여 개 정도인 것에 비교하면 전기차에 적용되는 차량의 부품 수는 약 5,000여 가지로 대폭 감소합니다.
- 또한 전기차는 기존 내연기관의 수백 가지 시스템에 비교하면 5가지 정도의 구동 시스템만 필요하며 윤활유 교환 등이 필요하지 않기 때문에 와이퍼나 타이어 교체 외에는 별로 정비소를 방문하여 복잡하게 대처하는 상황이 발생하지 않습니다.
- 다만 정기적인 점검 관리가 필요할 수 있으며 고전압 시스템을 다루는 작업을 할 때에는 사전에 이와 관련된 안전교육을 이수한 상태에서 차량을 취급하여야 합니다.

Q 전기차는 모두 잠깐의 유행이고 2년만 지나면 유행에 뒤처질 것이다.

- 과거의 시스템에서는 그랬을지 몰라도, 지속적인 석유 비용의 증가와 운송비, 관리비의 지출에서의 의존을 해소할 수 있어서 거의 모든 자동차 회사들이 전기차를 개발하고 있고 이러한 수요를 맞추고자 노력하고 있습니다.
- 또한 지속해서 다양한 차종들이 출시되고 있으며 테슬라와 같이 전기차만 개발하는 회사들도 계속해서 생겨나고 있으며 기존 자동차 회사들도 더 이상 내연기관을 개발하지 않겠다고 선언 하는등 보다 빠르게 전기차 시대로 접어들 것으로 전망됩니다.

제2장
안전 작업 개요

제2장
안전 작업 개요

01 기본안전 개념

1. 개요

모든 자동차 시스템의 점검, 정비, 검사, 해체작업 시 안전 작업이 중요한 것은 당연한 사항이며, 또한 고전압 시스템이 장착된 전기자동차에서의 안전은 더욱 중요한 사항으로 취급되어야 한다. 따라서 이러한 차량을 다루고자 하는 사람들은 기본적으로 다음의 2가지 규칙하에서 작업을 수행하여야 한다.

- 상식적인 선에서 작업을 수행하라.
- 잘 모르는 작업이 있으면 도움을 요청하라.

다음의 내용들을 통하여 이러한 전기 및 전기 시스템에 대해 작업을 할 때 발생 가능한 위험 요소에 대하여 자세히 알아보고 이를 잘 관리하는 방법에 대하여 알아본다.

전기자동차 검사, 정비, 폐차 처리 작업 시에는 반드시 고전압 시스템 등 특정 사항에 대해 먼저 위험이 제거되어야 한다. 일부 제거되지 않은 고전압 전기부품이 있으면 전기에너지의 특성과 배터리 내부에 내재한 위험으로 인해 심각한 부상 등을 유발할 수 있으므로 반드시 유의 사항을 참고하고 작업에 임해야 하며 또한, 배터리가 파손, 훼손 등의 원인으로 전해질 등이 유출되면 화학적 특성에 의한 환경오염, 부상 등을 유발할 수 있으므로 취급에 특히 주의해야 한다.

안전 유의 사항은 차량 제작사의 긴급조치 가이드와 안전 지침서를 기반으로 작성하여 공통사항에 관한 내용을 기재하였지만, 상세 개별모델의 경우 작업 시 해당 차종의 정비 또는 관리 지침서를 참조하고 제작사에 문의하여 작업을 진행하기를 권장한다.

2. 일반적인 주의 사항

1) 모든 EV 부품은 전기적 특성이 있으므로 제조업체가 정한 절차와 국내 법규에 따라 점검, 정비 및 해체할 수 있다.

2) 전기자동차는 안전한 점검, 정비, 회수, 해체를 위해서는 법으로 정한 보관시설과 장비를 구축한 업체에만 점검, 정비, 회수, 해체, 보관을 할 수 있으며, 해당 전 공정의 투입 작업자의 경우 법령으로 정한 관련 기관에서 수행하는 전기자동차 안전교육을 최소 8시간 이상 이수해야 한다.

3) 전기자동차 점검, 정비, 해체 및 재활용업 대표자는 EV 부품을 취급하는 직원에게 전기자동차에 대한 정보 및 주의 사항을 숙지할 수 있도록 정기적이고 지속적인 교육을 시행하여야 한다.

4) 전기자동차 고전압 배터리에는 고전압 전기가 포함되어 있는데, 해당 전압은 자동차 종류 및 제조업체에 따라 다르며 완전히 충전된 고전압 배터리의 전압은 최대 수백 볼트까지 될 수 있으므로 관련 작업할 때 전기작업 안전 수칙을 지켜야 한다.

5) 고전압 배터리 외에 하나 이상의 12V 자동차 배터리가 있을 수 있으며, 이 배터리는 동력 발생용 고전압 회로를 제어하는 저전압 전기 장치에 전기를 공급하는 배터리이다.

3. 작업 전 중요 점검 사항

(1) 전원이 꺼져 있다고 가정하여 작업 금지

고전압 시스템은 불능화 후에도 최대 10분 동안 동력을 유지 가능하며 고전압 시스템 정지 방법은 제조업체마다 다를 수가 있다. 또한 EV가 조용하다고 해서 전원이 꺼져 있다고 가정해서는 절대 안 된다.

(2) 개인보호장구 착용

개인 보호 장비 없이 절대로 오렌지색 고전압 전원 케이블이나 고압 부품을 만지거나 자르거나 탈·부착 및 분해하는 행위 절대 금지

(3) 전기차 배터리에 물리적 충격 방지

고전압 배터리에 손상을 일으킬 수 있는 충격을 주면 안 된다. 충격에 따라 고전압 배터

리의 내부 단락으로 인한 폭발 및 화재가 발생할 수 있다. 또한 전해액은 가연성 또는 독성이 있을 수 있으며 인간의 건강과 안전에 해로울 수 있다.

(4) 금속성 물질 절대 착용 금지

고전압 배터리 작업 시 금속성 물질(시계, 반지, 팔찌, 목걸이 등)을 몸에 지니고 작업할 때 고전압 계통의 단락으로 인한 사고 발생의 위험이 있으므로 안된다. 또한 전기자동차에 있는 일부 부품에서는 강한 자기장을 가지는 부품이 사용되는바, 심박 조율기와 같은 전자 의료 장비를 착용하고 있는 사람은 절대로 EV의 점검, 정비 해체작업을 해서는 안 된다.

(5) 전기자동차 배터리 고온 노출, 충격 등 절대 금지

EV 고전압 배터리에 열을 가하거나 근처에서 불꽃을 일으키거나 장시간 햇빛에 방치하는 등 고온에 노출 시키지 않아야 한다. EV 고전압 배터리는 무거우므로 조작 중 기계적인 지지가 있어야 한다. 리튬 이온 배터리를 잘못 사용하거나 손상이 있으면 고온이 발생하거나 화재 또는 폭발이 발생하거나 가스가 분출될 위험이 있다.

4. 작업 중 주의사항

1) 항상 절연 장갑을 착용하고 작업을 수행하여야 한다.
2) 고전압 시스템에 관계된 서비스 작업을 수행할 경우에는 항상 절연된 장비를 사용하도록 하여야 한다. 이는 불시에 발생할 수 있는 단락으로 인한 사고를 미연에 예방할 수 있다.

5. 작업 후 주의사항

1) 모든 터미널과 커넥터 등이 적절한 토크로 체결되어 있는지 확인한다.
2) 모든 고전압 케이블과 커넥터 등에 외관적인 결함 요소가 있는지 확인하고 차체와 닿아 있는 부분이 없는 지 확인한다.
3) 고전압 터미널이나 부품에서 준수하여야 할 절연저항 특성이 유지되고 있는지 최대한 모든 부위에서 점검하도록 한다.

6. 기타 주의 사항

1) 배터리에서 뿌려지거나 발생하는 스프레이, 가스 또는 에어로졸을 들이마시면 안 된다.

2) 피부 및 눈으로 배터리 내용물을 접촉을 금지해야 한다.

3) 적절한 방호복, 장갑 및 눈/얼굴 보호장치를 반드시 착용하여야 한다.

4) 사고가 발생하거나 몸에 이상 신호가 있으면 즉시 의사에게 진료받아야 한다.

5) 환기가 잘되는 장소에서만 EV 자동차 시스템을 분리 및 해체하여야 한다.

6) 주변 환경에 배터리 내용물이 방출되지 않도록 주의 조치해야 한다.

7) 차량 제조업체에서 제공한 추가 설명서를 항상 참조하며 작업한다.

8) 배터리 내부물질을 삼켰을 때 의식이 있으면 입을 물로 씻어내고 즉시 의사에게 진료받아야 한다.

7. 전기적 위험

1) 작업하는 부위의 활전부 간 전압이 30V AC 또는 60V DC 이상이고, 3mA AC 또는 12mA DC 이상일 때 전기적 위험이 있다고 이야기할 수 있다.

2) 전기사고를 당하게 되면 사고 후 의식 상실, 발작, 실어증, 시각장애, 두통, 이명, 마비, 기억력 장애 등 다양한 외상 후 스트레스 장애를 겪을 수 있다.

3) 눈에 보이는 화상이 없다고 하더라도 장기간의 근육통과 불편함, 피로감, 두통, 말초 신경 전도 및 감각 장애, 부적절한 균형과 조정장애 등을 겪을 수 있다.

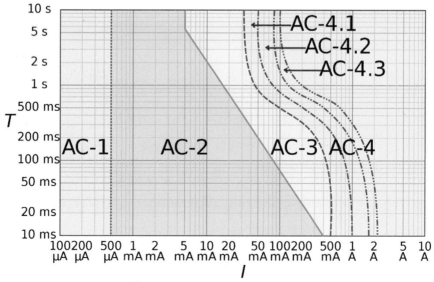

(출처: 위키피디아, AC Electric Shock)

8. 전기사고의 양상

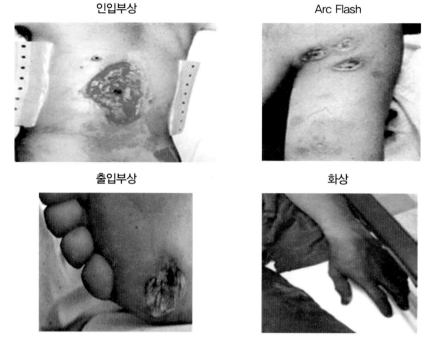

인입부상

Arc Flash

출입부상

화상

(출처: Electrical Hazard Awareness for non-electrical worker)

1) 전기사고로 인한 신체적 영향의 후유증은 매우 다양한 형태로 나타날 수 있으며 이러한 사고의 특징은 다시 원상으로 회복되기가 어렵거나 불가능하게 된다는 것이다.

2) 그러므로 고전압 위험이 있는 시스템에서의 작업은 항상 전기적 위험을 발생시키지 않도록 주의하는 것이 중요하다.

02 해외 안전 동향

1. 주요 동향

(1) 독일 사례 (이경섭 저, 고전압 자동차와 CAN-OBD) 참조

독일 및 유럽연합은 고전압 자동차에 대한 안전교육을 의무규정으로 정하고 이 과정을 마친 사람에게 EuP 인증서를 수여하게 되어 있다. EuP는 독일어로 Elektroutschnisch unterwiesene Person (Electrically trained person), 즉 '전기기술을 교육(훈련)받은 사람'이라는 뜻이다.

독일 표준 (DIN VDE 0105-199)에 의하면 EuP를 "자신에게 주어진 업무에 대하여, 그리고 잘못된 일 처리로 인해 생길 수 있는 위험에 대하여, 또한 보호장치나 보호 조치가 필요한 경우에 대해서 전기기술 전문가로부터 교육을 받은 사람"으로 명시하고 있다. EuP는 전기 장비나 전기 장치를 안전하게 다룰 수 있는 안전교육을 받은 사람 혹은 고전압 안전 차단기 술 교육을 받은 사람이라는 뜻이나 전문 전기기술자를 의미하는 것은 아니다.

독일의 고전압 자동차의 안전 정비 교육에 대한 법적 규정의 근거는 전기 시스템이나 장비에 대한 사고 예방 규정인 DGUV 규정 3 (이전의 독일 법 규정은 BGV A3 #3 (1)) 즉 "전기 시스템 및 전자 장비가 있는 모든 사업장은 전기기술자 규정 또는 전기기술 규정에 따라 전기기술 전문가의 관리나 감독 아래에서만 건설, 유지, 보수, 수정될 수 있고 또 전기기술 전문가의 감독 아래에서만 사용되어야 한다"라는 규정이다. 독일의 이와 관련된 규칙은 2002년 공장 안전 조례(BetrSocjV)의 기술 안전 규칙(TRBS)에 포함되었다.

고전압 자동차의 전기는 직류 400V 이상의 고전압으로써 감전되는 순간 치명적인 타격을 피하기 어렵다. 따라서 고전압 전력 장비를 사용하는 공장이나 사업장의 안전 규칙 (독일 직업 조합 규정 BGI 85686)에 따라 EuP 교육이 전기자동차, 하이브리드자동차, 연료전지 자동차 등 고전압 자동차 정비 과정에 필수 과정으로 포함되었다.

이전에 EuP 과정을 이수하지 못한 자동차 관련 기술자나 정비사들이나 정비 마이스터들은 재교육을 통해 EuP 자격증을 취득해야 한다. 재교육을 이수하지 않으면 고전압 자동차의 기술검사나 정비를 할 수 없다. 단 EuP 자격증 소지자의 감독하에서는 기술정비나 점검할 수 있다. EuP 교육은 자동차협회의 자동차 마이스터학교와 전기 직능협회 아카데미 등 EU 정부나 독일 연방 정부의 위탁을 받은 기술 관련 교육기관에서 실시한다.

Stage 3	For example
Live work on the HV system and work in the proximity of exposed live parts	– Troubleshooting, – Replacing parts live.

Stage 2	For example
– Disconnection – Electrical work in the non-live state	– Isolation, – Safeguarding against reconnection, – Verification of the non-live state, – Replacement of HV components, – Withdrawal of the plug + replacement of components (e. g. DC/DC converter, electric air-conditioning).

Stage 1	For example
Non-electrical work	– Test driver, – Bodywork repairs, – Oil change, wheel change.

❖ **개발 및 양산 과정에서 필요한 교육과정**

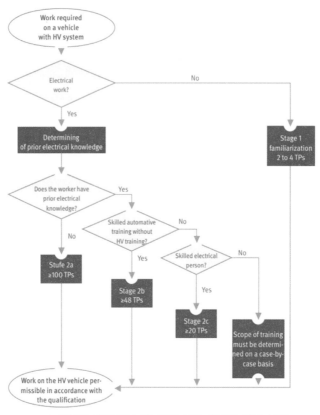

❖ 전기차 레벨 별 교육 시간 설정 플로우 차트 사례

(2) 영국 사례 (Electric & Hybrid Vehicles, Tom Denton 및 Lucas Nulle)

IMI는 영국자동차공업협회 (Institute of the Motor Industry)의 약자로서 1920년도에 설립되었으며 자동차 분야의 기술 표준 제정 및 선도 기술 연구, 관련 교육 프로그램 도입 및 시행 등을 주관하는 국가 기관이다. IMI에서는 자동차 관련 유관 분야의 작업 안전에 관한 기술에 대응하기 위하여 IMI TechSafe TM 이란 제도를 운용하고 있으며 이는 복잡한 자동차의 기술에 대응하여 안전하게 작업을 하기 위함이다.

이 제도는 영국 내에서 사용하기 위하여 고안된 것이지만 현재는 국제적으로 통용이 되고 있다. 이러한 제도에 등록하기 위해서는 기술자는 반드시 다음과 같은 특별한 과정을 이수를 완료해야 한다. (ex : 전기차와 하이브리드 차량에 대한 Level 1/2/3/4) 이를 위해서는 IMI Professional에 등록하여야 하고 현 자격을 유지하기 위하여 매년 특별한 과정을 이수하여야 한다.

영국 내에서는 고전압 차량을 다루기 위한 작업 규정이 1989년부터 시행이 되었으며, 총 7가지의 관련된 규정들을 포함하고 있으나 아래 있는 예들이 그 중이 주요한 내용이다.

1) 규정 3 (1) (a)는 다음과 같이 명시하고 있습니다. "(a) 모든 고용주와 자영업자의 의무는 통제되는 문제와 관련하여 본 규정의 조항을 준수해야 합니다. 3 (2) (b)는 직원의 의무를 반복합니다."

2) 규정 16은 다음과 같이 명시하고 있습니다. "어떤 사람도 그러한 지식이나 경험을 보유하고 있지 않거나 가능한 감독 수준에 있지 않은 한 위험이나 적절한 경우 부상을 방지하기 위해 기술적 지식이나 경험이 필요한 작업 활동에 참여해서는 안 됩니다. 작업의 성격을 고려하는 것이 적절합니다."

3) 규정 29는 다음과 같이 명시되어 있습니다. "모든 사람이 합당한 모든 조처를 했고 그 위반 행위를 피하고자 모든 실사를 수행했음을 증명할 수 있습니다."

4) EV의 경우 이는 고전압으로 작업하는 모든 사람이 숙달되어야 한다는 요구사항을 완전히 충족할 것입니다. (Electricity at Work Regulations 1989). ADAS 및 기타 영역도 비슷한 방식으로 다룹니다. 기술 안전은 기술자 안전을 의미합니다.

5) 레벨 1: 전기차/하이브리드 차량에 대한 인식과 이해에 대한 자격

6) 레벨 2.1: 응급상황 조치자(소방/구조/견인 외)에 대한 전기차/하이브리드 차량에 대한 위험 관리에 대한 자격

7) 레벨 2.2: 전기차/하이브리드 차량에 대한 정기적인 점검 및 유지보수 업무에 대한 자격

8) 레벨 3: 전기차/하이브리드 차량의 시스템 수리와 교체에 대한 자격

9) 레벨 4: 전기차/하이브리드 차량의 진단, 시험 및 부품 수리에 대한 자격

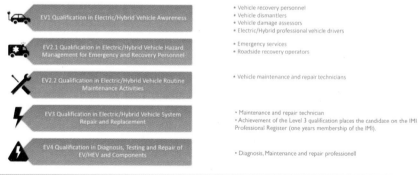

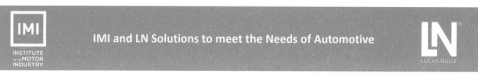

❖ IMI 전기차/하이브리드 자격 과정 예, LUCAS NULLE 카달로그

❖ 영국 IMI 교육 프로그램 기반 전기차 교육 훈련 시설 사례

(3) 미국 사례

미국의 경우에는 각 주별로 전기차에 대한 교육 프로그램을 수행하는 기관들이 있으며 OSHA (직업안전건강관리청)의 각종 규정 및 NFPA(전미 화재협회)의 전 기적 화재 대응 규정 (NFPA 70E)에 의하여 이러한 시스템을 다루는 방법들에 대한 조치 사항을 규정하고 있다.

Electric Vehicle Workforce Education & First-Responder Training Programs			Produced by ADG Renaissance Available at http://www.afdc.energy.gov/afdc/vehicles/electric_maintenance.html Revised 12/1/2010
Program Location(s)	**Training Type**	**Coordinating Organization**	**Program Name**
National	First Response Training	National Fire Protection Association	Electric Vehicle Safety Training
Michigan	Technical Training	Michigan Technological University	Interdisciplinary Program for Education and Outreach in Transportation Electrification
Michigan	Technical Training	University of Michigan Transportation Research Institute	Design and Control of Hybrid Vehicles
Colorado & Georgia	Both	Colorado State University	Advanced Electric Drive Vehicle Education Program; CSU Ventures
California	Technical Training	Wayne State University	Electric Drive Vehicle Engineering
Michigan	Both	Michigan State University	Wave Disc Engine; College of Mechanical Engineering
Virginia	Technical Training	L. Sargeant Reynolds Community College	Automotive Technology
San Francisco	Technical Training	City College of San Francisco	Automotive Technology
Roll-Out Cities	First Response Training	Chevrolet & OnStar	First Responder Training Program
National	First Response Training	National Emergency Number Association	Technical Development Conference
National	Both	West Virginia University	The National Alternative Fuels Training Consortium
Indiana	Both	Indiana Advanced Electric Vehicle Training & Education Consortium	Indiana Advanced Electric Vehicle Training & Education Consortium
California	Technical Training	Nissan North America	Livermore Training Center
Missouri	Both	Missouri University of Science & Technology	Missouri Center for Advance Power Systems Research
Oregon	Technical Training	Portland State University	The Oregon Transportation Research & Education Consortium
Michigan	Both	Macomb Community College	Center for Alternative Vehicles
Florida	Technical Training	Brevard Community College	Alternative Fuels and Electric Vehicle Technologies College Credit Course
Michigan	Technical Training	University of Michigan Automotive Research Center	Advanced and Hybrid Power Trains
California	Technical Training	University of California Davis	Plug-In Hybrid Electric Vehicle Research Center
New York	Technical Training	Onandaga Community College	Automotive Technology Degree Program
California	Technical Training	Rio Hondo College	Automotive Technology Program
Alabama	Technical Training	Lawson State Community College	Alabama Center for Automotive Excellence; T-Ten
California	Both	Yuba College	NCCC Regional Automotive Technician and Hybrid Technology Project
Connecticut	Technical Training	Gateway Community College	Automotive Service Education Program
Illinois	Technical Training	Morton College	Automotive Technology
Indiana	Technical Training	Ivy Tech Community College	Automotive Technology
Maryland	Both	The Community College of Baltimore County	Automotive Technology
Massachusetts	Both	MassBay Community College	The Automotive Technology Center
Michigan	Technical Training	Lansing Community College	Automotive Technology
Nevada	Technical Training	College of Southern Nevada	Automotive Technologies
Ohio	Technical Training	University of Northwestern Ohio	Automotive Technology
Ohio	Technical Training	Ohio Technical College	Automotive Technology
Texas	Technical Training	Tarrant County College	Automotive Technology
Texas	Technical Training	Tyler Junior College	Automotive Technology
Utah	Both	Utah Valley University	Utah Fire & Rescue Academy
Virginia	Technical Training	James Madison University	Alternative Fuels Program
Virginia	Technical Training	Northern Virginia Community College	Automotive Technology
Washington	Technical Training	Shoreline Community College	Professional Automotive Training Center
Washington	Technical Training	Wenatchee Valley	Automotive Education Department
Louisiana	Technical Training	University of New Orleans	Global-E
California	Technical Training	Evergreen Valley College	Automotive Technology
California	Technical Training	SAE International	SAE 2011 Hybrid Vehicle Technology Symposium
Michigan	Technical Training	Automotive Research and Design	5-Day Hybrid Training Course
Oklahoma	Technical Training	Mid-Del Technology Center	Electric Vehicle Center
Ohio	Technical Training	Bowling Green State University	Electric Vehicle Institute
North Carolina	Technical Training	North Carolina State University	Electrical & Computer Engineering
Michigan	Technical Training	University of Detroit Mercy	Advanced Electric Vehicles Graduate Certificate
California	Technical Training	Long Beach City College	Advanced Transportation Technology Center
National	Technical Training	Underwriters Laboratory	Electric Vehicle Infrastructure
South Carolina	Technical Training	Clemson University	College of Engineering and Science
California	Technical Training	California Institute for Nanotechnology	Certified Electric Vehicles Technician

❖ 북미 전기차 교육 및 소방/구조대원 교육 프로그램 사례

(4) 기타국가

이 외 자체적인 체계 및 교육 프로그램이 없는 곳에서는 기존 유럽/미국의 제도를 받아들여서 내재화하는 등 다양한 방법으로 점차 고전압에 대한 안전 준수 부분에서의 심각성을 느끼고 차츰 이러한 교육 및 자격 범위를 확대해 나아가는 중이다.

❖ 국내 강사진과 시행한 태국 최초 고전압 안전교육 1Day Class 사례

03 고전압 안전 주의 사항

1. 개요

전기차에 적용된 AC, DC 전압은 모두 사람의 목숨에 관계될 수 있는 치명적인 위 험을 지니고 있으며 이는 앞으로도 당분간 계속 지속될 것이다.

이러한 작업을 수행하기 위해서는 지정된 모든 절차와 규정을 준수하면서 작업하는 것이 중요하며 익히 익숙한 12V와 24V 시스템을 상회하는 모든 전기적인 회로에 대해서는 먼저 접근하지 않는 것이 사고를 사전에 방비하는 방법의 하나다.

(1) 위험의 종류 및 조치 사항

1) 전기적 쇼크 1

전기차에 적용되는 전압은 인체에 상해를 줄 수 있을 만한 위험이 존재한다는 것을 사전에 숙지한다.

2) 전기적 쇼크 2

기존 내연기관의 경우에는 이그니션 스위치 같은 경우 일반적으로 4만 V 정도의 전기적 쇼크를 발생할 수 있는 전압을 생성할 수 있다고 알려졌으며 이 때문에 엔진 구동 시 이 회로를 점검 때에는 절연된 특수한 장비를 사용하여야 하고 시동을 끌 때도 역기전력에 의해 수백 V의 전압이 발행하기 때문에 주의를 하여야 한다.

주로 많이 사용하는 파워툴의 경우에도 접지 라인과 연결을 하는 경우를 권장하는 경우를 많이 볼 수 있으며 하이브리드나 전기 차량을 작업할 경우는 고전압 시스템에 대한 충분한 교육이 사전에 필요하다.

3) 단락 회로

테스트할 때 단락으로 인한 손상을 방지하려면 인라인 퓨즈가 있는 점프 리드를 사용하여야 하고 단락 위험이 있는 경우 배터리를 분리하여야 한다. (먼저 접지선을 뽑고 마지막으로 다시 연결). 차량 배터리에서 매우 높은 전류가 흐르면 차량뿐 아니라 작업자도 화상의 위험에 노출될 수 있다.

4) 화재

차량에서 작업할 때는 절대 담배를 피우는 행위는 하지 않도록 한다. 연료 누출은 즉시 주의해야 하며 화재의 삼각형을 항상 기억하고 열-연료-산소의 결합의 이루어지지 않도록 주의한다.

5) 피부 손상

좋은 차단 크림 및 / 또는 라텍스 장갑을 사용하고 피부와 옷을 정기적으로 세척/세탁하여야 한다.

2. 고전압 주의 사항

(1) 고전압의 정의

저전압, 고전압에 대한 정의는 각각의 전기계통을 사용하는 분야 및 국가별로 상이하게 규정을 하고 있으며 내연기관에 대하여 IEC에서 규정하고 있는 바는 다음과 같다. (rms; Root mean square; 제곱근)

전기차의 경우는 UN 문서에서는 다음과 같이 규정하고 있다. (Addendum 99: Regulation No. 100 Revision 2, section 2.17)

내연기관 전압 레벨	AC	DC	위험
고전압	〉1000 Vrms	〉1500V	전기 아크
저전압	50~1000 Vrms	120~150V	전기 쇼크
초저전압	〈 50 Vrms	〈 120V	저 위험군

(2) 고전압 취급 주의 사항

① 360V 고전압을 사용하므로 주의 사항을 반드시 지켜야 한다. 주의 사항을 준수하지 않으면 심각한 누전, 감전 등의 사고로 이어질 수 있다.

② 고 전압계 전선 및 커넥터는 오렌지색으로 되어 있다.

③ 고 전압계 부품에는 고전압 경고 라벨이 부착되어 있다.

④ 고전압 보호 장비 착용 없이 절대 고전압 부품, 케이블, 커넥터 등을 만져서는 안 된다.

(3) 회로와 전도체

전기가 흐르기 위해서는 회로는 완전하게 구성이 되어야 하고 폐회로를 형성하여야 한다. 만일에 회로가 구성되지 않으면 이것은 열린 회로로 간주한다. 인체의 몸과 같은 전도체가 열린 회로와 접촉하면 이는 회로를 폐회로로 만들 수 있다. (전기가 흐를 수 있다.) 대지, 물, 콘크리트, 그리고 사람의 몸과 같은 물질은 모두 전기에 대한 전도체이다.

(4) 전기 접촉 사고의 양상

- 전기적 쇼크 : 인체의 몸을 관통하여 흐를 만한 충분한 전류를 흘릴 수 있을 전압원에 직접적으로 접촉 하였을 때
- 감전사 : 전기 접촉으로 인하여 심장이나 뇌 기능이 정지되어 사망에 이르는 상태
- 아크 플래쉬 부상 : 방사열, 아크 플래쉬, 비산 용융 금속 소자 등으로 인한 화상
- 낙상 : 전기적 충격이나 아크에 놀라서 몸을 비키거나 뒤로 피하다가 넘어지거나 하는 2차 사고

(5) 전기적 작업 안전 사항

- 인가되지 않은 작업자는 전기와 관련된 장비를 다룰 수 없다.
- 전기를 다루는 작업은 명기된 허가증이나 관리부서의 허가를 득한 이후에 시행이 가능하다.
- 전기와 관련된 회로와 전도체들은 전기의 파워 소스가 제거되기 전 까지는 활전 상태라고 간주하고 주의하여야 한다.
- 전기를 다루는 작업은 반드시 인가된 작업자에 의하여 수행되어야 한다.
- 전류의 흐름을 테스트 하는 작업도 전기 작업에 속한다.

3. 고 전압계 부품

고전압 배터리, 파워 릴레이, 모터, 파워 케이블, EPCU, BMS, 완속 충전기 (OBC), 고전압 정션 블록 메인 릴레이, 프리차지 릴레이, 배터리 전류/온도 센서, 안전 플러그, 메인 퓨즈, 버스 - 바, 충전 터미널 등이 있다.

04 안전 작업 프로세스

1. 안전 작업 시스템

(1) 고전압 위험 차량 표시

주의
(고전압 위험 차량)

❖ 고전압 주의 표지

❖ 실차 적용 고전압 주의 표지 사례

(2) 절연 장갑 착용, 절연 공구 사용, 금속성 물질 제거, 고전압 차단
- 단자 간 전압 30V 이하 확인
(3) 사고, 화재 시 안전 플러그 OFF, 절연 장갑, 보호안경, 안전복 착용, 액체 접촉 시 붕소액으로 중화 후 흐르는 물에 세척, 화재 발생 시 ABC 소화기 사용.
(4) 고전압 절연저항 확인 및 서비스 데이터확인, 절연저항 점검 2㏁ 이상

2. 안전 작업 프로세스

(1) 작업준비 (격리)

출처 : https://youtu.be/fbWg48eW_ls

(2) 개인 보호구 착용

출처 : https://youtu.be/fbWg48eW_ls

출처 : https://youtu.be/fbWg48eW_ls

(3) 고전압 전원 차단

출처 : https://youtu.be/fbWg48eW_ls

(4) 비활전 점검

출처 : https://youtu.be/fbWg48eW_ls

(5) 절연저항 측정

출처 : https://youtu.be/fbWg48eW_ls

3. 절연저항 파괴 시 감전 주의

(1) 절연저항 300㏀ 이하 시 BMS에서 메인 릴레이 차단.

(2) 고전압 배터리 전원 +, - 한 단자가 차체에 접촉한 상태로 인체가 차체 접촉 시

    (가) 인체가 차체에만 접촉하였을 때 전류는 흐르지 않음.

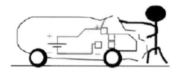 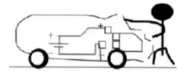

고전압 + 단자 차체 단락　　　　　**고전압 - 단자 차체 단락**

    (나) 인체가 차체와 고전압 단자에 동시 접촉 시 500mA 이상 차체와 인체로 통전으로 감전 위험.

    (다) 500mA: 심장마비, 호흡 정지 및 화상 또는 다른 세포의 손상과 같은 병리 생리학적인 영향을 일으킬 수 있음.

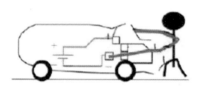 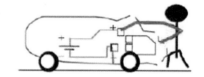

❖ **고전압 + 단자 차체 단락 및 인체접촉**　　❖ **고전압 - 단자 차체 단락 및 인체접촉**

(3) 고전압 단자가 동시에 차체에 접촉 시 2,000~3,000A 차체 통전으로 인한 퓨즈 차단.

4. 고전압 배터리 충전 시 주의 사항

1. 젖은 손으로 충전기를 조작하지 않는다.

2. 차량 충전 구에 충전커넥터를 정확히 연결 및 Looking 상태를 반드시 확인한다.

3. 충전 중에 충전커넥터를 임의로 제거하지 않는다.

4. 충전케이블 피복 손상, 충전커넥터 파손 등 안전상태를 주기적으로 점검한다.

5. 우천 시 또는 정리 정돈 시 충전장치에 수분이 유입되지 않도록 주의한다.

6. 충전 전 안전 점검, 충전 후 주변 정리 정돈을 시행한다.

05 위험 관리

위험 요소를 관리하고 통제하기 위해서는 차량과 부품에 대한 식별을 할 주 알아야 하며 다음 장부터 자세히 소개되는 고전압 시스템 자체에 대해서도 이해를 해야 할 필요가 있다.

(1) 위험관리

가) 기술적 관리: 위험이 내포된 장비를 사용하여 작업을 시행하면서 상해를 입을 수 있는 작업자들을 보호하기 위한 설계적, 기술적인 관리방안

나) 조직적 관리: 기술적 관리로 조치가 미흡할 경우, 배치가 완전히 이루어지지 않았을 경우나 시험 계측을 하기 어려운 경우 등에 대해서는 조직적이고 체계적인 관리 시스템에 의한 관리방안이 마련되어야 한다. (예: 개인보호장비를 착용할 것)

다) 계층적 관리

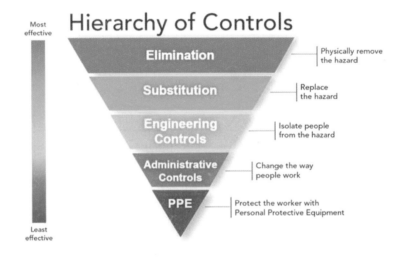

- 물리적으로 위험을 제거한다,
- 위험요소를 다른 것으로 대체하거나 하여 위험도를 감소시킨다.
- 기술적 관리 방안이나 설계적인 지원을 통하여 작업자를 위험 요소로부터 분리한다.
- 조직적 관리를 통하여 작업자가 업무를 하는 방식을 변경한다. (예 : 개인보호장비 착용)

(2) 초기평가

전기안전 관리 책임자는 초기 육안 검사를 시행하여 여타의 위험요소가 존재하는 지에 대한 자체적인 평가를 실시하여야 하고 개인보호장비를 착용하여야 한다. 이후에 자신과

타인에게 야기될 수 있는 전기차 작업으로부터의 위험성에 대하여 안전을 보장할 수 있는지를 각 단계별로 평가를 수행한다. 예를 들어 전기차와 연관된 작업 중에 발생할 수 있는 위험과 관계된 역할들은 다음과 같다.

1) 작업장 상주자   2) 작업 구경꾼
3) 복구 책임자   4) 소방/구급 책임자

만일 차량이 심각한 손상을 입었거나 화재가 발생했다고 한다면, 아래와 같은 현상을 수반할 수 있다.

1) 전기적 쇼크   2) 연소   3) 아크 플래쉬
4) 아크 블라스트   5) 화재   6) 폭발
7) 유독 화학물질   8) 가스와 매연

(3) 화재위험

전기차와 그 내부의 주요한 부품들은 각기 다른 제조사로부터 각기 다른 기본적인 다른 디자인 컨셉을 가지고 만들어지므로 제조사 및 이를 다루는 사람들은 안전하게 작업을 하기 위해서는 어떤 조치가 필요할지 규정하는 것은 매우 중요한 일이다. 개인적인 예방 조치를 취해야 할 명백한 필요성뿐만 아니라 EV 고전압 시스템을 다룰 때 잘못된 유지보수 작업은 차량, 다른 사람 및 재산에 피해를 줄 수 있다. EV에서 작업할 때는 날개 덮개, 바닥 매트 등과 같은 정상적인 보호장치를 사용해야 하며 고전압 배터리를 제외하고 폐기물 처리는 ICE 차량과 다르지 않게 취급하면 된다.

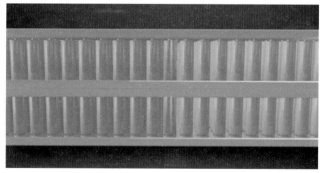

출처 : https://vimeo.com/348231769

높은 배터리 스택 / 모듈에서 오류가 발생하면 열 폭주가 발생할 수 있다. 열 폭주란 온도가 상승하면 온도가 더 상승하여 종종 파괴적인 결과를 초래하는 방식으로 조건이 변경되는 상황을 말한다.

출처 : https://vimeo.com/348231769

EV 고전압 배터리에서 화재가 발생하거나 배터리에 화재가 발생할 수 있다. 현재 주행 중인 대부분의 EV 배터리는 리튬 이온이지만 NiMH 배터리도 일부 사용을 하고 있다. 배터리에 화재가 난 전기차를 처리하기 위한 전술에 관한 다양한 지침이 있으며 일반적인 견해는 물 또는 기타 표준물질의 사용이 소방대원에게 역으로 전기적 위험을 나타내지는 않는다고 밝혀져 있다.

❖ 다양한 전기차 관련 화재 사고 사례 : Google Image 검색, ev fire

고전압 배터리에 불이 붙으면 지속해서 매우 많은 양의 물이 필요하다. Li-ion 고전압 배터리가 화재에 연루되었을 때 소화 후 재 점화될 가능성이 있으므로 열 화상을 사용하여 배터리를 모니터링 해야 할 필요가 있다. 생명이나 재산에 즉각적인 위협이 없는 경우 배터리 화재를 다 타도록 방치하는 것도 또한 고려해야 한다.

EV 화재에 대한 또 다른 고려 사항은 고전압으로 인한 전기적 충격 등을 방지하기 위한 자동 내장 시스템이 손상될 수 있다는 것이다. 예를 들어, 고전압 시스템의 상시 개방 릴레이는 열로 인해 손상을 입을 경우 닫힌 위치에서 융착되는 현상이 나타날 수 있다.

❖ 소방/구조대원용 친환경차 사고조치 교육 교재 및 제작사 긴급 조치 가이드 예시

06 개인 보호 장비

기본적인 기존의 작업을 할 때 수행하던 장비 이외에, 고전압 시스템을 다루기 위해서는 아래와 같은 추가의 장비들이 필요하다.

품 목	용 도	보호장비	비교
절연 공구	고전압 부품이나 배터리 탈거	1,000V / 300A 사양 충족(고전압 방호)	
안전모	작업 시 머리보호	KS 기준 7,000 v이 하 사용범위 배터리 부딪힘, 낙하, 감전 시 부상 방지용	
안면보호구	고전압 회로 작업 시 전기스파크로 인한 얼굴 보호	작업 시 전해액, 파편 비산 시 부상 방 지용	
절연화	감전 방지	14,000v 미만 작업 시 사용 절연화, 강화 밑창으로 못 찔림 등 방지	
절연장갑	고전압 장치 및 고전압 배터리 탈거 작업	1,000 v (0class) 전압 작업 시 사용 장갑, 배터리나 케이블 작업 시 필수 착용 후 작업	
방염복	작업 중 화재 발생시 신체 방호	높은 열 차단성, 방호성, 내약품성의 아라미드섬유 사용(탄화 온도 500도 이상) 전기절연성 및 내열성(260도 대기 중 1,000시간)	
화학복	고전압 배터리 전해질 누출시 신체 보호	배터리 누출 확인 시 신체 보호를 위해 착용	

방진 마스크	호흡기 보호	배터리 누출 확인 시 호흡기 보호를 위해 착용	
보안경	고전압 배터리 점검 및 차량 점검 시	배터리 비산물 유입 방지	
검전기	잔류 전원 확인	전류 누출 여부 탐지 (검전기:AC80~AC1,000V 저압용) 테스터 : AC/DC 60V~1,000V)	

1. 비 전도체 재질로 구성된 작업복 (Anti-Arc 작업복) (주) 난연복 아님
2. 전기로부터 보호가 가능한 장갑 (절연장갑)
3. 보호가 가능한 신발류 (절연화/절연덧신)
4. 눈 보호 고글 (필요할 경우)

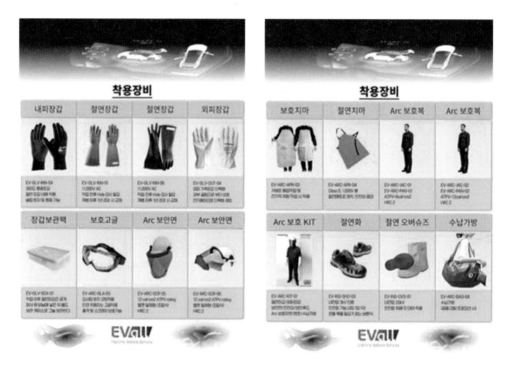

PPE는 전기차와 관련된 작업을 수행할 때는 필수적인 장비이다.

절연 장갑은 사용하는 전기작업의 범위에 따라서 다음과 같이 구분할 수 있다.

1) Class 00: 최대 사용전압 500V AC/ 750V DC, 시험전압 2,500V AC/ 10,000V DC
2) Class 0: 최대 사용전압 1,000V AC/ 1,500 DC, 시험전압 5,000V AC/ 20,000V DC
3) Class 1: 최대 사용전압 7,500V AC/ 11,250V DC, 시험전압 10,000V AC/ 40,000V DC

일부 차종은 Class 00도 사용이 가능하지만 현재 전기차에 적용되는 배터리 전압이 지속적으로 증가하는 추세에 있으므로 Class 0를 보편적으로 착용하는 것을 기준으로 한다. 절연장갑은 사용 전 장비에 이상이 있는지 (구멍, 찢김, 헤짐) 반드시 확인을 하여야 하며 이를 위해 보통 공기 테스트를 시행하여 장갑의 이상 유무를 확인한다.

8. 보호 장비 관리 수칙

(1) 개인보호장비(PPE)

임명된 안전관리자는 작업을 시작하기 전에 작업 투입 자의 개인보호장비(PPE) 항목을 점검하고 사용할 것. 손상된 PPE 품목은 사용 금지

(2) 검사 항목(#붙임. 개인보호장구 정기 점검 체크리스트)

가) 절연 장갑은 긁힘, 구멍 및 찢김이 있는지 검사(육안 검사 및 공기 누설 테스트)한다.

나) 절연 화에 구멍, 손상, 금속 조각, 마모 상태 검사한다.

다) 절연 고무 시트는 찢어진 지 검사(육안 검사)한다.

전기 · 전자 기초지식

제3장

전기 · 전자 기초지식

01 전기 기초

1. 전기개요

(1) 물질의 구성

전기란 자연 현상으로 사람의 눈으로 볼 수 없는 무형으로 존재하는 에너지의 한 형태로써 기원전 600년 그리스 철학자 탈레스가 호박 단추를 옷에 마찰시키면 가벼운 종이나 깃털을 끌어당기는 현상을 발견하고, 이때 흡입하는 힘의 원천을 전기 (electricity)라고 하는데서 기원하였다.

모든 물질은 분자로 구성되며, 분자는 원자들의 결합으로 이루어진다. 원자는 중심에 원자핵이 있고, 원자핵의 주위에는 전자가 움직이고 있다. 원자핵에는 전자의 수와 같은 수의 양성자와 중성자가 함께 들어있다. 양성자는 '+' 전위를, 전자는 '-' 전위를 갖으나 일반적인 상태에서는 양성자의 수와 전자의 수가 같으므로 전기적 특성을 나타내지 않는 중성 상태로 존재하게 된다.

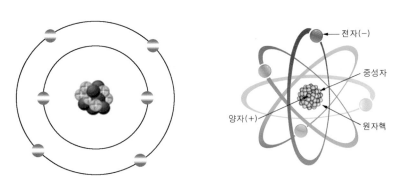

❖ **물질의 원자 구조**
출처 : ㈜ 골든벨(2021), [전기자동차 매뉴얼 이론&실무]

중성 상태에서 원자핵의 주위를 움직이는 전자는 그림에서 보듯이 원자핵의 주위를 일정한 궤도를 형성하며 움직이고 있다. 이 궤도는 전자의 수에 따라 여러 개가 되기도 하는데 가장 안쪽의 궤도에서부터 K L M N ⋯ 이라고 명명하며 각각의 궤도에는 일정한 양의 전자가 움직이고, 각 궤도에 있는 전자의 수는 $2n^2$ 의 수만큼의 전자가 존재할 수 있다.

(2) 전기의 성질

일반적으로 원자 궤도의 가장 바깥쪽 궤도에 있는 전자를 가 전자라고 하며, 가 전자의 수를 전자 가라 하여 물질의 전기적 특성을 나타낸다. 여기서 전자를 주고받을 수 있는 전자는 가장 바깥쪽 궤도에 있는 전자이며 이 바깥쪽 궤도의 전자는 원자핵으로부터 인력이 약하게 작용하므로 쉽게 궤도를 이탈하여 자유롭게 돌아다닐 수 있다. 이렇게 궤도를 이탈하는 전자를 자유전자라고 하며 물질의 전기적 성질을 결정하게 된다.

원자들은 최외각 궤도에 있던 전자가 이탈하게 되면 전자가 빠져나간 자리는 정공(hole)이 되고, 근처를 이동하는 다른 자유전자를 끌어당겨 채우게 된다. 이러한 현상을 보고 전기의 흐름이라 한다.

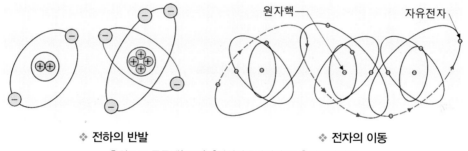

❖ 전하의 반발 　　　　　❖ 전자의 이동

출처 : ㈜ 골든벨(2016), [정석자동차정비교본] 자동차전기

원자의 가장 바깥쪽 궤도에 8개의 전자가 들어갈 경우, 8개의 전자가 있을 때 가장 안정된 상태로 전기적 성질을 갖지 않는 특성이 있다. 그러므로 원자는 가 전자가 8개가 되지 않으면 근처의 원자와 결합하여 8개를 맞춰 안정된 상태를 유지하려는 성질이 있으며 이를 팔우설 (octet theory) 이라 한다.

(3) 정전기

물질에 전기적 성질은 있으나 정지되어 있으므로 유용하게 이용할 수 없는 전기를 정전기라 하며, 마찰전기가 대표적인 예이다. 마찰전기란 어떤 물질 두 개를 서로 비비면 마찰 때문에 핵의 바깥쪽 궤도에 있던 전자가 자유전자가 되어 이동하게 되므로 두 물질은 서로 다른 전기적 성질을 갖게 된다. 이처럼 마찰 등에 의해 전기가 발생한 것을 대전 되었다고 하고 대전 된 물체를 대전체라 하며, 대전한 물체가 가지는 전기를 전하라고 한다.

예를 들어 건조한 유리 막대를 비단으로 마찰시키면 이 유리 막대와 비단은 다 같이 종 잇조각과 같은 가벼운 물체를 끌어당긴다. 이것은 마찰로 에너지를 받아서 온도가 상승하고 자유전자가 비교적 튀어나오기 쉬운 유리 막대에서 비단으로 이동되었기 때문에 전기가 발생하는 현상이다. 이러한 경우를 유리 막대 또는 비단에 전하가 발생하였다고 하거나 대전 (electric charge) 되었다고 한다. 이때 이 전기를 마찰전기 또는 정전기 (static electricity)라고 한다.

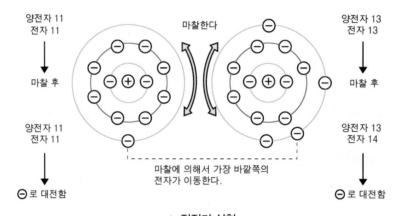

❖ **정전기 실험**
출처 : ㈜ 골든벨(2016), [정석자동차정비교본] 자동차전기

(4) 정전 유도

도체에 대 전체를 가까이하였을 때 대전체에 가까운 곳에는 대전체와 다른 종류의 전하가 모이고, 먼 곳에는 같은 종류의 전하가 모이게 되는 현상을 정전 유도라고 한다. 절연된 전기적으로 중성인 도체 A에 음전하를 가진 대전체 B를 가까이하면 A 도체 내의 자유전자는 B로부터 먼 쪽에 모이고 B로부터 가까운 쪽에는 양전하를 가지게 된다.

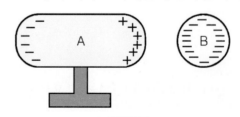

❖ **정전유도**
출처 : ㈜ 골든벨(2016), [정석자동차정비교본] 자동차전기

(5) 축전기

축전기는 정전 유도의 특성을 이용하여 전기를 저장 또는 방전시키는 기능을 하고 있다. 그림과 같이 절연물을 사이에 두고 두 개의 금속판을 마주 보게 하고 A판에는 + 를 B판에는 - 전원을 각각 접속시키면 + 극에 접속된 A판의 자유전자는 + 극에 가까워지려는 성질 (이종 흡인)에 의해 + 극으로 이동을 하므로 전자가 빠져나간 정공만 남게 되어 +전하를 갖게 되고 - 극에 접속된 B판의 자유전자는 - 극으로부터 멀어지려는 성질(동종 반발)에 의해 금속판에 모여 있게 되어 - 전하를 갖게 되므로 전기를 저장해 둘 수가 있다. 이처럼 전압을 가하면 전하를 저장할 수 있게 되어 있는 것을 축전기 (con denser)라고 한다.

축전기에 저장되는 전하의 양 Q (coulomb)는 가해지는 전압 E(volt)에 비례하며 다음과 같은 관계식이 된다.

$$Q = CE$$

Q : 축전기에 저장되는 전기량

C : 정전 용량

E : 축전기에 가해지는 전압

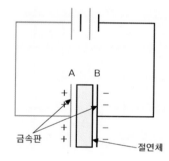

❖ **축전기**

출처 : ㈜ 골든벨(2016), [정석자동차정비교본] 자동차전기

이 식 중 C는 비례상수이며 정전 용량(electrostatic capacity)이라 한다. 정전 용량의 단위는 패럿(F)이라고 한다. 그러나 패럿 단위는 실용상 너무 크므로 다음과 같이 마이크로 패럿 (μF) 또는 피코 패럿 (pF)을 사용한다.

l(F)은 l(V)의 전압을 가하였을 때 1 쿨롱의 전화를 저장하는 용량을 말한다.

$$1\mu F = \frac{1}{1,000,000}F = 10^{-6}F$$

$$1pF = \frac{1}{1,000,000,000,000}F = 10^{-12}F$$

정전 용량은 다음과 같다.

1) 전압에 정비례한다.

2) 금속판의 면적에 정비례한다.

3) 금속판 사이 절연체의 절연도 정비례한다.

4) 금속판 사이의 거리에 반비례한다.

2. 동전기

동전기란 정전기와 달리 끊임없이 전류가 흘러 유용한 일을 하는 전기의 상태로 생활 주변에서 사용하는 모든 전기를 말한다. 전기가 흐르기 위해서는 전압, 전류, 저항이 있어야 하며 이를 전기의 3요소라 한다.

(1) 전류

전류는 전자의 이동으로 그림과 같이 양전하를 가진 물체 (A)와 음전하를 가진 물체 (B)를 도체 (C)로 접속하면 음전하는 도체를 통하여 양전하 쪽으로 이동하여 양전하와 결합하므로 중화된다. 이렇게 자유전자가 도선을 통하여 흐르는 것을 전류라고 하며, 이러한 전자의 이동은 물체(A)에 있는 양전하가 모두 중성 이 될 때까지 계속하여 일어난다. 전류의 단위는 암페어 (A : ampere)로 1암페어란 도체 내의 임의의 한 점을 1 쿨롱(coulomb)의 전하가 통과할 때 1(A)의 전류가 흘렀다고 한다.

전류(I) = 전기량 (Q) ÷ 시간(t)

1 (A)= 1, 000(mA), 1(mA)= 1,000(μA)

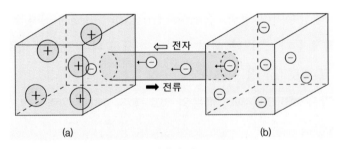

❖ **전자의 이동**
출처 : ㈜ 골든벨(2016), [정석자동차정비교본] 자동차전기

전류가 도체 내를 이동할 때는 발열, 화학 자기 작용의 3가지 작용을 하며 이것을 전류의 3 대작용이라고 한다.

가) 발열 작용

도체 내를 전류가 흐를 때 도체의 저항에 의해 열이 발생한다. 이러한 현상을 이용하여 전구, 시가 라이터, 전열기 등이 작동한다.

나) 화학 작용

전해액에 전류가 흐르면 화학 작용이 발생한다. 이러한 현상을 이용하여 전기 분해작용 및 축전지가 작동한다.

다) 자기 작용

전선이나 코일에 전류가 흐르면 그 주변 공간에는 자기 현상이 발생한다. 자기 작용은 전기적 에너지를 기계적 에너지로 변환시키고 반대로 기계적 에너지를 전기적 에너지로 전환하는 작용을 한다. 이러한 현상을 이용하여 전동기, 발전기, 경음기, 변압기 등이 작동한다.

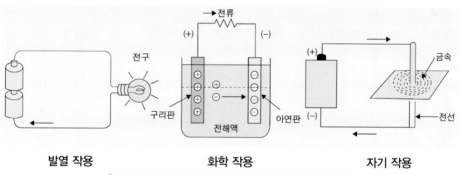

발열 작용　　　　　　화학 작용　　　　　　자기 작용

출처 : ㈜ 골든벨(2016), [정석자동차정비교본] 자동차전기

(2) 전압

도체에 흐르는 전류는 그림과 같이 마치 물이 높은 곳에서 낮은 곳으로 흐르는 것과 같은 모양으로 흐른다. 이 전기적인 높이 즉 전기적인 압력을 전압(voltage, 단위 V) 또는 전위차라고 한다. 이 경우 A의 전위는 B의 전위보다 높다고 한다. 이와 같은 전위차를 발생시키는 힘을 기전력 (electromotive force)이라 하고 기전력을 발생시켜 전류를 흐르게 하는 근원이 되는 것을 전원 (electric source)이라고 한다.

1(V)는 저항 1(Ω)의 도체에 1(A)의 전류를 흐르게 할 수 있는 전압을 뜻한다.

(3) 저항

물질 속을 전자가 이동할 때 전자는 물질 속의 원자와 충돌하여 저항을 받는다. 그리고 이 저항은 물질이 가지고 있는 자유전자의 수나 원자핵의 구조 또는 온도에 의하여 달라진다. 이처럼 물질에 전류가 흐를 수 있는 정도를 나타내는 것을 전기저항(resistance, 기호 R)이 라고 한다. 전기저항의 크기를 나타내는 단위에는 ohm(Ω)을 쓴다.

1(Ω) 이란 1(A)의 전류를 통하는데, 1(V)의 전압을 필요로 하는 도체의 저항이다.

가) 고유 저항

물질의 저 항은 재질, 형상, 농도에 따라 변화한다. 형상 및 온도를 일정하게 하면 재질에 따라 일정한 저항값을 갖게 된다. 이때의 저항값을 물질의 고유 저항이라 한다.

고유 저항의 단위로는 Ω cm($\mu\Omega$ cm)를 사용한다. 이 고유 저항을 알면 임의의 길이 및 단면적을 가진 물질의 저항을 알 수 있다.

도체의 명칭	고유저항 $[\mu\Omega cm/20\text{℃}]$	도체의 명칭	고유저항 $[\mu\Omega cm/20\text{℃}]$
은(Ag)	1.62	니켈(Ni)	6.9
구리(Cu)	1.69	철(Fe)	10.0
금(Au)	2.40	강	20.6
알루미늄(Al)	2.63	주철	57~114
황동(Cu+Zn)	5.70	니켈-크롬(Ni+Cr)	100~110

나) 도제의 형상에 의한 저항

두 도체 속에서 전자가 이동하는 경우, 전류가 흐르는 방향에 수직한 단면적을 증가시키면 전자는 넓은 통로를 쉽게 통할 수 있으므로 저항이 적어지고, 전류가 흐르는 거리를 증가시키면 그만큼 도체 중의 원자 사이를 뚫고 나가 흐르지 않으면 안 되므로 저항은 증가한다. 일반적으로 도체의 저항은 그 길이에 비례하고 단면적에 반비례한다. 그러므로 도체의 형상이 정해지면 저항값을 계산할 수 있다.

$$R = p\frac{l}{A}$$

여기서 ρ(Ω cm) : 도체의 고유 저항, A(cm^2): 단면적, l(cm) : 길이

다) 온도와 저항의 관계

일반 금속은 온도가 증가하면 그 저항이 커져서 흐르는 전류가 작아지게 된다. 점화코일의 경우 열을 받으면 2차 전압이 낮아지는 이유가 여기에 있다. 그러나 서미스터(thermistor)는 온도가 올라가면 저항이 작아지는 부 특성 서미스터와 반대로 일반 급속과 같이 저항이 증가하는 정 특성 서미스터가 있다. (일반 서미스터란 부 특성 서미스터를 의미한다.)

(4) 절연 저항

절연물인 경우에는 전혀 전류가 흐르지 않는 것은 아니다. 즉 어떠한 절연체나 그 양 끝에 가해지는 전압이 높으면 약간의 전류는 흐른다. 즉 절대적인 절연체는 없으며 저항값이 도체에 비하여 상대적으로 클 뿐이다. 이 절연체의 저항을 절연 저항(insulation resistance)이라 하며 절연물을 통하여 흐르는 전류를 누설 전류(leakage current)라 한다.

그림에서와 같이 절연체에 높은 전압을 가하면 절연체의 절연 저항은 정도에 따라 극히 적은 양이기는 하나 화살표와 같은 누설 전류가 흐르게 된다. 이때 누설 전류를 측정함으로써 절연 저항을 다음 식으로 구할 수 있다.

$$R(M\Omega) = \frac{E(가한전압)}{I(측정전압)} \times \frac{1}{1,000,000}$$

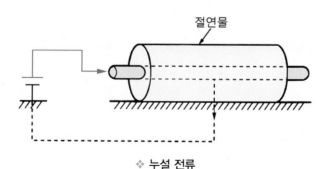

❖ **누설 전류**
출처 : ㈜ 골든벨(2016), [정석자동차정비교본] 자동차전기

(5) 접촉 저항

도체와 도체가 서로 접촉할 때 그 접촉된 부분에 전류가 흐르게 되면 대체로 그 부분에는 전압 강하가 생기고 열이 발생하게 되므로 그 부분에는 저항이 있음을 알 수 있다. 이것을 접촉 저항(contact resistance)이라 한다. 그 값은 접촉 부분의 면적, 도체의 종류, 압력,

접촉면의 부식 상태 등에 따라 달라진다. 접촉 부분을 납땜하거나 단자를 조이기 위한 와셔의 이용, 단자의 도금, 전기 접점의 청소 등은 모두가 접촉 저항을 감소 시키는 방법이다.

3. 전기회로

(1) 전기회로 구성

자동차 전기 장치 이외에도 모든 전기 장치는 전원으로부터 부하에 전류가 흐르도록 하기 위해서는 반드시 전기회로가 구성되어야 한다.

(가) 단락 회로

그림과 같이 전압이 가해진 전선의 절연 피복이 손상되어 내부 전선이 노출되고, 이것이 근처의 다른 전선에 접촉하게 되면 전선의 길이가 짧아진 것과 같은 현상이 되므로 전선의 고유 저항이 낮아지게 되어 많은 전류가 흐르게 되며, 노출된 전선이 다른 전선과 접촉하는 것을 단락(short)이라고 한다.

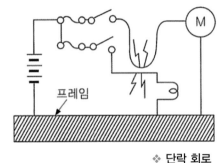

❖ 단락 회로

출처 : ㈜ 골든벨(2016), [정석자동차정비교본] 자동차전기

(나) 단선 회로

단선은 회로가 절단되거나 커넥터의 결합이 해제되어 회로가 끊어진 상태로 그림과 같이 전류가 흐를 수 없게 된 상태를 말한다.

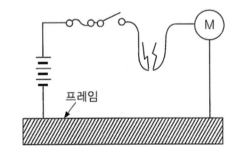

❖ 단선 회로

출처 : ㈜ 골든벨(2016), [정석자동차정비교본] 자동차전기

(다) 접촉 불량

접촉 불량은 스위치의 접점이 녹거나 단자에 녹이 발생하거나 느슨할 때 저항값이 증가하는 등의 원인으로 발생한다.

(라) 절연 불량

절연물의 균열, 물, 오물 등에 의해 절연 파괴되는 현상을 말하며, 이때 전류가 누설된다.

(마) 접지

그림 같이 프레임에 접촉하는 것을 접지(earth)라고 한다.

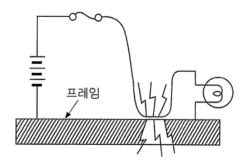

프레임

❖ **회로의 접지**

출처 : ㈜ 골든벨(2016), [정석자동차정비교본] 자동차전기

(2) 전기회로 보호장치

전선에 전류가 흐르면 전류의 2제곱에 비례한 줄 열이 생기며 이 열이 절연 피복을 변질시키거나 소손시켜서 화재 발생의 원인이 된다. 따라서 전선에는 안전한 상태로 사용할 수 있는 한도의 전류 값이 반드시 정해져 있으며 이것을 허용 전류라고 한다. 모든 전기회로에 사용하는 전선은 이 허용 전류의 범위 내에서 사용하지 않으면 안 된다. 만일 그림과 같이 전압이 가해진 전선의 절연 피복이 상하여 내부의 전선이 노출되어 이것이 프레임에 접촉하면 부하를 통하지 않고 전원이 연결되므로 큰 전류가 흐른다.

이와 같이 부하를 통하지 않고 전원이 연결되어 버리는 것을 접지라 한다. 접지에 의해 전선에 화재가 발생하지 않도록 극히 용해점이 낮은 퓨즈(fuse)를 회로 중에 직렬로 끼워두고 전선의 온도가 오르기 전에 퓨즈가 녹아버려 회로를 끊는 역할을 시키고 있다. 자동차에 사용되는 퓨즈는 다양한 형태로 만들어지며 재료로는 납 또는 주석의 합금이 쓰인다.

(3) 전압 강하

전원으로부터 전기 에너지를 소비하는 부하에 전류를 흐르게 할 때 도중에 전선의 저항 때문에 옴의 법칙에 따라 $I \times R$의 전압 강하가 일어나고 부하 쪽으로 나감에 따라 전압은 점차 낮아진다.

그림과 같이 단자전압인 전원으로부터 전선을 연결하여 전구에 전류를 흐르게 하는 경우, 전선 한 줄의 저항을 표시하고 부하에 전류가 흘렀다고 하면 I×R의 전압이 소비되며 (+), (−) 왕복 두 줄에서는 I×R이 되기 때문에 부하의 c, d 양 끝의 전압 E_L은 E−2(I×R)이 된다.

이처럼 전원에 주어진 전압은 부하 쪽으로 나감에 따라 점차 낮아지고 부하전압은 그림과 같이 된다. 즉 이 전압의 저하는 회로의 진행 중에 소비된 전압에 의해 생기는 것이다.

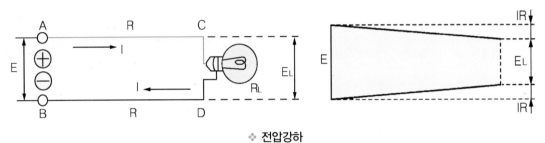

❖ **전압강하**
출처 : ㈜ 골든벨(2016), [정석자동차정비교본] 자동차전기

이렇게 전기회로에서 쓰고 있는 전선의 저항이나 회로 접속 부의 접속 저항 등으로 소비되는 전압을 그 저항으로 인한 전압 강하(voltage drop)라고 한다. 전압 강하가 많아지면 부하의 기능이 떨어지므로 회로에 쓰이는 전선은 회로 내 부하에 맞는 규정의 굵기를 사용하여야 한다. 자동차의 전기회로 중에서의 전압 강하는 축전지 단자, 스위치, 배선 접속 부 등에서 발생하기 쉽다.

(4) 저항의 연결 방법

저항의 접속에는 둘 이상의 저항을 차례로 이어 전기회로의 전 전류가 각 저항을 차례로 흐르게 하는 직렬 접속과 둘 이상의 양 끝을 두 점에 이어 회로의 전 전류가 각 저항에 나누어 흐르게 되는 병렬 접속이 있고 또 직렬과 병렬 접속을 혼합한 직·병렬 접속이 있다.

(가) 직렬 접속

그림과 같이 2개의 저항 R_1, R_2를 A와 C 간에 접속하고 여기서 E의 전압을 가할 때 흐르는 전류를 I라고 하면 I는 A점으로부터 R_1, R_2를 차례로 지나 C점으로 흐르므로 각 저항 내의 전류의 크기는 같다.

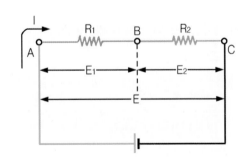

❖ **저항의 직렬 접속**
출처 : ㈜ 골든벨(2016), [정석자동차정비교본] 자동차전기

각 저항의 전압 강하를 각각 E_1, E_2(V)라 하면 옴의 법칙에 따라

$E_1 = IR_1$, $E_2 = IR_2$ 로 되며

$E = E_1 + E_2 = IR_1 + IR_2 = I(R_1 + R_2)$ ----- ---- --- (a)

여기서 A, C 간의 합성 저항을 R이라 하면,

$E=IR$ ----- ---- --- (b)

식 (a)와 (b)로부터 $R = R_1 + R_2$ 따라서 n개의 저항 R_1, R_2, R_3 ---- R_n을 직렬로 접속할 때 그 합성 저항 R 은 각 저항의 합과 같다.

$R = R_1 + R_2 + R_3 + + + Rn$

여기서 $R = R_1 = R_2 = ... = Rn$인 경우의 저항은 1개의 저항의 n 배가 된다.

즉, $R = nR_n$ 저항의 직렬 접속에는 다음과 같은 특징이 있다.

1) 합성 저항은 각 저항의 합과 같다.

2) 어느 저항에서나 똑같은 전류가 흐른다.

3) 전압이 나누어져 저항 속을 흐른다. 즉, 각 저항에 가해지는 전압의 합은 전원 전압과 같다.

4) 큰 저항과 매우 작은 저항을 연결하면 매우 작은 저항은 무시된다.

(나) 병렬 접속

그림과 같이 2개의 저항 R_1, R_2를 회로의 두 점 A, B 간에 병렬로 접속하고 E의 전압을 A, B 간에 가할 때 R_1, R_2에 흐르는 전류를 각각 I_1, I_2라 하면 각 저항에는 같은 전압 E가 가해지므로 옴의 법칙에 따라

$I_1 = \dfrac{E}{R_1}$, $I_2 = \dfrac{E}{R_2}$

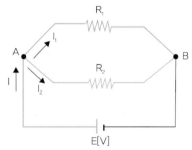

❖ **저항의 병렬 접속**

출처 : ㈜ 골든벨(2016), [정석자동차정비교본] 자동차전기

이며 A점에 들어가는 전류를 I라 하면 이것이 A점에서 I_1, I_2의 합과 같다.

$I = I_1 + I_2 = \dfrac{E}{R_1} + \dfrac{E}{R_2} = E(\dfrac{1}{R_1} + \dfrac{1}{R_2})$ ---- --- (a)

또 A, B 간의 합성 저항을 R이라 하면

$I = \dfrac{E}{R}$ ---- --- (b)

식 (a)와 (b)로부터

$$\frac{E}{R} = E\left(\frac{1}{R_1} + \frac{1}{R_2}\right) \qquad \frac{1}{R} = \frac{1}{R_1} + \frac{1}{R_2} + + + \frac{1}{R_n}$$

즉, 합성 저항의 역수는 각 저항의 역수의 합과 같다.

만약 $R_1 = R_2 = R_3 \cdots = R_n$ 이라 하면 이 경우의 합성 저항은 1개의 저항의 $\frac{1}{n}$ 이 된다.

저항의 병렬 접속의 특정은 다음과 같다.

1) 어느 저항에서나 똑같은 전압이 가해진다.

2) 합성 저항은 각 저항의 어느 것보다도 작다.

3) 병렬 접속에서 저항이 감소하는 것은 전류가 나누어져 저항 속을 흐르기 때문이다.

4) 각 회로에 흐르는 전류는 다른 회로의 저항에 영향을 받지 않으므로 양 끝에 걸리는 전류는 상승한다.

5) 매우 큰 저항과 적은 저항을 연결하면 그중에서 큰 저항은 무시된다.

(다) 직·병렬 접속

직·병렬 연결이란 직렬과 병렬을 혼합한 연결방식이며 그 특정은 다음과 같다.

1) 합성 저항은 직렬 합성 저항과 병렬 합성 저항을 더한 값이 된다.

2) 회로에 흐르는 전류와 전압이 상승한다.

(5) 전력과 전력량

(가) 전력

전구나 전동기에 전압을 가하여 전류를 흐르게 하면 빛이나 열을 발생하거나 기계적 일을 하기도 한다. 이처럼 전기가 하는 일의 크기를 전력이라 하고, 전류가 어떤 시간 동안에 한 일의 총량을 전력량이라고 한다. 전력은 전압과 전류의 곱으로 나타낸다. 따라서 E의 전압을 가하여 I의 전류가 흐를 때의 전력은 다음과 같이 표시한다.

전력 (P) = 전압(E) × 전류(I)

만일 전류 I가 저항 R 속을 흐르고 있다면, 저항에서 소비되는 전력은 다음과 같이 구할 수 있다.

$E = IR$의 관계가 있으므로 $P = I^2 R$ 또는 $P = \frac{E^2}{R}\,(W)$

전력의 단위는 와트(W : watt)로 나타내고 1 (W)의 1,000배를 1 (㎾)라 한다.

E [V]의 전압을 가하여 I [A]의 전류를 흐르게 하면 전력 P [W]는

$$P = EI$$
$$P = EI = IR \times I = I^2 R \quad 즉 \quad P = I^2 R$$
$$P = EI = \frac{E}{R} \times E = \frac{E^2}{R}$$

(나) 전력량

전력량은 전력이 어떤 시간 동안에 한 일의 총량을 말하며, P(W)의 전력을 t초 동안 사용하였을 때의 전력량은 $Wh = P_t$ 로 표시된다.

(6) 줄의 법칙

전류가 저항을 통과하면 저항에 의해 열이 발생하게 된다. 이러한 열을 이용하여 전기 히터, 시가 라이터 예열 플러그 등에 이용되고 있다. 스위치나 릴레이 작동 시 접촉 저항으로 열이 발열되어 접촉면이 산화되어 접촉 저항이 증가한다. 그러므로 도체에 전류가 흐를 때 발생하는 열에 의해 화재가 발생하는 때도 있다. 그러므로 전기 장치 설계 시 이러한 열의 발생 정도를 계산하여야 한다.

P [W]의 전력을 t 초(sec) 동안에 사용하였을 때 전력량 [W]는 $W = P_t$(와트 초 또는 줄 (Joule, 기호 J), 그리고 I [A]의 전류가 R[Ω]의 저항 속을 t 초 동안 흐를 때는 $W = I^2 R_t$ 의 전력량이 모두 열로 되어 소비되기 때문에 이때 발생하는 열량을 H 칼로리(cal)라 하면 $H = 0.24 I^2 R_t$[cal]의 공식이 유도되며 이를 줄의 법칙이라 한다.

만일 $I(A)$의 전류가 R(Ω)의 저항을 t초 동안 흐를 때에는 $Wh = I^2 R_t (J)$의 관계가 성립된다.

줄의 법칙이란 "전류에 의해 발생한 열은 도체의 저항과 전류의 제곱 및 흐르는 시간에 비례한다."는 법칙이다.

(7) 옴의 법칙

전압, 전류, 저항 사이에는 다음과 같은 관제가 있다. 즉 전기회로에 흐르는 전류는 가한 전압에 정비례하고 그 저항에는 반비례한다. 따라서 전기회로에 가해진 전압을 E(V), 회로의 저항을 R(Ω)이라 할 때 흐르는 전류 I(A)는

$$I = \frac{E}{R}(A), \quad R = \frac{E}{I}(A), \quad E = IR(A)$$

(8) 키르히호프의 법칙

복잡한 회로의 전압, 전류 저항을 취급함에는 옴의 법칙을 발전시킨 키르히호프의 법칙을 사용한다. 예를 들면 전원이 두 개 이상 있는 회로에서의 전체 합성 기전력의 계측이나 복잡한 전기 회로망의 각 부의 전류 분포 등을 구할 때 이 법칙을 쓰면 편리하다.

(가) 제1법칙(전류 법칙)

회로의 어느 한 점으로 흘러 들어오는 전류는 곧 다른 길을 통해 흘러나가기 때문에 그림과 같이 회로 중의 어느 한 점에 있어 서는 그 점에 흘러 들어오는 전류의 총합과 흘러나가는 전류의 총합은 서로 같다. 이것을 키르히호프의 제1법칙이라 한다.

❖ **키르히호프 제 1 법칙**
출처 : ㈜ 골든벨(2016), [정석자동차정비교본] 자동차전기

예를 들면 $I_1 + I_2 = I_3 + I_4$

$(I_1 + I_2) - (I_3 + I_4) = 0$

(나) 제2법칙(전압 법칙)

그림에서 기전력 E (V)에 의해 R(Ω) 저항에 I(A)의 전류가 흐르는 회로에서는 옴의 법칙에 따라 E =I·R이 된다. 이것을 문자로 표현하면

"기전력 = 전압 강하된 전압의 합계 "가 되며 A → B → C → D의 방향에서는 기전력과 전압 강하가 같다는 것을 의미한다. 이상은 가장 간단한 회로의 경우이지만 전원이 두 개 이상 있는 복잡한 회로에도 적용된다. 즉 임의의 폐회로에 있어서 기전력의 총합과 저항으로 인한 전압 강하의 총합은 같다.

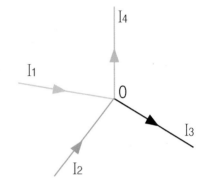

❖ **키르히호프의 제2법칙**
출처 : ㈜ 골든벨(2016), [정석자동차정비교본] 자동차전기

4. 전기와 자기

(1) 자기의 개요

자철광이란 광석은 철분, 소철편 등을 흡착하는 성질을 가지고 있는데 이와 같이 철분 등을 흡착하는 성질을 자기(magnetism) 라고 한다.

(가) 자석 및 자석 성질

자기를 가지고 있는 물체를 자석(magnet)이라 하고, 자석에는 천연으로 얻어지는 자철광 이외에 철, 니켈, 코발트 등의 금속에 인공적으로 자기를 가지게 한 인공 자석이 있다. 일반적으로 자석이 될 수 있는 물질을 자성체라 하고 자성체에는 쉽게 자석 이 될 수 있는 철이나 니켈 같은 물질을 강자성체라고 한다. 또한 자석이 될 수 없는 물질인 구리, 알루미늄 등은 비 자성체 라고 한다. 자석에 철분을 가까이하면 흡인하는 작용이 있다. 이런 흡인하는 작용은 자석 전체에 있는 것이 아니고 양 끝부분에 집중되어 있게되며, 이 양끝 부분은 자극(magneticpole) 이라고 한다.

막대자석의 중앙을 실로 매달면 한쪽 끝은 북쪽을 가리키고 다른 한쪽 끝은 남쪽을 가리키게 된다. 여기에서 북쪽을 가리키는 쪽을 북극 또는 N극이라고 하고, 남쪽을 가리키는 쪽을 남극 또는 S극이라고 하여 양 자극을 구분 한다. 또 N극은 적색으로, S극은 청색으로 구분하기도 한다. 한 개의 막대자석의 N극을 다른 막대자석의 N극과 가까이하면 밀어내는 힘이 생기고, S극을 가까이하면 끌어당기는 힘이 생긴다. 즉, 같은 종류의 극성은 반발하여 밀어내고 다른종류의 극성을 잡아당겨 흡인한다. (동종 반발, 이종 흡인) 이것은 자석의 매우 중요한 특성이다.

(나) 자극의 강도

자석에서 자극 부분의 세기는 그 부근에 다른 자석을 놓았을 때, 양 자극 사이에 작용하는 당기는 힘이나 반발하는 힘의 대소로 나타낸다. 두 자극 사이에 작용하는 힘은 거리의 제곱에 반비례하고 두 자극의 세기의 곱에 정비례한다. 이것을 쿨롱의 법칙이라 한다.

두 자석 자극의 세기를 각각 m_1, m_2라 하고, 자극의 거리를 r로 하면, 양 자극 사이에 작용하는 힘 F는 다음의 식으로 표시된다.

$$F = R\frac{m_1 \times m_2}{r^2} (N)$$

여기서 R은 매질과 단위계에 따라 정해지는 비례상수다. MKS 단위에서는 진공 중에서 같은 크기의 두 자극을 1 (m) 거리에 놓았을 때 그 작용하는 힘이

$6.23 \times 106N$(Newton) 이 되는 자극의 세기를 단위로 하여 1wb (weber)라 한다.

자석의 성질은 다음과 같은 특성이 있다.

1) 자석의 양 끝을 자극이라 한다.

2) 자극에는 N, S극이 있고 그 어느 극이나 단독으로는 존재할 수 없다.

3) 자극은 같은 극끼리는 서로 반발하고 다른 자극끼리는 서로 끌어 당긴다.

4) 자석은 그 주위에 있는 다른 자석에 자기적 힘을 미치는데 이 힘을 자력이라 하고 이 자력은 자석의 N극으로부터 S극으로 향하는 자력선을 형성한다. 또 자력 이 미치는 공간을 자계 (magnetic field)라 한다.

5) 자극의 세기는 그 자극이 가지고 있는 자기의 양, 즉 자기량의 크기에 따라 다르다.

다음과 같이 강철 조각을 자석 가까이 가져오면 자석이 된다. 즉 그 물체가 자화된 것이다. 이것은 본래 있는 큰 자석이 N극에 가까운 쪽의 강철 조각은 S극이 되고 반대쪽은 N극이 되는데 S, N의 크기는 같다. 이와 같은 현상을 자기 유도라고 한다. 자성체는 자기유도 작용에 의하여 자화된다.

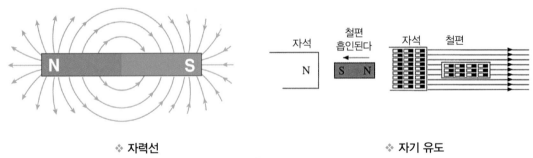

❖ 자력선   ❖ 자기 유도

출처 : ㈜ 골든벨(2021), [전기자동차매뉴얼 이론&실무]

(2) 전기와 자기의 관계

(가) 전류와 자계

전선에 전류를 흐르게 하면 그 주위에는 전류의 강도에 비례하고 전선으로부터 거리에 반비례하는 자계가 생긴다.

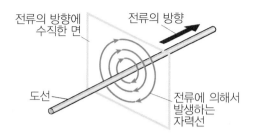

❖ **전류의 자계**
출처 : ㈜ 골든벨(2019), [전기자동차]

도체에 전류가 흐를때에 도체 주위에 자장이 형성되기 때문이며, 전류의 세기에 비례하고 도체로부터 거리에 반비례하는 자장의 크기가 발생한다. 자력선의 방향은 그림과 같이 오른나사가 진행하는 방향으로 전류가 흐르면 나사가 회전하는 방향으로 발생 되는데, 이 것을 앙페르의 오른나사 법칙이라고 한다.

❖ **앙페르의 오른나사 법칙**
출처 : ㈜ 골든벨(2021), [전기자동차매뉴얼 이론&실무]

(나) 코일의 자계

1) 솔레노이드

그림과 같이 전선을 원형으로 구부려서 코일을 만든 다음 전류를 통하게 하면 코일 내부에 같은 방향의 자장이 생긴다. 이와 같은 코일을 여러 번 감고 전류를 흐르게 하면 자장이 같은 축 위에 겹친 것과 같이 발생되어 코일의 감긴 수에 비례하는 자장이 발생되므로 막대자석과 같은 구실을 할 수 있다. 이러한 것을 솔레노이드라고 한다.

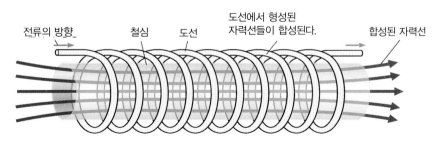

❖ **코일과 솔레노이드가 만드는 자장**
출처 : ㈜ 골든벨(2019), [전기자동차]

그림과 같이 솔레노이드의 내부에 철심을 넣은 후 솔레노이드 코일에 전류를 흐르게 하면 철심에 생기는 자속은 칠심이 포화 되지 않는 한 솔레노이드의 감긴 수 N과 코일에 흐르는 전류 I의 곱인 $N \cdot I$ 에 비례하여 증가한다. 이 $N \cdot I$ 는 자속을 발생시키는 능력을 표시하는 것으로서 기자력이라고도 하며. 단위로는 암페어·횟수(ampere turn, 기호 AT)를 사용한다.

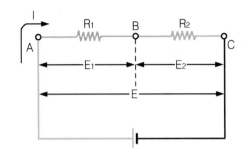

❖ 전자석의 자계
출처 : 한국산업인력공단(2014), [자동차전기전자]

2) 오른손 엄지손가락의 법칙

솔레노이드의 내부에 생기는 자력선의 방향은 그림과 같이 오른손 엄지 손가락 법칙에 의해서 구할 수 있다. 오른손 엄지손가락을 다른 네 개의 손가락과 직각이 되도록 한 다음 네 손가락을 전류의 흐름 방향으로 향하게 하면 코일을 잡은 엄지 손가락의방향이 자력선의 방향인 N극의 방향이 된다. 이것을 오른손 엄지손가락의 법칙이라고 하벼, 코일이나 전자석의 자장의 방향을 구할 때에 사용한다.

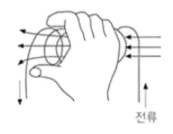

❖ 오른손 엄지손가락 법칙

3) 자장의 합성과 상쇄

하나의 철심에 2개의 코일 L_1, L_2를 감고, 전류를 흐르게 하면 그림의 (a)같이 2개의 코일 L_1과 L_2가 만드는 자장의 방향이 반대로 되어 철심에 만들어지는 자력이 약해지거나 없어지는 현상을 자장의 상쇄라 한다. 그림의 (b)와 같이 코일을 감고 전류를 흐르게 하면 코일 L_1과 L_2가 만드는 자장이 같은 방향이 되어 철심에 생기는 자력은 서로 합성되므로 커지게 된다. 이것을 자장의 합성이라고 한다.

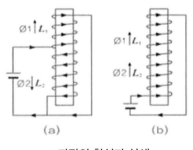

(a)   (b)

❖ 자장의 합성과 상쇄

4) 전류와 자기장 사이에 작용하는 힘

전류가 흐르는 도체 주위에 자극을 놓으면 도체에서 발생된 자력이 작용하게 된다. 그림과 같이 자장 내에 도체를 설치한 후, 자극을 고정하고 도체가 자유로이 움직일 수 있게 하면 도체에 힘이 작용하여 도체가 움직이게 하는 힘을 전자력이라고 한다. 전자력의 크기는 자계의 방향과 전류의 방향이 직각으로 될 때에 가장 크며, 도체의 길이, 전류의 크기 및 자계의 세기에 비례한다.

자계의 세기를 나타내는 자속 밀도가 $B\ (Wb/m^2)$인 자장 안에 직각으로 $L(m)$의 도체를 놓고, 도체에 전류 $I\ (A)$ 를 흐르게 하면 전자력 $F\ (N)$ 는 다음과 같이 구할 수 있다.

$$F = B\,l\,I(N)$$

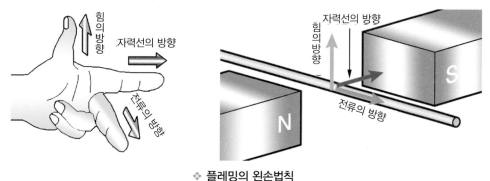

❖ **플레밍의 왼손법칙**
출처 : ㈜ 골든벨(2019), [전기자동차]

전자력의 방향은 자속의 방향과 전류의 방향을 직각으로 놓았을 때 그림 의 플레밍 왼손 법칙과 같이 자속과 전류의 방향에 대해 직각으로 작용 한다. 그림과 같이 왼손의 엄지와 인지와 중지를 서로 직각이 되도록 한 다음, 인지를 자력선의 방향으로 하고, 중지를 전류의 흐름 방향으로 하면, 엄지 방향은 도체가 움직이는 힘의 방향이 된다. 이것을 플레밍의 왼손 법칙이라고 하며 전기적 에너지를 기계적 에너지로 바꾸어주는 전동기나 전류계, 전압계 등에 이용한다.

N극과 S극에 의해서 발생된 자속 밀도 B (Wb/㎡)인 자장 속에서 한변의 길이가 l(m.)이고, 간격이 D(rn)인 코일에 전류!(A)를 흐르게 하면 플레밍의 왼손법칙에 의하여 시계 방향으로 회전하려는 회전력 T(N·m)가 다음과 같이 발생한다.

$$T = F \times D = B\,l\,D\,I(N \cdot m)$$

직류전동기는 코일이 계속하여 일정한 방향으로 회전 하도록 하기 위하여 도체가 1/2 회전 할 때마다 전류가 흐르는 방향을 기계적으로 바꾸어 항상 N극 가까이에서는 ◎의 방향으로 전류가 흐르도록 하고, S극 가까이에서는 ⓧ 의 방향으로 전류가 흐르도록 하고 있다.

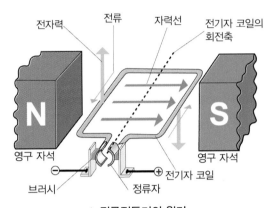

❖ **직류전동기의 원리**

출처 : ㈜ 골든벨(2019), [전기자동차]

(3) 전자 유도 작용

자장 내에 자력선과 직각으로 도체를 놓고 그 양 끝에 전류계를 연결한 다음 도체를 자력선의 직각으로 움직이면, 그림과 같이 도체에 전류가 생기고 전류계의 바늘이 흔들린다, 이 현상을 전자유도 작용(electro magnetic induction)이라 하고, 이 유도 작용에의해 발생한 기전력을 유도기전력이라 하고, 발생된 전류를 유도전류라고 한다.

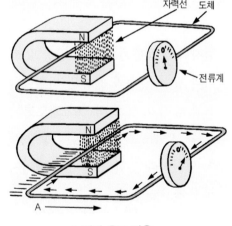

그림의 (a)와 같이 코일에 자석을 가까이 하거나 멀리하면 (b)와 같이 코일과 대립시킨 다른 코일의 전류를 증감시키거나 또는 (c)와 같이 코일 자체의 전류를 증감하여 그 자속수를 변화시키면 코일에는 기전력이 발생한다.

❖ **전자 유도 작용**

출처 : ㈜ 골든벨(2014), [정석자동차정비교본] 자동차전기

이것은 코일 내를 통과하는 자속수가 변화하면 코일은 변화한 분량에 상당하는 자력선과 교차하게 되기 때문에 그 변화가 계속되는 동안 코일에 기전력이 발생한다. 이상과 같이 전자유도를 발생시키는 방법은 도체에 영향을 미치는 자력선을 변화시키는 방법과 도체와 자력선과의 상대운동에 의하는 방법이 있다.

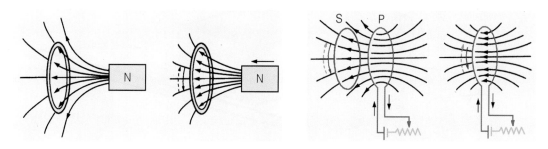

❖ **전자 유도 방법**
출처 : ㈜ 골든벨(2014), [정석자동차정비교본] 자동차전기

(가) 렌츠의 법칙

유도기전력의 방향은 그림과 같이 코일 내의 자속의 변화를 방해하는 방향으로 발생한다. 이것을 렌츠의 법칙이라고 한다. 자석을 코일에 가깝게 하는 경우에는 접근을 방해하고, 자석을 코일로부터 멀리 할 경우에는 자석에 가까운 쪽에 반대 성질의 극이 되도록 기전력을 발생하여 자석이 멀어지는 것을 방해한다. 최초 도체와 교차하고 있는 자력선의 수가 Ø이면 자력선이 t시간 동안에 변화하여 Ø′가 되면 유도기전력의 크기는 다음과 같다.

$$E = \frac{\emptyset - \emptyset^{'}}{t}$$

만일 도체가 N번 감긴 코일이면 유도 작용은 중첩된다.

$$E = N \times \frac{\emptyset - \emptyset^{'}}{t}$$

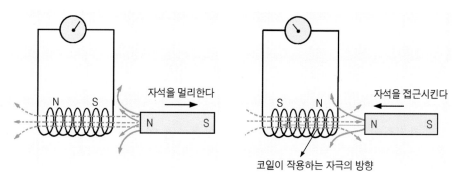

❖ **렌츠의 법칙**
출처 : ㈜ 골든벨(2014), [정석자동차정비교본] 자동차전기

(나) 플레밍의 오른손 법칙

오른손의 엄지와 인지, 중지를 그림과 같이 서로 직각이 되도록 하고, 인지를 자력선의 방향으로 향하게 하고, 엄지를 도체의 운동 방향에 일치시키면 중지가 가리키는 방향이 유도기전력의 방향이 된다.

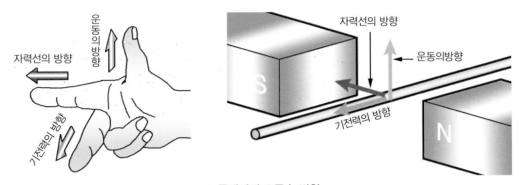

❖ **플레밍의 오른손 법칙**
출처 : ㈜ 골든벨(2019), [전기자동차]

발전기는 전자유도 작용을 이용하여 전기를 발생시키는 것인데, 그림은 발전기의 원리를 나타낸 것이다.

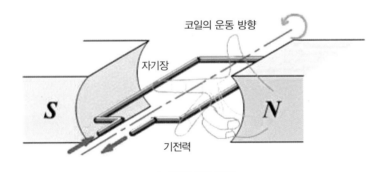

❖ **발전기의 원리**
출처 : https://t1.daumcdn.net/cfile/blog/232A5838535B350904

N극과 S극이 이루는 자장 안에서 도체가 자속을 끊으면서 회전할 수 있도록 하면 플레밍의 오른손 법칙에 따라 N극 쪽에서는 의 방향으로 기전력이 유기되며, S극 쪽에서는 의 방향으로 기전력이 유기된다. 이것이 180° 회전하면 이 두 도체의 위치가 바뀌어서 기전력의 방향이 정반대로 되므로 180° 회전할 때마다 전류의 방향이 바뀌는 교류 발전기(alternating current generator)가 된다.

이 경우 유도기전력의 크기는 단위시간에 끊긴 자력선의 수에 비례한다.

즉, t초 동안에 Ø의 자력선을 잘랐다고 하며 기전력의 크기 E는, $E = N\frac{\triangle \emptyset}{\triangle t}$ 로 표시할 수 있으며 상호 운동의 속도가 빠를수록 또는 자력선의 수가 많을수록 기전력은 향상된다.

(4) 자기 및 상호 유도 작용

(가) 개요

코일에 흐르는 전류를 변화시키면 그림과 같이 코일과 교차하는 자력 선도 변화하기 때문에, 그 변화를 방해하는 방향으로 기전력이 발생한다. 이와 같은 전자 유도 작용을 자기 유도라 하며 자기 유도 작용에 의한 유도기전력은 코일의 감긴 수와 전류의 변화량에 비례하여 커진다. 코일의 전류가 t시간 동안에 $I\,(A)$ 만큼 변화했을 때 자속 변화량은 전류 변화량에 비례하므로 자기 유도 작용에 의하여 생기는 유도기전력 E는 다음과 같다.

$$E = L\frac{\triangle I}{\triangle t}$$

여기서 L은 코일의 지름과 감은 횟수 모양 및 철심이 있고 없는데 따라 결정되는 비례상수로서 이것을 자체 유도계수 또는 자체 인덕턴스라 하며, 단위로는 헨리(H : Henry)를 사용한다.

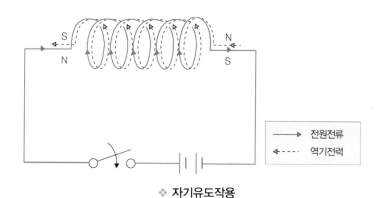

→	전원전류
◄----	역기전력

❖ **자기유도작용**
출처 : ㈜ 골든벨(2014), [정석자동차정비교본] 자동차전기

(나) 상호 유도 작용

그림과 같이 A코일과 B코일의 두 개를 가까이 정렬시켜 A코일에 흐르는 전류를 스위치로 단속시 키면 B코일에 기전력이 생긴다. 이와 같이 서로 절연되어 있으며 또한 유도 작용이 생기기 쉬운 위치에 놓인 코일 상호간에 작용하는 전자유도 작용을 상호 유도(mutual induction) 작용이라고 한다.

이 경우 전원에 연결되어 있는 A코일을 1차 코일 B코일을 2차 코일이라 부른다. 상호유도 작용은 같은 1차 코일의 전류를 변화해도 두 코일의 권수, 형상, 상호 위치 등에 따라 다르므로 자기 유도 작용의 경우와 같이 그 작용이 생기는 도수를 표시하는데 상호 인덕턴스 (M)란 계수를 사용하며 단위에는 헨리 (H)를 쓴다.

상호유도 작용에 따라 2차 코일에 유도되는 기전력 E는 두 코일 사이의 상호 인덕턴스 $M(H)$ 인 경우 1차 코일의 전류가 $\triangle t$초 동안에 $\triangle I(A)$의 비율로 변화했다고 하면 기전력 $E(V)$의 크기는

$$E = \frac{\triangle I}{\triangle t}(V)$$

으로 표시된다. 이 작용을 이용한 것에는 변압기나 점화코일 등이 있다.

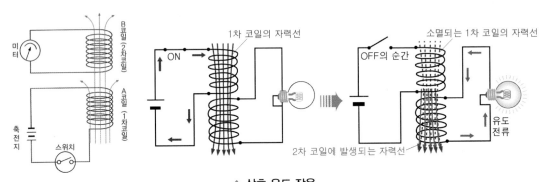

❖ **상호 유도 작용**

출처 : ㈜ 골든벨(2021), [전기자동차매뉴얼 이론&실무]

아래 그림과 같이 철심에 두 개의 코일을 감고 코일 하나를 입력측(1차 코일)으로 하고 다른 하나를 출력측(2차 코일)으로 하고 입력측에 교류를 가하면, 1차측의 자력선이 변화하므로, 2차측에는 권선비(turn ratio)에 비례한 교류 전압이 생긴다.

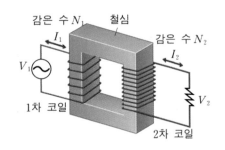

❖ **변압기 원리**

출처 : https://t1.daumcdn.net/cfile/tistory/25253B4554EED49936

$$E_2 = E_1 \frac{N_2}{N_1} \qquad \frac{N_2}{N_1} : 권선비$$

만일 $N_2 > N_1$ 이면 전압은 높아지고 $N_2 < N_1$ 이면 낮아진다. 따라서 권선비를 적당히 고르면 자유롭게 전압을 변화시킬 수 있다.

5. 교류 전기

(1) 직류와 교류

전기에는 정전기와 동전기가 있고 동전기에는 직류(DC : direct current)와 교류(AC : alternating current)가 있다. 또 이상의 양자에 속하지 않는 것으로 맥류 또는 진동 전류가 있다.

직류라함은 시간의 경과에 대해 전압 또는 전류가 일정 값을 유지하고 그림(a)와 같이 방향이 일정한 것을 말한다.

교류는 시간의 경과에 대해 전압 또는 전류가 시시각각으로 값이 변화하며 그림(b)와 같이 방향이 정방향과 역방향을 교대로 반복하는 것을 말한다.

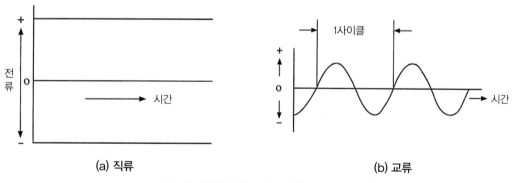

(a) 직류　　　　　　　　**(b) 교류**

출처 : ㈜ 골든벨(2021), [전기자동차매뉴얼 이론&실무]

(2) 교류의 발생

교류는 시간에 따라 크기와 방향이 변화하는 전류를 말하며, 단상 교류와 3상 교류가 주로 사용되고 있다.

그림과 같이 자극 N, S사이에 도체 aa' 와 bb' 를 코일 변으로 하는 코일을 xx' 를 축으로 하여 일정 속도로 회전시키면 도체 aa' 및 bb' 는 자속을 끊게 되어 플레밍의 오른손 법칙에 따라 화살표 방향으로 기전력이 유도된다. 이 기전력의 크기는 자력선을 유효하게 끊는 비율에 비례하고 방향은 반회전마다 규칙적으로 바뀌므로 부하에는 정현파(sine wave) 의 교류가 흐르게 된다.

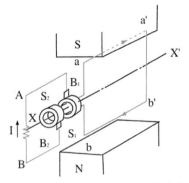

❖ **교류의 발생**

출처 : 한국산업인력공단(2014), [자동차전기전자]

(3) 교류의 표시

(가) 크기

평등 자계의 자속 밀도를 B, 코일별 a, b의 길이를 l 이라 하고 이 코일을 u의 일정 속도로 시계 방향 반대로 돌리면 그림의 (a)와 같은 위치에 있어서 기전력 유기에 유효한 속도는 자속의 방향에 직각인 v = v sine이므로, 이 순간에 있어서 코일 a에 유기되는 기전력 E_a 는 $E_a = B\,l\,v\sin\theta$

또 코일 b의 기전력 는 와 같으며 서로 합해지므로 코일 전체의 기전력 E는

$E = E_a + E_b = 2E_a = 2Blv\sin\theta$

$E = E_m \sin\theta$ ············ (단, $E_m = 2Blv$)

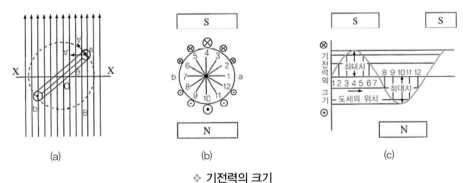

❖ **기전력의 크기**

출처 : 한국산업인력공단(2014), [자동차전기전자]

이상과 같이 기전력이 E_m을 최대값으로 하고 $\sin\theta$에 비례하여 변해가므로 이 기전력에 의해 흐르는 전류도 최대값 I_m이라고 하면 다음 식으로 표시된다.

$I = I_m \sin\theta$

(나) 주파수와 주기

그림에서 보듯이 파형이 그리는 변화를 1주파(cycle), 1 사이클에 소요되는 시간을 주기(period)라고 하며, l초간의 사이의 사이클 수를 주파수(Hz)라고 한다.

주기를 T, 주파수를 f(Hz)라 하면 다음 식과 같은 관계가 있다.

$$T = \frac{1}{f} \; (s)$$

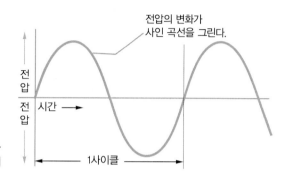

❖ **주파수**
출처 : ㈜ 골든벨(2019), [전기자동차]

(4) 단상 교류

(가) 단상 교류(single phase AC)의 발생

자장 내에서 도체를 회전시키면 교류 기전력이 발생한다. 또한 도체 안에 자석을 설치한 후 자석을 회전시켜도 마찬가지의 교류가 발생한다.

그림은 자석이 1회전 하였을 때 도체에 발생되는 기전력의 크기 및 방향을 나타내고 있다. 이와 같이 기전력을 발생하는 도체가 1조의 코일로 되어있는 것을 단상 교류라고 하며, 이러한 형식의 발전기를 단상 교류 발전기라고 한다.

(나) 단상 발전기의 회전과 주파수의 관계

그림 (b)에서 a로부터 a까지의 기전력 변화를 1사이클이라고 하고, 이 변화를 1초 동안에 반복하는 횟수를 주파수라 한다. 만일 그림에서 자석이 1초 동안에 1회전 한다고 하면 발생되는 주파수는 1사이클이 된다.

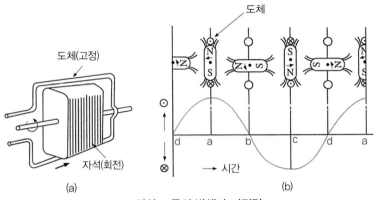

❖ 단상 교류의 발생과 기전력
출처 : 한국산업인력공단(2014), [자동차전기전자]

그림 (b)에서는 자석이 2극인 것에 대한 경우이고, 4극의 자석의 경우에는 반회전마다 마찬가지의 변화를 반복하므로 자석 1회전에 대해 2사이클의 변화를 하게 된다. 따라서 자석의 자극 수를 증가시킬수록 또 회전 속도를 크게 할수록 발생 되는 주파수는 증가되는 것을 알 수 있다.

(주파수) oc (자극 수) × (회전 속도)

$$f = \frac{\frac{p}{2} \times n}{60} = \frac{n \times p}{120} \qquad n = \frac{120f}{p}$$

여기서 f(Hz) : 주파수, p : 자극 수, n(rprn) : 매분 회전 속도이다.

(5) 3상 교류

3상 교류(three phase AC)는 단상 교류 3개를 조합한 것으로 단상 교류에

비하여 고능률이고 경제성이 우수하다. 때문에 자동차용 발전기도 3상 교류발전기를 사용하고 있다. 또한 종래의 것보다 저속 회전에서도 발생 전압이 높아서 축전지 충전능력이 뛰어나고 고속 회전에서도 극히 안정된 성능을 나타낸다.

(가) 3상 교류의 발생

3상 교류는 단상 교류를 3개 조합한 것으로 그림의 (a)와 같이 감긴 수가 같은 3개의 코일 aa_0 bb_0 cc_0 를 120°간격으로 스테이터에 배치하고 자석 N, S를 로터로하여 일정 속도로 회전시키면, 각 코일에 유기되는 기전력은 그림의 (b)와 같은 3상 교류가 발생 된다.

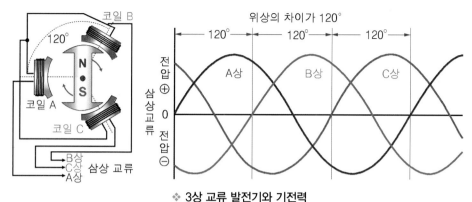

❖ **3상 교류 발전기와 기전력**

출처 : ㈜ 골든벨(2021), [전기자동차매뉴얼 이론&실무]

3상 교류발전기의 3개의 코일에서 3개의 도선을 끌어내는 방법에는 그림 의 (a)와 같은 각 코일의 한쪽 끝을 공통으로 연결한 중성점 O에 접속하고, 다른 끝을 끌어낸 성형 결선 또는 Y결선법 과 그램의 (b)와 같이 각 코일의 끝을 순차적으로 접속하여 환상으로 하고 각 코일의 접속점에서 하나씩 단자를 끌어낸 델타(△) 결선법이 있다.

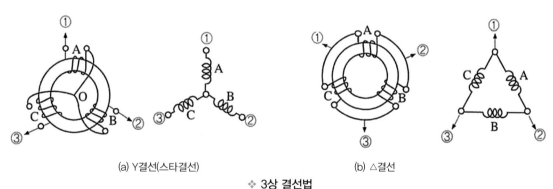

(a) Y결선(스타결선)   (b) △결선

❖ **3상 결선법**

출처 : 한국산업인력공단(2014), [자동차전기전자]

(나) 3상 교류의 선간 전압 및 전류

A결선에서의 선간 전압 V는 각 상전압 E_a, E_b, E_c 와 같으나 단자 ac 사이에 부하가 연결되었을 때에 흐르는 선간전류는 상전류의 $\sqrt{3}$배가 된다. 또 그림의 (b)와 같이 결선된 Y 결선의 선간 전압을 보면 상 전압 E_a, E_b, E_c 의 크기가 같을경우에는 상전압의 $\sqrt{3}$배가 되고 선간 전류는 상 전류와 크기는 같으나 위상만이 다르다.

그러므로 교류발전기의 상전압이 같을 때에는 Y결선 시의 선간 전압이 △결선 시의 선간 전압보다 높게되어 자동차용 교류발전기에 Y결선이 많이 사용되고 있다.

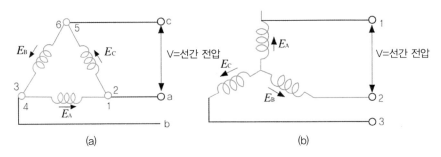

❖ **선간 전압 및 전류**
출처 : 한국산업인력공단(2014), [자동차전기전자]

02 | 전자 기초

1. 반도체

(1) 개요

물질의 분류에는 여러 가지 방법이 있다. 유기물과 무기물, 또는 고체, 액체, 기체 등으로 분류한다. 또한 전기적으로 전기가 잘 통하는 물질로 구리, 알루미늄, 철 등과 같은 전도체(양도체, 도체)와 전기가 잘 통하지 않는 도자기, 플라스틱 등과 같은 절연체로 분류된다.

자동차의 전선이나 전기회로에는 이 두 가지 물질을 조합하여 사용하고 있다.

그러나 이 두 물질에 대한 명확한 경계는 없다. 전류의 흐름은 저항(정확히 저항률로서 단위 입방체의 저항을 말함)의 크기에 의해 결정되는데 물질은 금속과 같이 $\Omega \, cm$ 정도로 낮은 전도체에서부터 $\Omega \, cm$ 정도에 이르는 절연체까지 여러 가지 물질이 존재한다.

그러나 어느 정도의 저항률을 가진 물질을 전도체로 한다는 규약은 없으며 절연체에 대해서도 마찬가지다. 하지만 일반적으로 전도체와 절연체 사이의 저항률을 가지는 물질을 반도체라 하는데 아래 그림처럼 물질을 저항률을 기준으로 전도체, 절연체, 반도체로 구분해 보면, 확실한 경계는 없으나 약 $\Omega \, cm$ 에서부터 $\Omega \, cm$ 의 물질을 반도체라 할 수 있다.

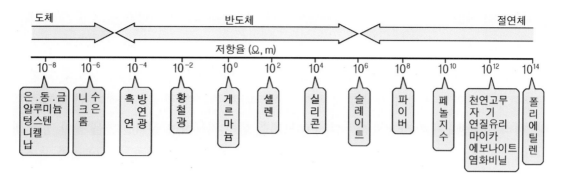

❖ **각 물질의 고유 저항**
출처 : ㈜ 골든벨(2014), [정석자동차정비교본] 자동차전기

이러한 반도체에 해당하는 여러 물질 중에는 제작자의 의도에 의해 도체도 될 수 있고, 부도체도 될 수 있는 성질을 가진 것이 있으며 원하는 대로 저항의 크기를 조절하거나 빛을 내는 등 특별한 성능을 가질 수 있다. 따라서 전자 산업 발전의 핵심 역할을 하고 있으며 우리 주위의 모든 전자 제품에는 반도체로 만든 작은 부품들이 들어 있으므로 우리는 반도체라는 물건에 둘러싸여 사는 셈이다. 결국 반도체를 마법의 돌, 전자 산업의 꽃, 산업의 쌀, 20세기 최대의 발명품 등으로 부르는 것은 당연한 일이기도 하다.

(2) 반도체의 특성

(가) 반도체의 특징

반도체는 아래와 같은 특징을 가지고 있다.

1) 일반적인 금속은 가열하면 저항이 커지지만 반도체는 반대로 작아진다.
2) 반도체에 섞여 있는 불순물의 양에 따라 저항의 크기를 조절할 수 있다.
3) 교류를 직류로 바꾸는 정류 작용을 할 수도 있다.
4) 빛을 받으면 저항이 작아지거나 전기를 일으키는데 이를 광전 효과라 한다.
5) 어떤 반도체는 전류를 공급하면 빛을 내기도 한다.

(나) 반도체의 편리성

반도체에 불순물을 첨가하거나 빛 또는 열을 가하여 전기가 흐르는 양을 조절할 수 있다. 또한 반도체에 열 또는 빛을 가하면 전구에 불을 켤 수 있다. 따라서 반도체는 그 전기적 성질 변화를 이용하여 다양하게 사용되고 있다.

(다) 반도체의 재료

주로 반도체의 재료로 사용되는 것은 실리콘과 게르마늄이 있다. 이중 실리콘은 열에 강하고 지구상에서 산소 다음으로 매우 흔한 물질로 모래나 돌맹이, 유리 창문, 수정 등의 주성분이므로 우리 주위에서 가장 흔하게 보는 물질이기 때문에 현재는 이것이 더 많이 쓰인다. 실리콘을 반도체로 사용하기 위해서는 모래를 화학 처리하여 실리콘 만을 뽑아 정제 과정 을 거쳐 순도를 높게한 것을 다결정 실리콘이라고 한다. 이것을 다시 녹인 다음 특수한 기술로 천천히 굳혀서 원통 모양의 단결정 실리콘 막대를 만든다.

(라) 반도체의 기초

게르마늄이나 실리콘의 결정은 상온에서도 몇 개의 자유전자 있으며 여기에 높은 전압이나 온도 등을 가하면 전기저항의 변화로 인하여 공유결합에 파괴되어 전자의 이동이 쉬워진다. 따라서 게르미늄과 실리콘에 매우 작은 양의 다른 원소를 첨가하여 전압이나 온도에 대하여 민감하게 반응하는 반도체 성질을 얻을 수 있다.

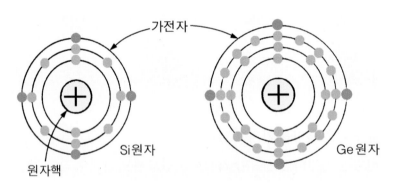

❖ **게르마늄과 실리콘의 원자 구조**
출처 : ㈜ 골든벨(2014), [정석자동차정비교본] 자동차전기

1) 가전자의 작용

가전자란 가장 바깥쪽 궤도에 있는 전자이며, 이것은 원자핵으로부터 가장 멀기 때문에 원자핵과 결속이 약하다. 어떤 원자로부터 1개의 가전자가 튀어나온다고 가정하면, 그 원자는 1개 분량만큼 음(-)전하를 상실한 것이 되므로 그때까지의 전기적 평형이 무너져 원자는 양(+)전하를 지니게 된다. 또 1개라도 다른 것으로부터 전자를 받으면 1개 분량만큼 음(-)전하가 증가한 것이 되어 원자는 음(-)전하를 가지게 된다. 원자로부터 전자가 튀어나

게 하려면 외부로부터의 에너지가 필요하다.

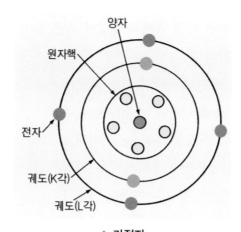

❖ 가전자

출처 : ㈜ 골든벨(2014), [정석자동차정비교본] 자동차전기

2) 반도체의 결합

　1개의 실리콘 원자는 인접한 4개의 원자와 가전자를 공유하여 결합되어 있다. 또 실리콘 원자는 다이아몬드 구조라 부르는 공유결합이기는 하지만 다이아몬드 원자와는 다르게 그 결합은 비교적 약하다. 실리콘이나 게르마늄은 공유결합의 세기가 절연체와 도체의 중간에 있으므로 반도체라부르며, 약간의 전도성이 있다.

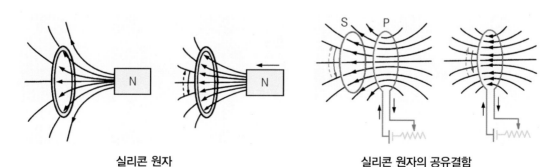

실리콘 원자　　　　　　　　실리콘 원자의 공유결함

❖ 전자 유도 방법

출처 : ㈜ 골든벨(2014), [정석자동차정비교본] 자동차전기

3) 반도체의 전류흐름

실리콘에 전압을 가하면 가전자 에는 전류의 흐름방향과 반대방향으로 힘이 작용되고 이 상태에서 전압을 서서히 높이면 어떤 점에서 전압에 의한 힘이 원자핵으로부터의 인력보다 크므로 가전자는 궤도에서 튀어

나와 자유전자가 된다. 가전자가 자유전자로 되면 그때까지 가전자가 있었던 곳에 전자가 존재하지 않는 빈자리가 발생하게 되는데 이것을 정공(hole)이라 하며, 자유전자가 지니는 음(-)전하에 대해서 양(+)전하를 가지고 있는 것으로된다. 이 정공은 가까이 돌고 있는 자유전자를 붙잡아 빈자리를 메우려고 한다.

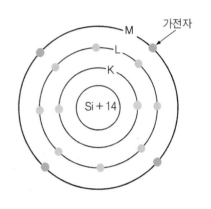

❖ **자유전자의 이동**

출처 : ㈜ 골든벨(2014), [정석자동차정비교본] 자동차전기

(마) 반도체의 종류

반도체는 진성 반도체와 불순물 반도체로 구분된다. 진성 반도체 (intrinsic sem ic onductor)는 불순물을 정제하여 순도가 99.99999999%로 불순물이 거의 함유되지 않은 순수한 결정을 말한다. 이러한 진성 반도체에 불순물(3가 또는 5가)을 넣어 N형 (N-type) 반도체와 P형 (P- type) 반도체를 만든다.

1) 진성 반도체

진성 반도체라는 것은 순수한 4가 원소 즉, 최외각 전자가 4개 있는 원소로써 실리콘이나 게르마늄이 공유 결합된 반도체이다. 어떤 원자들이 고체 상태로 결합할 때 결정이라고 하는 고정된 형태로 그들 자체가 배열하게 되고 결정 구조 내의 원지들은 공유 결합에 의해 함께 묶인다.

이것은 원자의 가전자들이 상호작용에 의해 만들어지는데 실리콘도 결정성 물질이므로 그림의 (a)는 실리콘 원자가 실리콘 절정을 이루기 위해 4개의 인접한 원자들이 어떻게 위치하는가를 보여 준 것이다.

4개의 가전자를 갖는 실리콘 원자는 4개의 이웃의 각각과 전자를 서로 나눈다. 이것은 각 원자에 대해 효과적으로 8개의 가전자들을 만들어 화학적 안정 상태를 이룬다. 각기 나누어진 전자는 나누어진 두 인접 원자들끼리 동일하게 묶인다. 이 가전자의 분배는 원자들을 함께 묶는 공유 결합을 만든다. 하지만 이들의 결합력은 비교적 약하기 때문에 그 결합력 보다 큰 광 에너지나 열에너지가 주어지면, 공유 결합에 관여하는 가전자가 자유전자가 되어 결정 속을 자유롭게 돌아다니게 된다. 하지만 그 수는 매우 적고, 또 저항이 매우 크기 때문에 쓸모없는 것이 되고 만다.

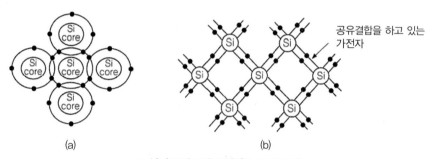

❖ 실리콘의 공유 결합(진성 반도체)
출처 : 한국산업인력공단(2014), [자동차전기전자]

2) 불순물 반도체

반도체는 적당한 불순물을 첨가함으로써 전자를 이동하게 하는 캐리어 밀도를 대폭적으로 제어할 수가 있다. 이것은 반도체가 갖는 중요한 성질중의 하나이다. 반도체로서 주로 사용되는 실리콘(Si) 결정이나 게르마늄(Ge) 결정에 있어서의 대표적인 불순불은 3가의 원소(B, Al, Ga, In)등과 5가의 원소(P, As, Sb)등이 있다.

① N형 반도체

N형 반도체의 N(negative)은 '음' 또는 '-'를 나타내며 진성 반도체인 Si(실리콘) 결정에 불순물로 5가의 가전자를 가진 P(인) 원자를 첨가하여 이것이 그림과 같이 Si(실리콘) 원자 하나를 대치하였을 경우를 생각한다. p 원자의 5개의 가전자 가운데 4개는 인접한 4개의 Si원자와의 공유 결합에 사용되고 나머지 1개의 전자가 남는다. 이 전자를 과잉 전자라 하

며 이 전자는 p 원자에 약하게 속박되어 있기 때문에 실온 정도의 미미한 열에너지를 얻는 것만으로도 p 원자와의 결합을 이탈하여 자유롭게 결정안을 움직이는 자유전자가 된다. 따라서 전체로는 음(-)의 성질을 갖는 N형 반도제가 된다.

N형 반도체에서는 전자가 캐리어가 되어 전도성을 높이는 작용을 하며 P원자와같이 결정 속에 자유전자를 만들어 주는 불순물을 도너(donor)라 한다. 진성 반도체에 불순물이 많이 혼합되면 자유전자나 정공의 수가 많아져서 전류가 흐르기 쉬워진다. 이 불순물의 양을 조절하여 필요로 하는 특성의 반도제를 만들 수 있다.

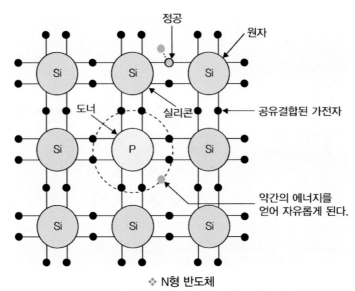

❖ N형 반도체

출처 : ㈜ 골든벨(2014), [정석자동차정비교본] 자동차전기

② P형 반도체

P형 반도체의 P(positive)는 '양' 또는'+'를나타내며 진성 반도체인 Si(실리콘) 결정 속에 불순물로써 3가의 B(붕소) 원자를 첨가하고 이것이 그림과 같이 Si 원자와 대치되었을 경우를 생각한다. B원자의 가전자는 3개이므로 인접한 4개의 Si 원자와의 공유결합에 있어서 전자가 1개 부족하므로 Si-Si 결합을 옮길 수가 있다. Si-Si 결합에서 전자가 빠진 구멍은 정공(hole)이 되어 Si-Si 결합을 이탈하여 자유로이 돌아다닌다.

따라서 전체로는 (+)의 성질을 갖는 p형 반도체가 된다. P형 반도체에서는 정공이 캐리어가 되어 전도성을 높이는 작용을 하며 이렇게 정공을 만드는 불순물을 억셉터(acceptor)라 한다.

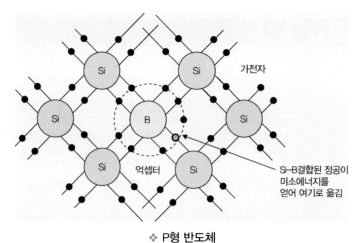

❖ P형 반도체

출처 : ㈜ 골든벨(2014), [정석자동차정비교본] 자동차전기

③ PN 접합 반도체

다이오드, 트랜지스터, 사이리스터(SCR) 등은 PN 접합이 기본이 되어 만든 반도체 소자이다. PN접합이라 하면 마치 P형 반도체와 N형 반도체를 접착제로 붙인 것 같은 느낌이 드나 실제는 그렇지 않다. PN 접합은 연속적으로 P층에서 N층으로 변해가는 구조를 이룬다. 이와 같이 PN 접합면이 하나밖에 없으면 단접합, 접합면이 2개인 것은 2중접합, 3개 이상인 것은 다중 접합이라 한다.

3) 반도체의 장점

① 매우 소형이고 경량이다.

② 내부 전력손실이 매우 적다.

③ 예열을 요구하지 않고 곧바로 작동한다.

④ 기계적으로 강하고 수명이 길다.

4) 반도체의 단점

① 온도가 상승하면 특성이 매우 불량해진다.

   (게르마늄은 85℃, 실리콘은 150℃ 이상 되면 파손되기 쉽다.)

② 역 내압이 낮다.

03 전기·전자 소자

1. 다이오드

(1) 개요

다이오드란 전류를 한쪽 방향으로만 흘리는 반도체 부품이다. 반도체란 원래 이러한 성질을 가지고 있기때문에 반도체라 부르는 것이다. 트랜지스터도 반도체이지만, 다이오드는 특히 이와 같은 한쪽방향으로만 전류가 흐르도록 하는 것을 목적으로 하고 있다. 반도체의 재료는 실리콘(Si)이 많지만, 그 외에 게 르마늄(Ge) 셀렌(Se) 등이 있다.

다이오드의 용도는 전원 장치에서 교류 전류를 직류 전류로 바꾸는 정류기로서의 용도, 라디오의 고주파에서 신호를 꺼내는 검파용, 전류의 ON/OFF를 제어하는 스위칭용도 등, 매우 광범위하게 사용되고 있다. 그림의 다이오드 기호의 의미는 애노드(Anode) 측에서 캐소드(Cathode) 측으로는 전류가 흐른다는 것을 나타내고 있다.

다이오드에는 어느 한쪽에 띠 모양의 마크가 붙어 있다. 이 표시가 캐소드 측을 나타내고 있다. 그림의 경우, 우측에서 좌측으로는 전류가 흐르고, 좌측에서 우측으로는 전류가 흐르지 않게 된다.

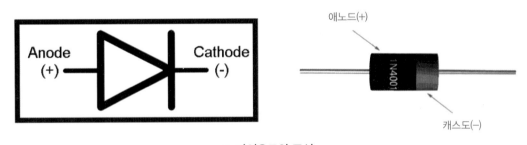

❖ 다이오드의 표시
출처 : https://www.bing.com/images/search?q=다이오드

(2) PN 접합 다이오드

PN 접협-의 P형과 N형애 각 단자를 부착한 소자를 PN 접합 다이오드라 한다. PN 접합 다이오드는 실리콘 또는 게르마늄의 단결정을 성장시켜 P형 반도체 부분과 N형 반도체 부분이 접합하도록 만든 것이다.

내부의 원리적 구조는 그림과 같이 2극관이 라는 뜻이며, 전극이 P쪽 단자에 애노드(양극), N쪽 단자에 캐소드(음극)라 불리는 2개로 구성되어 있다. PN 접합에서 양극에 전류를 주었을 때 P쪽에서 N쪽으로 전류가 흐르기 쉽다. 즉 다이오드는 전류가 순방향으로는 흐르기 쉽고 역방향으로는 전류가 흐르기 어려운 특성을 가지고 있다.

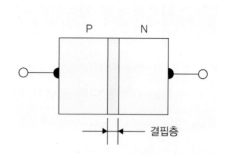

❖ **PN접합 다이오드**
출처 : ㈜ 골든벨(2014), [정석자동차정비교본] 자동차전기

(가) 다이오드의 작동 특성

그림의 그래프는 다이오드의 순방향 및 역방향 접속에 대한 특성의 한 보기를 보여주고 있다. 순방향으로 전압을 가했을 경우, 약간의 전압에서도 순방향의 전류는 쉽게 흐른다는 것을 나타내고 있다.

순방향으로 흐를 수 있는 전류는 다이오드에 따라 규정되어 있다. 일반적으로 순방향 전압 특성은 실리콘 다이오드의 경우 0.6~1.5V, 게르마늄 다이오드의 경우 0.2 ~0.5V가량 된다.

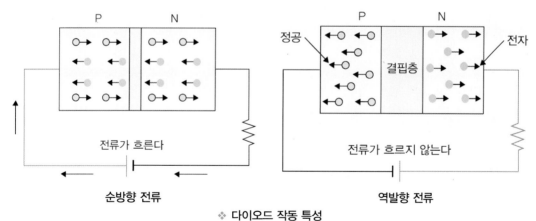

❖ **다이오드 작동 특성**
출처 : ㈜ 골든벨(2014), [정석자동차정비교본] 자동차전기

즉 실리콘의 경우 순방향으로도 0.6V 이상 되어야만 PN 접합 다이오드의 전위 장벽 (공핍층)을 뚫고 전류가 흐를 수 있게 된다. 이것은 TR에서 베이스(B)에 전류를 0.6V 이상을 인가해야만 컬렉터에서 이미터로 전류가 흐를 수 있다는 말과 같다. 그러나 직접 전원을 인

가하게 되면 다이오드나 TR의 경우 파손될 수 있으므로 삼가 하여야 한다. 이로 인해 다이오드는 통상적으로 자체의 저항 성분에 의해 강하하는 전압은 0.6~lV정도 이다.(실리콘 다이오드의 경우 대략 0.6V)

여러 개의 다이오드를 직렬로 접속하여 사용하는 회로에서는 이 전압 강하도 고려할 필요가 있다. 다이오드는 역방향으로는 전류가 통하지 않지만 전압을 점차 높여가면 어느 순간에 전류가 흐르게 되는데 이 전압을 항복 전압 또는 역 내압이라 하고, 이 이상 전압을 기하면 다이오드는 파괴되어 쓸 수가 없게 된다. 역방향으로 전압을 가했을 경우, 역방향 전류는 흐르기 어렵다는 것을 나타내고 있다.

(나) 전위 장벽(공핍층)

PN 접합이 되면 그림과 같이 P형의 정공(hole)은 N형의 영역으로 확산해 흐르고 자유전자는 N형에서 P형 영역으로 흐른다. 이와같이 서로 상대방의 영역으로 이동한 캐리어를 주입 캐리어라 한다. 접합면의 P형 영역에서 정공이 유출하면, 정(+)전하가 흘러나간 것이 되므로 이 p형 영역은 (-)전하로 바뀌게 되고, N형 영역은 자유전자가 흘러나감으로 (+)로 된다.

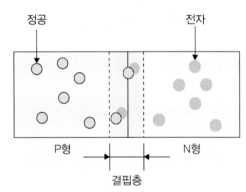

❖ PN 접합 다이오드의 전위 장벽(공핍층)
출처 : ㈜ 골든벨(2014), [정석자동차정비교본] 자동차전기

따라서 P형과 N형의 접합 부분에서는 자유전자와 정공이 결핍한 영역이 생긴다. 이 영역에서 자유전자와 정공의 이동을 저지하기 때문에 P형 영역과 N형 영역의 캐리어는 균형을 이룬 상태로 된다. 이 천계가 생긴 부분은 캐리어를 잃었기 때문에 공핍층이라 하며, 이 영역의 너비는 P형과 N형의 농도에 따라 결정된다.

(3) 다이오드의 정류 작용

다이오드는 순방향으로는 통하고 역방향으로는 통하지 않는 성질을 가지고 있다. 다시 말해, 한쪽 방향으로만 전류를 흘려주는 성질을 가지고 있다. 이러한 성질을 이용하여 교류로부터 직류를 얻어내는 회로 과정을 정류(rectification)라 한다. 정류는 크게 반파 정류(half-wave rectification)와 전파 정류(full-wave rectification)로 나눌 수 있다. 자동차에서는 발전기에서 3상 교류가 만들어지기 때문에 이것을 정류시키는 정류 작용을 하며 이를 3상 전파 정류라 한다.

(가) 반파 정류 회로

다이오드 등의 정류 소자를 사용하여 교류의 (+) 또는 (-) 의 반 사이클만 전류를 흘려서 부하에 직류를 흘리도록 한 회로이다. 다이오드 1개를 사용하여 여기에 교류전원을 접속하면 반 사이클만 전류가 흐르게 할 수 있다. 이러한 회로를 반파 정류 회로라 하며 이 반파 정류 회로는 파형의 절반 밖에 이 용하지 못하므로 별로 사용하지 않는다.

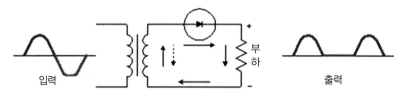

❖ 다이오드 반파 정류 회로
출처 : https://www.bing.com/images/search?view=detailV2&ccid

(나) 전파 정류 회로

다이오드를 사용하여 교류의 (+). (-)의 반 사이클에 대해서도 정류를 하고, 부하에 직류 전류를 흘릴 수 있도록 한 회로이다.

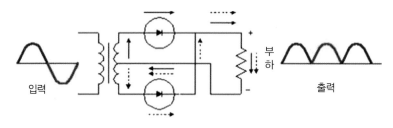

❖ 다이오드 전파 정류 회로
출처 : https://www.bing.com/images/search?view=detailV2&ccid

(다) 브리지 정류 회로

전파 정류 회로의 일종으로 다이오드 4개를 브리지 모양으로 접속하여 정류하는 회로이다.

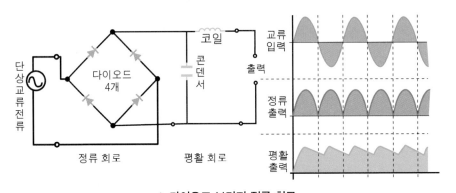

❖ **다이오드 브리지 정류 회로**
출처 : ㈜ 골든벨(2021), [전기자동차매뉴얼 이론&실무]

(라) 3상 전파 정류 회로

그림처럼 3상 전파 정류 회로는 자동차에 사용되는 발전기에 적용되는 회로로 120.°의 위상마다 전파 정류하여 교류전원을 최대한 직류에 가깝도록 하고 있다.

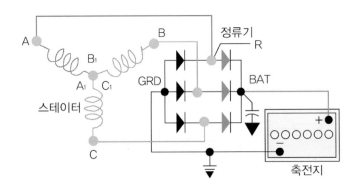

❖ **다이오드 3상 전파 정류 회로**
출처 : ㈜ 골든벨(2014), [정석자동차정비교본] 자동차전기

2. 트랜지스터

(1) 개요

트랜지스터는 TR이라고도 하며 N형 반도체와 P형 반도체를 PNP / NPN 형태로 접합한 구조의 소자로 전류의 흐름 등을 조절할 수 있도록 하여 만든 회로 구성에서 중요한 반도체 소자이다.

트랜지스터는 기본적으로는 전류를 증폭할 수 있는 부품으로 아날로그 회로에서는 매우 많은 종류의 트랜지스터가 사용되지만 디지털 회로에서는 그다지 많은 종류는 사용하지 않는다. 디지털 회로에서는 ON 아니면 OFF의 신호를 취급하기 때문에 트랜지스터의 증폭 특성에 대한 차이는 별로 문제가 되지 않는다.

디지털 회로에서 트랜지스터를 사용하는 경우는 릴레이라고 하는 전자석 스위치 를 동작시킬 때, 릴레이는 구동 전류를 많이 필요로 하기 때문에 IC만으로는 감당하기 어려운 경우나, 발광 다이오드를 제어하는 경우 등이다. 트랜지스터는 반도체의 조합에 따라 크게 PNP 타입과 NPN 타입이 있다. 일반적으로 마이너스 전압 측을 접지로, 플러스 전압 측을 전원으로 하는 회로의 경우 NPN 타입을 많이 사용한다.

트랜지스터는 1948년에 세명의 물리학자(W. Shockley, J. Bardeen, W. Brattain)에 의해 발명되었으며 당시 전자 공업계에 상당한 충격을 주었다. 그로부터 전자 산업은 빠르게 발전하기 시작했으며 오늘날 일렉트로닉스 시대의 개막에 시초가 되었다. 그 후의 컴퓨터를 시작으로 전자 공학의 급속한 발전은 우리의 생활을 편리하고 풍부하게 해주었다. 트랜지스터는 당초 게르마늄이라는 반도제로 만들어졌으나 게르마늄은 약 80℃ 정도의 온도밖에 견디지 못하는 결점이 있었다. 이 때문에 지금에 와서는 거의 약 180℃ 이상의 온도에도 견딜 수 있는 실리콘을 이용하고 있다.

(2) 트랜지스터의 종류 및 구조

트랜지스터는 재료, 구조, 제조법에 따라 다르며, 접합 방법에 따라 PNP형과 NPN형의 2종류로 나눌 수 있다. 트랜지스터는 그림과 같이 1개의 반도체 결정속의 얇은 N형 반도체를 2개의 P형 반도체 사이에 끼우거나(PNP형)또는 얇은 P형 반도체를 2개의 N형 반도체 사이에 끼워 2조의 접합을 형성한(NPN형) 소자이다.

세 개의 반도체 중 가운데의 얇은 막으로 되어있는 것을 베이스(B : base)라고 하고 베이스의 양쪽에 있는 다른 종류의 반도체를 이미터 (E : emitter), 컬렉터 (C : collector)라 한다.

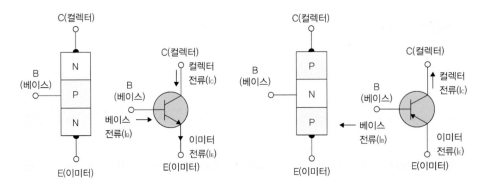

❖ **트랜지스터 종류 및 구조**
출처 : ㈜ 골든벨(2014), [정석자동차정비교본] 자동차전기

(3) 트랜지스터의 기본 동작

PNP형 트랜지스터와 NPN형 트랜지스터를 작동시키기 위해서는 먼저 PN접합의 이미터와 베이스 사이에 순방향의 직류 전압을 가하여 베이스 컬렉터 사이에는 역방향의 직류 전압을 가해야 한다. 이와같이 트랜지스터에 직류 전압을 가하는 것을 바이어스 전압을 가한다고 한다.

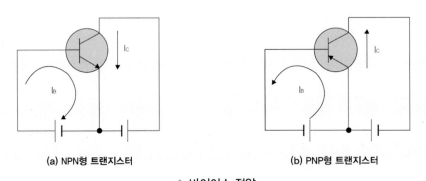

(a) NPN형 트랜지스터　　　　　(b) PNP형 트랜지스터

❖ **바이어스 전압**
출처 : ㈜ 골든벨(2014), [정석자동차정비교본] 자동차전기

(4) 트랜지스터의 작용

트랜지스터는 일반적으로 증폭 작용, 스위칭 작용으로써 모든 전자 시스템에 한 가지 또는 여러 가지 형태로 사용된다.

(가) 증폭 작용

트랜지스터의 기능을 수도에 비유해 보면 이해가 쉽다. 베이스는 수도의 밸브, 컬렉터는 수도꼭지, 이미터는 수도 배관에 비유할 수 있다. 수도 밸브를 작은 힘(베이스의 입력 신호)으로 컨트롤 하여 수도꼭지에서는 많은 물이 나오도록 물의 양(컬렉터에 흐르는 전류)을 조절 한다고 이해하면 정확하다.

먼저 B의 전지는 연결하지 않고 A 전지만 연결해 보면 이것은 역방향 전압이므로 전류가 흐르지 않는다. 여기서 B의 전지를 연결하면 E(이미터)와 B (베이스)간에 순방향 전압이 므로 전류가 흐르지만 원래는 B(베이스)로 흘러야 할 전류가 B(베이스)가 짧기 때문에 지나쳐 버리고 전류가 흐르지 않을 C(컬렉터)로 흘러버린다.

그러므로 순방향 전압 B를 높여서 이미터로부터 베이스 측으로 들어가는 정공의 수를 많아지게 하면 거기에 비례하여 컬렉터 측으로 끌려가는 정공의 수도 자연히 많아지게 된다. 따라서 TR은 순방향 전압 B에 의하여 베이스 전류(I_B)를 증가시키면 컬렉터 전류(I_C)는 자연히 증가하게 되는 것이다.

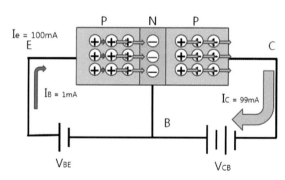

❖ **트랜지스터의 증폭 작용**
출처 : https://www.bing.com/images/search?view=detailV2&ccid=fkHxULve&id

이와 같은 원리로 동작하는 TR은 일반적으로 컬렉터 전류가 베이스 전류보다 수배에서 수십(약 10~200)배 정도로 증가하여 흐른다. 위와같은 경우 이미터 전류(I_E)를 100mA 흐르게 하면 컬렉터 전류(I_C)는 99mA가 흐르고 베이스 전류(I_B)는 1mA가 흐르게 된다. 마찬가지로 이미터 전류(I_E)를 200mA 흐르게 하면 컬렉터 전류(I_C)는 198mA가 흐르고 베이스 전류(I_B)는 2mA가 흐르게 된다.

그러므로 이런 TR은 I_B가 1mA에서 2mA로 1mA 증가할 때 I_C는 99mA에서 198mA로 99mA가 증가하게 되므로 I_C는 I_B의 99배나 확대되어 흐르는 것이 된다. 위 설명의 경우는 가 99배 전류 증폭이 되었다고 하며 이 TR은 전류 증폭률이 99라고 표현한다. 이처럼 TR은 베이스 측으로 약간의 전류만 흘려도 컬렉터 측으로는 수배 내지 수십 배로 큰 전류가 흐르게 하는 전류 증폭 작용이 있는 것이다. 그리고 이때 이미터에 흐르는 전류(h)는 컬렉터 전류(I_C)와 베이스 전류(I_B)로 나누어져 흐르므로 이래와 같은 등식이 성립된다.

$$(I_E = I_C + I_B), \quad (전류 증폭률 = I_C / I_B)$$

(나) 스위칭 작용

증폭 작용의 설명에서 트랜지스터의 이미터와 컬렉터 간에 전류가 흐르게 하려면 베이스에 전류를 흐르게 하면 된다고 했다. 즉 이것은 베이스 전류를 단속함으로써 이미터와 컬렉터 사이를 ON OFF할 수 있다는 것이다. 이것을 트랜지스터의 스위칭 작용 이라 한다.

1) 트랜지스터의 스위칭 직-용괴-렬레 이와 비교

① 스위칭 동작의 ON, OFF는 빠르다. 1 초에 1,000회 이상 반복 동작이 가능(릴레이는 100내지 200회 정도)하다.

② 기계 접점이 없기 때문에 릴레이와 같은 접점의 개폐 시 채터링이 없고 동작이 안정된다.

③ 베이스 전류를 가감하여 컬렉터 전류를 컨트롤 할 수 있다.

3. 반도체 소자

(1) 정류 다이오드(rectifier diode)

가장 일반적인 다이오드로 거의 전부가 실리콘 다이오드를 말한다. 정류란 교류를 직류로 바꾸는 과정으로, 극성이 주기적으로 계속 바뀌는 전류를 한쪽으로만 흐르게 하여 동일 극성만 유지하게 한다. 정류 다이오드는 용도에 따라서 저전압, 고전압, 소전류, 대전류 등 여러 종류가 있으며 대개 전류 용량이 클수록 다이오드의 몸체가 커지게 되며, 작은 것은 수십 분의 1g에서 큰 것은 수 kg 정도까지 있다.

(2) 스위칭 다이오드(switching diode)

정류 다이오드와 같은 종류로 생각할 수 있으나 고주파
전류와 같이 빠른 속도로 극성 이 바뀌는 전류도 적은 손
실로 정류할 수 있다. 검파 다이오드로 쓸 경우는 포화 전
압을 줄이기 위하여 게르마늄 다이오드 혹은 쇼트키 다이
오드를 쓰는 경우가 많다.

❖ 스위칭 다이오드
출처 : https://www.bing.com/images/search?view=detailV2&ccid=2TAEMh3q&id

(3) 제너 다이오드(zener diode)

정전압 다이오드라고도 하며 다이오드의 역방향으로는 전류가 흐르지 않아야 하지만 역
방향 전압이 일정한 크기를 넘어서면 전류가 흐르는 특성을 갖고있기 때문에 역방향에서는
항상 동일한 전압 강하치를 구할 수 있어서 전압 기준 회로, 정전압 회로 등에 쓰인다.

제너 다이오드는 다이오드의 순방향 특성을 가지고 있으면서 어느 정도 일정한 역방향
전압을 가하게 되면 전류가 흐르는 특성을 가지고 있다. 이 전압을 제너전압 이라 한다. 제
너 다이오드는 전자 회로에 일정 전압 이상이 가해지면 파손될 수 있는 회로에서 이주 유용
하게 쓰이고 있다. 자동차에서는 회로 보호 및 전압 조정용으로 주로 사용된다.

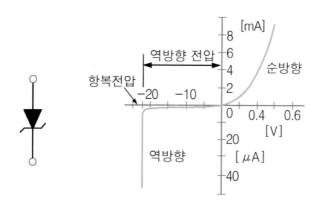

❖ 제너다이오드
출처 : ㈜ 골든벨(2014), [정석자동차정비교본] 자동차전기

(4) 가변 용량 다이오드 (variable capacitance diode)

역방향 전압의 크기에 반비례하여 다이오드가 가지는 정전 용량치가 변화한다. 가변 용량 다이오드는 커패시터로 동작하며 디지털 동조 회로나 주파수 변조 회로에 반드시 필요하다.

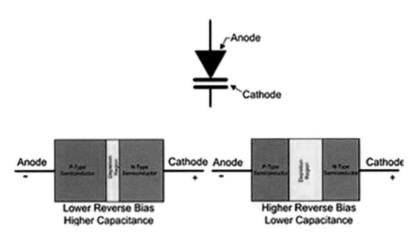

❖ **가변용량 다이오드**
출처 : https://www.bing.com/images/search?view=detailV2&ccid=JzQ%2f1uV%2f&id

(5) 발광 다이오드(LED : light emitting diode)

발광 다이오드는 LED라고도 한다. LED는 일반 다이오드처럼 순방향으로만 전류가 흐르며 스스로 빛을 내는 특성을 지닌 반도체이다. 현재는 적색, 녹색, 황색, 청색 등이 개발되어 있으며 두 가지를 동시에 켜면 황색이 되는데 이세가지 색을 혼합하여 여러 가지 색을 만들 수 있고 따라서 시계 의 숫자 표시나 전자 장비의 표시등 같은 여러 가지의 표시 장치로 다양하게 사용된다.

발광 다이오드는 백열전구에 비하여 수명 이 길고, 소비 전력이 작아 수mA에서 도 작동되며 응답 속도가 빠르다는 장점을 가지고있어 최근에는 대체 조명으로 각광 받고 있다. 또한 원격 정보 전달이 가능하고 정전압 다이오드처럼 전류가 흐르기 위해서는 약 0.6V의 전압이 필요하다 자동차에서는 헤드램프, 정지등, 미등, 오디오의 이퀄라이저, 조명등, 표시등, 광학식 위치 센서 또는 회전각 센서 등에 사용되며 또한 테스트 램프용으로 사용된다. 발광 다이오드는 수 mA에서 작동하는 반도체이므로 과도한 전류가 흐르지 않도록 하기 위한 전류 제한용 저항을 반드시 사용하여야 한다.

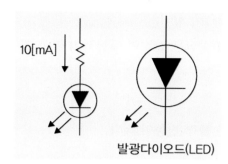

발광다이오드(LED)

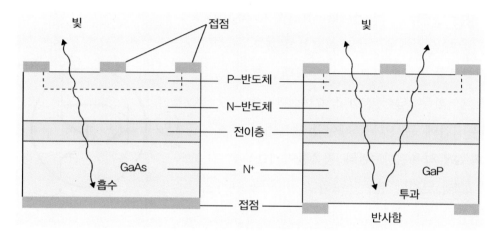

❖ LED
출처 : ㈜ 골든벨(2014), [정석자동차정비교본] 자동차전기 200p

(6) 포토 다이오드(Photo Diode)

다이오드는 역방향 전류가 흐르지 않는다고 했는데 예외적으로 두 가지가 있다. 하나는 제너 다이오드이고 또 하나는 포토 다이오드로서 빛을 쪼이면 반대로도 전류가 통하는 성질을 가지고 있다. 포토 다이오드의 종류로는 적외선 감지, 레이저 감지, 일반 빛 감지 포토 다이오드가 있다.

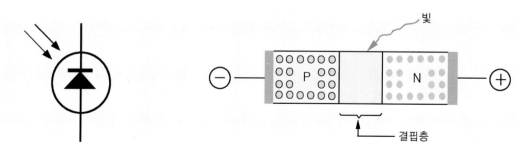

❖ 포토다이오드
출처 : ㈜ 골든벨(2014), [정석자동차정비교본] 자동차전기

포토 다이오드의 특징은 다음과 같다.

1) 빛이 들어오는 광량과 출력되는 전류의 직진성이 좋아 데이터 처리가 용이 하다.

2) 응답 속도가 빠르다.

3) 출력 분산이 적다.

4) 주변의 온도변화에 따른 출력 변동이 적다.

(7) 다링톤 트랜지스터 (darlington transistor)

다링톤 TR은 2개의 TR을 결선하여 증폭률을 극대화한 것으로 작은 베이스 전류로 큰 전류를 제어할 수 있어 점화 장치 회로와 같은 짧은 시간에 큰 전류를 제어할 필요성이 있는 회로에 사용된다. 만약 증폭률이 100인 TR 2개를 연결한 경우 lmA의 B_1 전류 → 100mA의 C_1 전류제어 → 100mA의 B_2 전류 → 10,000mA(10A)의 C_2 전류가 흐르게 된다.

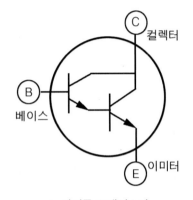

❖ **다링톤 트랜지스터**
출처 : ㈜ 골든벨(2014), [정석자동차정비교본] 자동차전기

(8) 사이리스터(SCR : silicon control rectifier)

사이 리스터는 특수 반도체 소자로 스위칭 소자다. 우리말로는 실리콘 제어 정류 소자라고 한다. 구조를 보면 PN 다이오드를 두개 합쳐서 P나 N쪽에 게이트 단자를 부착한다. 사이리스터는 애노드(A), 캐소드(K), 게이트(G)로 불리는 단자가 있다. 다이오드처럼 생겼지만, 축전지 전류를 공급하게 되면 전류가 통하지 않는다.

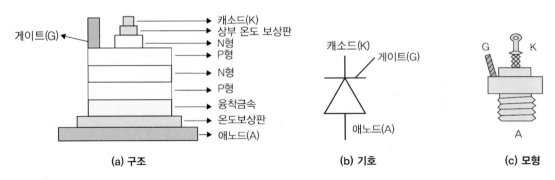

❖ **사이리스터** 출처 : ㈜ 골든벨(2014), [정석자동차정비교본] 자동차전기

이 회로에서 전구가 점등되려면 게이트에 축전지 (+) 전류를 흘려 줘야한다. 그렇게 하면 전구가 점등되는데 이때 게이트 전류를 끊어도 전구가 계속점등이 된다. 즉 회로가 한번만 연결되면 그 다음부터는 자체적으로 회로가 연결되는 특성을 가지고 있다. 하지만 교류에서는 sign 곡선이 수시로 0V로 되므로 손을 떼는 순간 통전이 중단되는 스위칭 소자로 쓰인다.

(9) 서미스터 (thermistor)

서미스터는 온도의 변화에 대해 저항값이 크게 변화하는 반도체를 말한다. 서미스터는 (-) 온도계수를 갖는 부특성(NTC : negative temperature coefficient) 서미스터, (+)온도계수를 갖는 정특성 (PTC : positive ternperature coefficient) 서미스터, 어떤 온도에 있어서 전기저항이 급격히 변화하는 CTR(critical temperature resistor) 서미스터 가 있다.

PTC 서미스터는 정온 발열, 과전류 보호용 등으로 주로 사용되며, NTC 서미스터는 엔진의 냉각수 온도 센서, 흡입 공기 온도 센서, 에어컨 온도 센서, 온도계 유닛 등의 주로 온도 감지용 센서로 사용된다.

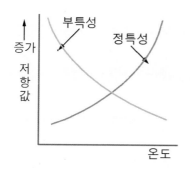

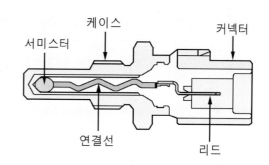

❖ 서미스터 구조   ❖ 서미스터 종류 및 특성

출처 : ㈜ 골든벨(2014), [정석자동차정비교본] 자동차전기

(가) 정특성 서미스터(posit ive temperature coefficient)

일반적으로 금속은 열을 받으면 저항이 증가하여 전기가 통하기 어려워진다. 서미스터도 마찬가지로 열을 받으면 전기가 잘 통하기 어려워지고 이것을 저항이 커졌다고 하고 이것을 서미스터의 정특성이라 한다.

정특성 서미스터를 이용한 회로 보호용으로 사용한 예로, 스위치를 오랫동안 누르고 있으면 모터에 과전류가 흘러 모터가 뜨거워지면 모터에 부착된 PTC 서미스터의 저항이 증가하여 모터로 흐르는 전류를 감소시킴으로서 모터 를 보호한다.

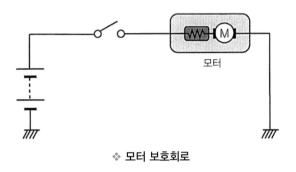

❖ **모터 보호회로**

(나) 부특성 서미스터(negative temperature coefficient)

부특성 서미스터는 열을 받으면 저항이 증가하는 것이 아니라 반대로 저항이 감소하여 전기가 잘 통하는 특성을 가지고 있는데 이를 서미스터의 부특성이라 한다. 부특성 서미스터는 온도를 감지해서 신호를 주로 컴퓨터로 보내주는 기능을 한다.

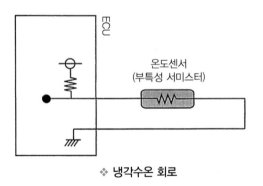

❖ **냉각수온 회로**

(10) 광전도 셀 (photo conductive cell)

광전변환 소자의 대표 적인 것이며, 빛이 밝아지면 저항값이 감소하고, 빛이 어두워지면 저항값이 증가하는 성질을 가지고 있다. 가변 저항의 일종으로 자동차 에어컨의 일사 센서, 헤드램프의 조도 센서, 가로등의 자동점등 센서로 사용된다.

광도전 셀을 이용한 가로등 회로의 예로서, 낮에는 빛에 의해 저항이 적어 CdS(황화카드늄) 셀로 전기가 통하여 가로등이 점등이 되지 않지만 저녁이 되면 CdS 셀의 저항이 증가하여 TR의 베이스 쪽으로 전류가 흘러 가로등이 점등된다.

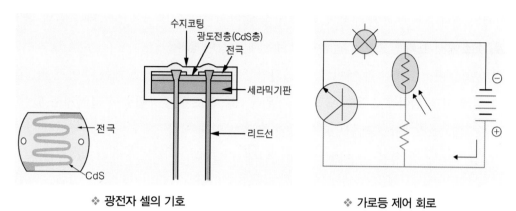

❖ 광전자 셀의 기호   ❖ 가로등 제어 회로

출처 : ㈜ 골든벨(2014), [정석자동차정비교본] 자동차전기

(11) 전계 효과 트랜지스터 (FET : field effect transistor)

TR의 약점은 베이스 쪽에 전류를 공급해야만 컬렉터에서 이미터로 전류가 흐른다는 단점이 있다. 그래서 사용하는 것이 FET라는 것이다. 이 반도체는 그림과 같은 구조를 가지고 있다. FET는 트랜지스터와는 다른 구조를 가지고 있는데 P형과 N형이 있다. 단자 이름은 그림에서 보는 바와 같이 드레인(D : drain), 게이트(G : gate), 소스(S : source) 이다.

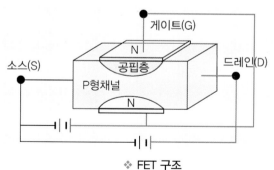

❖ FET 구조

출처 : ㈜ 골든벨(2014), [정석자동차정비교본] 자동차전기

(가) P 채널 FET

P형 반도체의 양단에 전극을 연결한다. 이 전극을 소스와 드레인으로 한다. 이의 위아래 쪽으로 N형을 삽입해 놓는다. 그렇게 하면 그림처럼 가운데의 P형과는 공핍층이 생겨난다. 이때의 경계층은 두께가 두껍지 않고 아직 얇아서 가운데의 p형 반도체를 침범 하지 않으므로 소스에서 드레인으로의 전류가 흐르는데 지장이 없다.

그렇지만 그림의 우측처럼 게이트에 (+)전기를 공급하면 N형 반도체는 주어진 정공을 맞이하기 위해 서로 위아래로 몰리게 되어 가운데 P형 반도체는 공핍층이 넓어져서 단면적이 좁아지게 되고 소스에서 드레인으로 전류가 흐르지 않게 된다.

즉 TR은 베이스 전류를 공급해야만 이미터에서 컬렉터로 전류가 흐르는데 FET는 반대로 전기를 안 주면 안 줄수록 소스에서 드레인으로 전기가 잘 통하게 되고 전기를 준다 해도 경계층만 두꺼워질 뿐 전력 소비가 없다는 장점이 있다. N 채널 FET는 P채널과 작동 방법은 같고 전류 방향만 반대로 공급하면 된다.

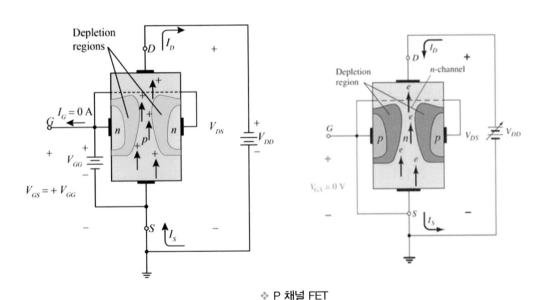

❖ P 채널 FET

출처 : https://www.bing.com/images/search?view=detailV2&ccid=XV1lNhKH&id

04 마이크로 컴퓨터

1. 개요

마이크로컴퓨터는 중앙처리 장치(CPU), 기억장치, 입력포트 및 출력포트 등의 4가지로 구성되어 산술연산, 논리연산을 하는 데이터 처리장치라고 정의된다.

2. 구조

(1) 중앙 처리장치 (CPU : Central Processing Unit)

이 장치는 컴퓨터의 두뇌에 해당 되는 부분이며, 미리 기억장치에 기억 되어 있는 프로그램(작업순서를 일정한 순서에 따라서 컴퓨터 언어로 기입된것)의 내용을 실행하는 것이다.

(2) 입·출력장치 I/O : In put / Out put

이 장치는 중앙처리 장치의 명령에의해서 입력장치(센서)로부터 데이터를 받아들이거나 출력장치(액추에이터)에 데이터를 출력하는 인터페이스 역할을 한다.

(3) 기억장치 Memory

(가) ROM Read Only Memory

이 기억장치는 한번 기억하면 그대로 기억을 유지하므로 전원을 차단하더라도 데이터는 지워지지 않는다.

(나) RAM Random access Memory

이 기억장치는 데이터의 변경을 자유롭게 할 수 있으나 전원을 차단하면 기억되었던 데이터가 지워진다.

(4) 클록 발생기 Clock Generator

이 신호발생기는 중앙처리 장치, RAM 및 ROM을 집결시켜 놓은 1개의 패키지(package)이며, 수정 발진기가 접속되어 중앙처리 장치의 가장 기본이 되는 클록 펄스가 만들어진다.

(5) A/D Analog / Digital 변환기구

이 변환기구는 아날로그 신호를 중앙처리 장치에의해 디지털 신호로 변화하는 장치이다.

(6) 연산부분

이 부분은 중앙처리 장치(CPU)내에 연산이 중심이 되는 가장 중요한 부분이며, 컴퓨터의 연산은 출력은 하지 않고 오히려 그 출력이 되는 것을 다른 것과 비교하여 결론을 내리는 방식으로 스위치의 ON, OFF를 1 또는 0으로 나타내는 2진법과, 0~9까지의 10진법으로 나타내어 계산한다.

3. 디지털 논리회로

(1) 논리회로 기본

(가) 논리적 회로 AND circuit

AND 회로란 2개의 입력 A와(AND) B가 1인 때의 출력이 1이되는 회로를 말한다.

그림은 AND 회로를 등가적으로 나타낸 것으로 스위치 A, B가 ON 되었을 때 출력 Q의 램프가 점등된다. 또한 이 논리회로는 일반적으로 그림과 같은 기호로 나타 내지고 그 입력의 조합에 대한 출력은 진리표라 불리는 것으로 표현된다.

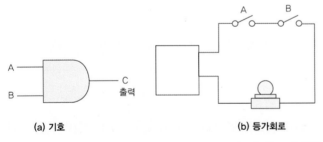

A	B	C
0	0	0
0	1	0
1	0	0
1	1	1

(a) 기호   (b) 등가회로

❖ 논리적(AND) 회로
출처 : ㈜ 골든벨(2014), [정석자동차정비교본] 자동차전기

(나) 논리합 회로 OR circuit

OR 회로란 2개의 입력 A 또는 (OR) B의 어느 한쪽, 또는 양쪽이 1인때 출력이 1이 되는 회로를 말한다. 그림은 OR 회로를 등가적으로 나타낸 것으로 스위치 A, B는 병렬 회로로 되어있어 어느 한쪽이나 양쪽이 ON 됐을 때 출력 Q의 램프가 점등된다. 이 논리회로는 일반적으로 그림과 같은 기호로 나타내지고 그 입력 조합에 대응하는 출력은 진리표로 나타내진다.

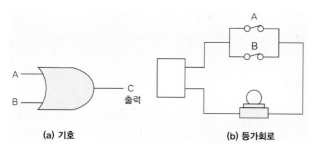

A	B	C
0	0	0
0	1	0
1	0	1
1	1	1

(a) 기호   (b) 등가회로

❖ 논리합(OR) 회로

출처 : ㈜ 골든벨(2014), [정석자동차정비교본] 자동차전기

(다) 부정 회로 NOT circuit

NOT 회로는 입력이 0 일때 출력은 1, 입력이 1일 때 출력이 0이 되는 회로로써 입력 신호에 대해 반대 (NOT)의 출력이 되는 회로이다. 이 논리회로는 일반적으로 그림과 같은 기호로써 나타내지고 그 입력에 대응하는 출력은 진리표로 나타내 진다.

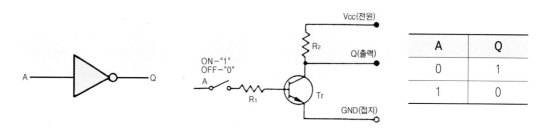

A	Q
0	1
1	0

❖ 부정(NOT) 회로

출처 : ㈜ 골든벨(2014), [정석자동차정비교본] 자동차전기

(2) 논리복합 회로

(가) 부정 논리적 회로 NAND circuit

NAND 회로는 AND 회로에 NOT 회로를 접속한 회로로써 논리 기호는 그림과 같이 나타낸다. 이 회로의 입력에 대응하는 출력은 진리표로 나타내진다.

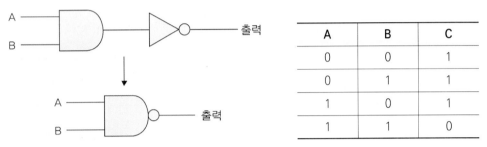

A	B	C
0	0	1
0	1	1
1	0	1
1	1	0

❖ NAND 회로
출처 : ㈜ 골든벨(2014), [정석자동차정비교본] 자동차전기

(나) 부정 논리화 회로 NOR circuit

NOR 회로는 OR 회로에 NOT 회로를 접속한 회로로 논리 기호는 그림과 같이 나타낸다. 이 회로의 입력에 대응하는 출력은 진리표로 나타내 진다.

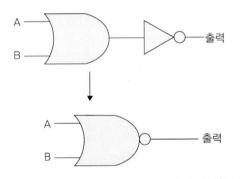

A	B	C
0	0	1
0	1	0
1	0	0
1	1	0

❖ NOR 회로
출처 : ㈜ 골든벨(2014), [정석자동차정비교본] 자동차전기

제4장

전기자동차 기술

전기자동차 기술

01 전기자동차 시스템 개요

1. 개요

전기 자동차는 차량에 탑재된 고전압 배터리의 전기 에너지로부터 구동 에너지를 얻는 자동차이며, 일반 내연기관 차량의 변속기 역할을 대신할 수 있는 감속기가 장착되어 있다. 또한 내연기관 자동차에서 발생하게 되는 유해가스가 배출되지 않는 친환경 차량으로서 다음과 같은 특징이 있다.

1) 대용량 고전압 배터리를 탑재한다.
2) 전기 모터를 사용하여 구동력을 얻는다.
3) 변속기가 필요 없으며, 단순한 감속기를 이용하여 토크를 증대시킨다.
4) 외부 전력을 이용하여 배터리를 충전한다.
5) 전기를 동력원으로 사용하기 때문에 주행 시 배출 가스가 없다.
6) 배터리에 100% 의존하기 때문에 배터리 용량 따라 주행 거리가 제한된다.

2. 주요 제어 기능

고전압 배터리, 파워 릴레이 어셈블리 1·2(PRA; Power Relay Assembly 1·2, 전동식 에어컨 컴프레서, LDC(Low DC/DC Converter), PTC 히터(Positive Temperature Coefficient heater), 차량 탑재형 배터리 완속 충전기(OBC; On-Borad battery Charger), 모터 제어기(MCU; Motor Control Unit) 구동 모터가 고전압으로 연결되어 있

으며, 배터리 팩에 고전압 배터리와 파워 릴레이 어셈블리 1·2 및 고전압을 차단할 수 있는 안전 플러그가 장착되어 있다. 파워 릴레이 어셈블리 1은 구동용 전원을 차단 또는 연결하는 릴레이이며, 파워 릴레이 어셈블리 2는 급속 충전 시 BMU(Battery Management Unit)의 신호를 받아 고전압 배터리에 충전될 수 있도록 전원을 연결하는 기능을 한다.

전동식 에어컨 컴프레서, PTC 히터, LDC, OBC에 공급되는 고전압은 정션 박스를 통해 전원을 공급받으며, MCU는 고전압 배터리에 저장된 직류를 파워 릴레이 어셈블리 1과 정션 박스를 거쳐 공급받아 전력 변환기구(IGBT; Insulated Gate Bipolar Transistor) 제어로 고전압의 3상 교류로 변환하여 구동 모터에 고전압을 공급하고 운전자의 요구에 맞게 모터를 제어한다.

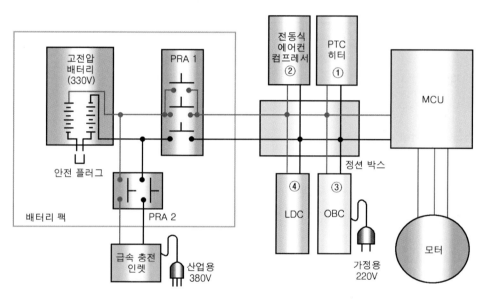

❖ **전기자동차 고전압 전기 흐름도**
출처 : ㈜ 골든벨(2021), [전기자동차매뉴얼 이론&실무]

(1) 전력 통합 제어 장치(EPCU; Electric Power Control Unit)

전력 통합 제어 장치는 대전력량의 전력 변환 시스템으로서 고전압의 직류를 전기자동차의 통합제어기인 차량 제어 유닛(VCU; Vehicle Control Unit) 및 구동 모터에 적합한 교류로 변환하는 장치인 인버터(Inverter), 고전압 배터리 전압을 저전압의 12V DC로 변환시키는 장치인 LDC 및 외부의 교류전원을 고전압의 직류로 변환해주는 완속 충전기인 OBC 등으로 구성되어 있다.

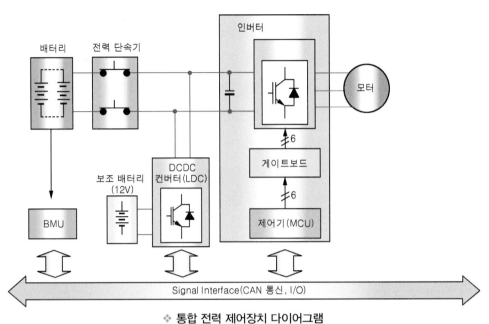

❖ **통합 전력 제어장치 다이어그램**
출처 : ㈜ 골든벨(2021), [전기자동차매뉴얼 이론&실무]

(가) 인버터(Inverter)

고전압 배터리의 DC 전원을 차량 구동 모터의 구동에 적합한 AC 전원으로 변환하는 시스템으로서 인버터는 케이스 속에 IGBT 모듈, 파워 드라이버(Power Driver), 제어회로인 컨트롤러(Controller)가 일체로 이루어져 있다.

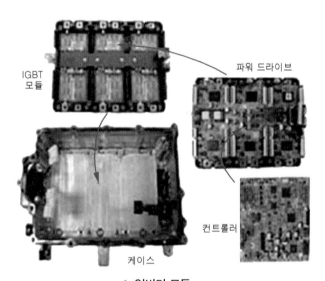

❖ **인버터 모듈**
출처 : ㈜ 골든벨(2021), [전기자동차매뉴얼 이론&실무]

(나) 직류 변환 장치(LDC; Low Voltage DC-DC Converter, 컨버터)

고전압 배터리의 DC 전원을 차량의 전장용에 적합한 낮은 전압의 DC 전원(저전압)으로 변환하는 시스템이며, 컨버터라고 한다.

(2) 완속 충전 장치 (OBC; On Board Charger)

완속 충전기는 차량에 탑재된 충전기로 OBC라고 부르며, 차량 주차 상태에서 AC 110V·220V 전원으로 차량의 고전압 배터리를 충전한다. 고전압 배터리 제어기인 BMU와 CAN 통신을 통해 배터리 충전 방식(정전류, 정전압)을 최적으로 제어한다.

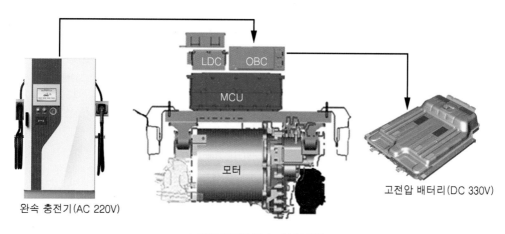

❖ **전기자동차 완속 충전 장치**
출처 : ㈜ 골든벨(2021), [전기자동차매뉴얼 이론&실무]

3. 전기 자동차 제어 기구(VCU; Vehicle Control Unit)

전기 자동차 제어 기구는 MCU, BMU, LDC, OBC, 회생 제동용 액티브 유압 부스터 브레이크 시스템(AHB; Active Hydraulic Booster), 계기판(Cluster), 전자동 온도조절장치((FATC; Full Automatic Temperature Control) 등과 협조 제어를 통해 최적의 성능을 유지할 수 있도록 제어하는 기능을 수행한다.

VCU는 모든 제어기를 종합적으로 제어하는 최상위 마스터 컴퓨터로서 운전자의 요구사항에 적합하도록 최적인 상태로 차량의 속도, 배터리 및 각종 제어기를 제어한다.

(1) 구동 모터 토크제어

BMU는 고전압 배터리의 전압, 전류, 온도, 배터리의 가용 에너지율 (SOC, State Of Charge) 값으로 현재의 고전압 배터리 가용 파워를 VCU 에게 전달하며, VCU는 BMU에서 받은 정보를 기본으로 하여 운전자의 요구(APS, Brake S/W, Shift Lever)에 적합한 모터의 명령 토크를 계산한다.

더불어 M CU는 현재 모터가 사용하고 있는 토크와 사용 가능한 토크를 연산하여 VCU에 제공한다. VCU는 최종적으로 BMU와 MCU에서 받은 정보를 종합하여 구동 모터에 토크를 명령한다.

❖ **모터 토크제어 데이터**
출처 : ㈜ 골든벨(2021), [전기자동차매뉴얼 이론&실무]

1) VCU

배터리 가용 파워, 모터 가용 토크, 운전자 요구(APS, Brake SW, Shift Lever)를 고려한 모터 토크의 지령을 계산하여 컨트롤러를 제어한다.

2) BMU

VCU가 모터 토크의 지령을 계산하기 위한 배터리 가용 파워, SOC 정보를 받아 고전압 배터리를 관리한다.

3) MCU

VCU가 모터 토크의 지령을 계산하기 위한 모터 가용 토크 제공, VCU로부터 수신한 모터 토크의 지령을 구현하기 위해 인버터(Inverter)에 PWM 신호를 생성하여 모터를 최적으로 구동한다.

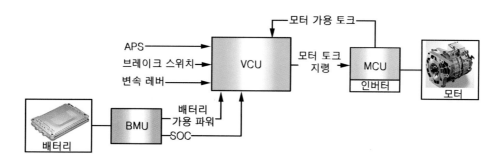

❖ **구동 모터 토크제어 다이어그램**
출처 : ㈜ 골든벨(2021), [전기자동차매뉴얼 이론&실무]

(2) 회생 제동 제어(AHB; Active Hydraulic Booster)

AHB 시스템은 운전자의 요구 제동량을 BPS(Brake Pedal Sensor)로부터 받아 연산하여 이를 유압 제동량과 회생 제동 요청량으로 분배한다. VCU는 각각의 컴퓨터 즉 AHB, MCU, BMU와 정보 교환을 통해 모터의 회생 제동 실행량을 연산하여 MCU에게 최종적으로 모터 토크('-'토크)를 제어한다. AHB 시스템은 회생 제동 실행량을 VCU로부터 받아 유압 제동량을 결정하고 유압을 제어한다.

센서명	센서값	단위
☑ 실제 모터 회전수	0	RPM
☑ 규정 모터 토크	0.0	Nm
☑ 실제 모터 토크	0.0	Nm
☑ 모터 온도	18	℃
☑ 모터 상 전류	0.0	A
☐ 커패시터 전압	4	V

AM EV)/2012/50KW　시스템 ▶　EV Motor System/모터제어

❖ **구동 모터의 회생 제동 제어 데이터**
출처 : ㈜ 골든벨(2021), [전기자동차매뉴얼 이론&실무]

1) AHB

BPS 값으로부터 구한 운전자의 요구 제동 연산 값으로 유압 제동량과 회생 제동 요청량으로 분배하며, VCU로부터 회생 제동 실행량을 모니터링하여 유압 제동량을 보정한다.

2) VCU

AHB의 회생 제동 요청량, BMU의 배터리 가용 파워 및 모터 가용 토크를 고려하여 회생 제동 실행량을 제어한다.

3) BMU

배터리 가용 파워 및 SOC 정보를 제공한다.

4) MCU

모터 가용 토크, 실제 모터의 출력 토크와 VCU로 부터 수신한 모터 토크 지령을 구현하기 위해 인버터 PWM 신호를 생성하여 모터를 제어한다.

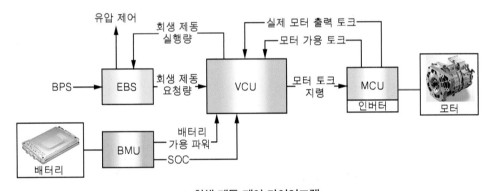

❖ **회생 제동 제어 다이어그램**
출처 : ㈜ 골든벨(2021), [전기자동차매뉴얼 이론&실무]

(3) 공조 부하 제어

전자동 온도 조절 장치인 FATC(Full Automatic Temperature Control)는 운전자의 냉·난방 요구 시 차량 실내 온도와 외기 온도 정보를 종합하여 냉·난방 파워를 VCU에게 요청하며, FATC는 VCU가 허용하는 범위 내에 전력으로 에어컨 컴프레서와 PTC 히터를 제어한다.

1) FATC

AC SW의 정보를 이용하여 운전자의 냉난방 요구 및 PTC 작동 요청 신호를 VCU에 송신하며, VCU는 허용 파워 범위 내에서 공조 부하를 제어한다.

2) BMU

배터리 가용 파워 및 SOC 정보를 제공한다.

3) VCU

배터리 정보 및 FATC 요청 파워를 이용하여 FATC에 허용 파워를 송신한다.

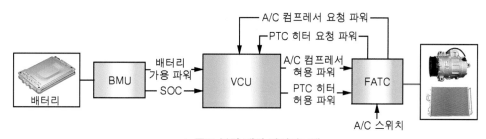

❖ **공조 부하 제어 다이어그램**
출처 : ㈜ 골든벨(2021), [전기자동차매뉴얼 이론&실무]

(4) 전장 부하 전원공급 제어

VCU는 BMU와 정보 교환을 통해 전장 부하의 전원공급 제어 값을 결정하며, 운전자의 요구 토크 양의 정보와 회생 제동량 변속 레버의 위치에 따른 주행 상태를 종합적으로 판단하여 LDC에 충·방전 명령을 보낸다. LDC는 VCU에서 받은 명령을 기본으로 보조배터리에 충전전압과 전류를 결정하여 제어한다.

1) BMU

배터리 가용 파워 및 SOC 정보를 제공한다.

2) VCU

배터리 정보 및 차량 상태에 따른 LDC의 ON/OFF 동작 모드를 결정한다.

3) LDC

VCU의 명령에 따라 고전압을 저전압으로 변환하여 차량의 전장 계통에 전원을 공급한다.

(5) 클러스터 제어

(가) 램프 점등 제어

VCU는 하위 제어기로부터 받은 모든 정보를 종합적으로 판단하여 운전자가 쉽게 알 수 있도록 클러스터 램프 점등을 제어한다. 시동키를 ON 하면 차량 주행 가능 상황을 판단하여 'READY' 램프를 점등하도록 클러스터에 명령을 내려 주행 준비가 되었음을 표시한다.

(나) 주행 가능 거리(DTE; Distance To Empty) 연산 제어

1) VCU : 배터리 가용 에너지 및 도로 정보를 고려하여 DTE를 연산한다.

2) BMU : 배터리 가용 에너지 정보를 이용한다.

3) AVN : 목적지까지의 도로 정보를 제공하며, DTE를 표시한다.

4) Cluster : DTE를 표시한다.

4. 전기자동차 모듈 구성

(1) 모터 제어기(MCU; Motor Control Unit)

(가) MCU

MCU는 내부의 인버터(Inverter)가 작동하여 고전압 배터리로부터 받은 직류(DC)전원을 3상 교류(AC)전원으로 변환시킨 후 전기 자동차의 통합 제어기인 VCU의 명령을 받아 구동 모터를 제어하는 기능을 담당한다.

배터리에서 구동 모터로 에너지를 공급하고, 감속 및 제동 시에는 구동 모터를 발전기 역할로 변경시켜 구동 모터에서 발생한 에너지, 즉 AC 전원을 DC 전원으로 변환하여 고전압 배터리로 에너지를 회수함으로써 항속 거리를 증대시키는 기능을 한다.

또한 MCU는 고전압 시스템의 냉각을 위해 장착된 EWP(Electric Water Pump)의 제어 역할도 담당한다.

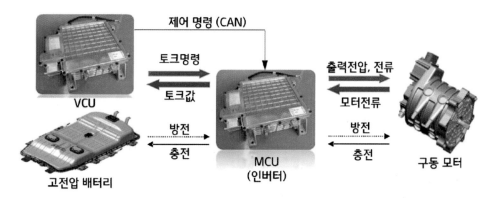

❖ 모터 제어기

출처 : 기아자동차, [쏘울 전기자동차] EV 신차교육교재

(나) MCU의 주요 기능

1) VCU와 통신을 통하여 주행 조건에 따라 구동 모터를 최적으로 제어하는 역할을 수행한다.

2) 고전압 배터리의 직류(DC)를 구동 모터 작동에 필요한 3상 교류(AC)로 바꾸어 구동 모터에 공급하는 인버터 기능과 고전압 시스템 냉각을 하는 EWP를 제어하는 기능을 수행한다.

3) 감속 및 제동 시 모터를 발전기 역할을 하게 하여 배터리 충전을 위한 에너지 회수기능(3상 교류를 직류로 변경)을 담당한다. 발전기의 역할을 수행할 때 MCU는 컨버터(AC-DC Converter)의 역할을 수행한다.

4) 시스템이 정상인 상태에서 MCU는 상위 제어인 VCU에서 구동 모터 토크 지령이 오면 MCU는 출력전압과 전류를 만들어 모터에 인가한다. 그러면 모터가 기동하게 되고 이때 모터의 전류 값을 MCU가 측정하여 전류값으로부터 토크 값을 계산하여 상위 제어기로 보낸다.

(2) 저전압 직류 변환 장치(LDC; Low Voltage DC-DC Converter)

(가) LDC의 개요

전기차는 고전압 360V와 저전압 12V 배터리를 모두 사용한다. 고전압은 모터, 전동식 컴프레서, PTC 히터 등에 사용되지만 그 외에 차량에 필요한 모든 전장품과 제어기들은 12V 전원을 이용한다. 12V 배터리를 충전해주는 변환 장치를 LDC라고 한다. 내연기관 엔진의 발전기와 같은 역할을 하는 LDC는 EPCU 내부에 있으며 360V의 고전압을 차량용 12V로 변환시켜준다. 12V 배터리는 배터리 센서를 통해 BCM으로 LIN 통신을 통해 메시지를 보내면 이 신호를 가지고 VCU가 SOC를 계산해서 LDC의 출력전압을 조절한다.

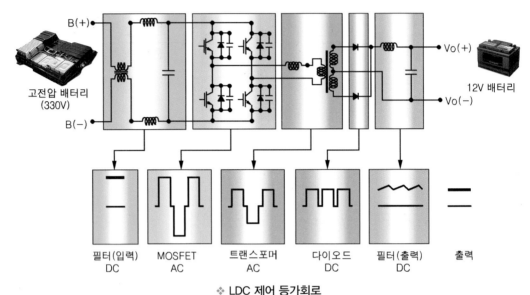

고전압 배터리
(330V)

12V 배터리

필터(입력)
DC

MOSFET
AC

트랜스포머
AC

다이오드
DC

필터(출력)
DC

출력

❖ LDC 제어 등가회로

출처 : ㈜ 골든벨(2021), [전기자동차매뉴얼 이론&실무]

(나) LDC 작동 원리

입력전압보다 낮은 전압으로 변환시키기 위한 일반적인 DC – DC 컨버터의 회로는 다음과 같다.

- L(인덕터) : 전류의 변화량에 비례해 전압을 유도하는 코일
- 인덕턴스 : 회로의 전류 변화에 대한 전자기 유도에 의해 생기는 역기전력의 비율을 나타내는 양.
- 커패시터 : 정전 용량을 이용할 목적으로 만들어진 장치. (콘덴서)

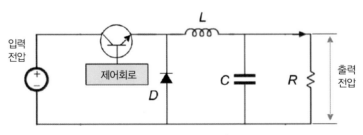

출처 : 기아자동차, [쏘울 전기자동차] EV 신차교육교재

1) 스위치 ON : 인덕터(L)로 전류가 흐르면 인덕터에 에너지가 축적되고 커패시터와 저항을 통해 전류가 증가하며 흐른다.

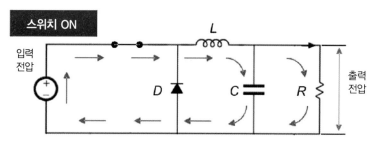

출처 : 기아자동차, [쏘울 전기자동차] EV 신차교육교재

2) 스위치 OFF : 다이오드는 인덕터 (L)에 축적된 에너지인 인덕터 전류가 커패시터로 흐르도록 통로를 만들어 준다. 인덕터 전류는 S/W ON될 때까지 감소한다.

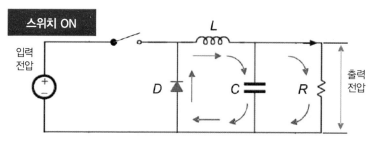

출처 : 기아자동차, [쏘울 전기자동차] EV 신차교육교재

3) 변환 : 주기적으로 S/W를 ON, OFF 시켜 펄스 모양의 전압을 L, C를 통하여 평활해 직류 전압을 출력한다.

(3) 인버터(Invertor)제어

(가) 인버터의 개요

인버터는 전기차의 구동 모터로 공급되는 고전압을 직류에서 교류로 변환하고, 또한 회생제동 시에는 모터에서 발생되는 교류 전압을 직류로 변환하는 역할을 한다. 전기차 구동용으로 사용되는 모터는 교류 모터이므로 3상(X, Y, Z) 교류로 제어해야 하며 이 역할을 인버터가 하고, 모터의 회전 속도와 토크, 회생제동 등에 필요한 제어는 모터 제어기 (MCU)

가 담당한다.

모터를 구동시키는 방법은 인버터 내부의 전력용 반도체를 사용하여 특정한 주파수와 전압을 가진 교류로 변환시켜 회전 속도를 제어하는 것이다. (유도전동기의 자속 밀도를 일정하게 유지하게 시켜 효율 변화를 막기 위하여 주파수와 함께 전압도 동시에 변화시켜야 함)

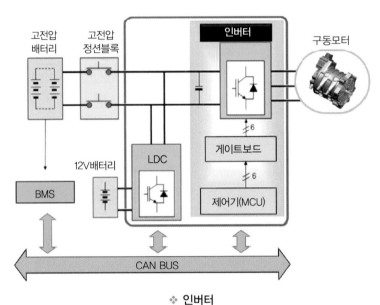

❖ **인버터**
출처 : 기아자동차, [쏘울 전기자동차] EV 신차교육교재

(나) 인버터의 주요 제어 기능

1) 토크제어 기능

회전자 자속의 위치에 따라 고정자 전류의 크기와 방향을 독립적으로 제어하여 토크 발생

- 전류제어
- 회전자 위치 및 속도 검출

2) 과온 제한 기능

인버터와 모터의 제한 온도 초과 시 출력 제한

- 인버터와 모터 온도에 따라 최대출력 제한

3) 고장 검출 기능

외부 인터페이스 관련 문제점 검출 및 인버터 내부 고장 검출

- 인버터 외부 연결 관련 고장 검출
- 성능 관련 고장 검출
- 인버터 하드웨어 고장 검출

4) 차량 운전제어기능

차량에서 필요한 정보를 타 제어기와 통신

- 요구되는 토크 및 고전압 배터리 상태, EWP 등 정보 수신
- 인버터 상태 송신

(4) 전자식 워터 펌프(EWP; Electronic Water Pump) 제어

전기식 워터 펌프인 EWP는 LDC, MCU, OBC 등에서 사용하는 반도체에서 발생하는 열을 냉각하기 위해 냉각수를 강제 순환하기 위한 장치이며, 반도체 소자의 특성상 125℃ 이상의 고온에서는 타서 못 쓰게 될 수 있는 도체가 되어 버릴 수 있으므로 관련 부품을 적절히 냉각시켜 주는 것이 매우 중요하다.

4. 입·출력 요소

(1) 모터 제어기 입·출력 요소

MCU 등 각 제어기를 구동시키기 위해 보조배터리의 전원 (12V) 과 차체 접지가 연결되어 있다. 따라서 보조배터리가 방전될 때 제어 모듈들이 구동되지 못하기 때문에 구동 모터가 정상적으로 구동될 수 없다.

MCU는 각 유닛(Unit)들과 정보공유를 위해 CAN 통신을 이용한다. VCU는 각종 차량 정보를 입력받아 모터 토크 요구 값과 컨트롤 모드 지정정보를 CAN 통신선을 이용하여 MCU로 보낸다. MCU는 VCU로 부터의 컨트롤 모드 지정정보와 요구받은 모터 토크를 만들기 위해 모터 전류제어를 시작하고 모터 및 내부 각종 센서를 이용하여 MCU 및 모터 상태에 대한 모니터링 정보를 CAN BUS를 통해 공유한다.

MCU는 섀시 CAN을 통하여 고전압 시스템 냉각을 위해 전동식 워터펌프(EWP)와 통신한다. 구동 모터와 연결된 오렌지 색상의 고전압 케이블은 주행 조건에 따라 충전과 방전이 이루어지며, 각각의 케이블은 배선의 단선/단락을 감지하는 고장 코드가 지원된다. 또한 구동 모터와 회전자 위치 센서(레졸버) 및 온도 센서 관련 회로가 MCU로 연결된다.

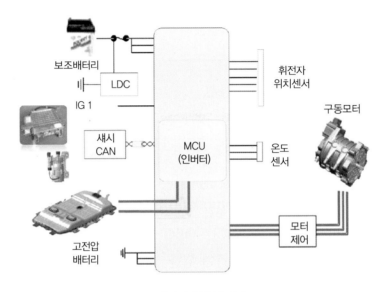

✤ **제어기 입출력 요소**
출처 : 기아자동차, [쏘울 전기자동차] EV 신차교육교재

02 하이브리드자동차 시스템 개요

1. 개요

기본적으로 2개의 동력원(내연기관과 전기 모터)을 이용하여 구동되는 자동차의 뜻으로, 가솔린 또는 LPI 엔진과 전기 모터, 연료 전지차, 디젤 엔진과 전기 모터 등 2개의 동력원을 함께 쓰는 차를 말한다. 주로 가솔린 또는 LPI 엔진 및 디젤 엔진과 전기 모터를 함께 쓰는 방식을 많이 이용하고 있다. 그러나 디젤 하이브리드는 배출 가스의 오염 성분을 줄이기 위해 선택적 환원 장치인 SCR이나 EGR 등의 부품이 추가되면서 부품 가격의 상승으로 메리트가 감소되었다.

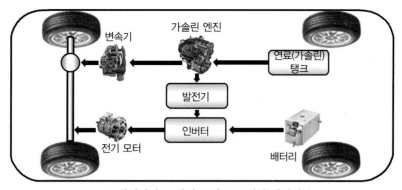

❖ **내연기관 + 전기 모터 + 고전압 배터리**
출처 : ㈜ 골든벨(2019), [내차달인교과서] 전기자동차편

2. 하이브리드자동차의 분류

(1) 하이브리드자동차의 에너지 사용률에 의한 분류

하이브리드카는 엔진과 모터와 같이 두 개 이상의 동력원을 가진 자동차로서 정의될 수 있고, 전기차는 순수 배터리를 사용하는 자동차로 정의될 수 있다.

1) 기존의 엔진과 변속기를 동력원으로 사용하는 내연기관

2) 차량이 정차 시에는 엔진이 정지되어 연료를 저감 시키는 Micro(Mild) HEV

3) 기존의 엔진에 모터로 보조해 주는 Soft(Power assist) HEV

4) 전기 모터가 출발과 가속 시에만 역할을 하는 것이 아닌 주행의 주된 역할을 하는 Hard(Full) HEV

5) 가전제품처럼 배터리 외부 충전도 가능하고 배터리가 일정량 이상 소모되면 엔진을 구동하여 발전하는 Plug-in HEV

6) 순수 배터리로만 운행하는 EV, 연료전지 방식의 FCEV

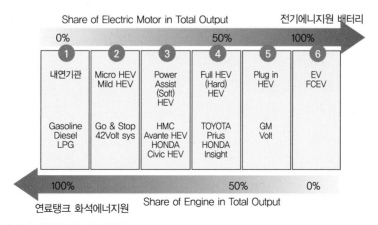

❖ **에너지 사용률에 따른 분류**   출처 : www.bing.com/images/search?view=detailV2&ccid

(2) 하이브리드자동차의 동력 전달 방식에 의한 분류

(가) 직렬형(Series Type)

엔진에 발전기를 부착하여 발전하고, 이때 생성된 전기로써 모터를 가동하여 차량을 구동시키는 방식이다. 엔진은 배터리의 SOC 저하 시 배터리를 충전 시키기 위한 구동이 주요 목적이며 구동축의 동력원에는 관여하지 않는다.

- 엔진과 구동축이 기계적으로 연결 안 됨.
- 에너지 변환 손실이 큼.
- 대용량 구동용 모터가 필요함.

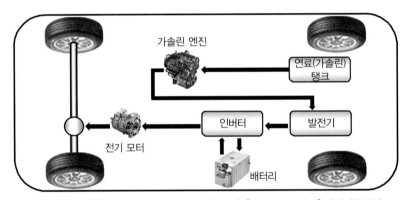

❖ **직렬형 하이브리드**   출처 : ㈜ 골든벨(2019), [내차달인교과서] 전기자동차편

(나) 병렬형(Parallel Type)

복수의 동력원(엔진, 전기 모터)을 설치하고, 주행 상태에 따라서 어느 한 편의 동력을 이용하여 구동하는 방식이다.

1) FMED(엔진 클러치 미장착)- Soft Type(소프트 타입)
- 엔진 출력축에 직전 모터장착.
- 엔진 시동, 파워 어시스트, 회생 제동 가능 수행

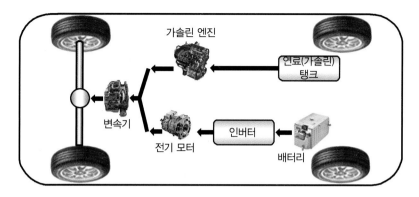

❖ **병렬형 FMED 하이브리드**
출처 : ㈜ 골든벨(2019), [내차달인교과서] 전기자동차편

2) TMED(엔진 클러치 장착)- Hard Type(하드 타입)

- EV 모드 구현됨.
- 엔진 클러치 장착
- 별도의 엔진 Starter 필요함.

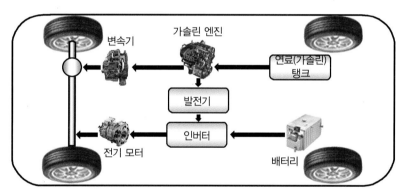

❖ **병렬형 TMED 하이브리드**
출처 : ㈜ 골든벨(2019), [내차달인교과서] 전기자동차편

3) 복합형(Power Split Type)

전기 모터와 가솔린 엔진을 복합적으로 사용하면서 중저속 운전은 전기 모터로, 고속 운전과 급가속 등 큰 출력이 있어야 할 때는 가솔린 엔진을 모터와 함께 병용하므로 연료 절감의 효과가 15~50%에 달하며 배출 가스양도 훨씬 적다.

1) 복합형 하이브리드자동차는 직렬형과 병렬형의 중간 방식이다.
2) 일본 도요타의 프리우스(Prius)의 구동 방식 시스템이다.

3) 타 Hybrid 방식의 차량에 비해 그 동력 성능이 매우 뛰어난 시스템이다.

4) 고효율을 얻을 수 있으며, 배기가스 저감이 쉽다는 장점이 있다.

5) 고난도의 제어기술이 필요하다.

6) 엔진, 2개의 모터

7) 유성기어

8) 별도의 변속기가 없음(E-CVT)

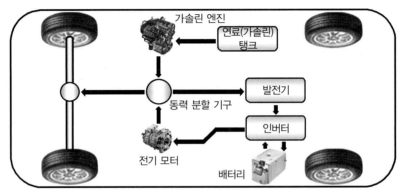

❖ **복합형 하이브리드**
출처 : ㈜ 골든벨(2019), [내차달인교과서] 전기자동차편

3. 하이브리드자동차의 엔진 작동 조건

(1) 하이브리드자동차의 주행 모드

(가) 소프트 타입 주행모드

1) 모터로 시동함을 원칙으로 하지만 냉 간, 미충전 시에는 엔진으로 시동한다.

2) 통상적인 주행 모드에서는 엔진으로만 구동하고 여유 구동력이 발생하면 고압 배터리를 충전시킨다.

3) 가속/등판 모드에서는 부하에 대응하는 모터의 보조 동력원으로 엔진이 사용되어 구동력이 증대된다.

4) 액셀러레이터의 조작이 없이 관성의 힘으로 주행하는 내리막길이나 감속 시에는 충전 모드로 전환되어 고전압 배터리로 충전된다.

5) 신호 대기나 일시 정차 시에는 엔진을 일시 정지하여 연료의 불필요한 소비를 줄이도록 되어있다. 그리고 다시 출발 시에는 모터에 의해서 자동적으로 엔진이 시동이 되어 주행하게 된다.

❖ 소프트 타입 하이브리드자동차 주행 모드
출처 : www.bing.com/images/search?view=detailV2&ccid

(나) 하드 타입 주행 모드

1) 출발 및 저속 주행 시는 모터의 힘으로만 구동한다.
2) 고속 주행이나 가속 등판 주행 시 엔진과 모터가 동시에 구동되어 큰 부하에 대응한다.
3) 액셀러레이터의 조작이 없이 관성의 힘으로 주행하는 내리막길이나 감속 시에는 충전 모드로 전환되어 고전압 배터리로 충전된다.
4) 신호 대기나 일시 정차 시에는 엔진을 일시 정지하여 연료의 불필요한 소비를 줄이도록 되어있다. 그리고 다시 출발 시에는 모터에 의해서 자동적으로 엔진이 시동이 되어 주행하게 된다.

❖ 하드 타입 하이브리드자동차 주행 모드
출처 : www.bing.com/images/search?view=detailV2&ccid

(2) 엔진의 동작 조건

(가) 엔진의 상태에 따라

1) 엔진 예열 또는 촉매 히팅이 필요한 경우

2) 엔진이 과열되어 엔진 냉각이 필요한 경우

(나) 배터리의 상태에 따라

1) 메인 배터리의 SOC가 낮은 경우

2) 메인 배터리 방전 종지 전압이 규정 이하일 경우

3) 보조배터리의 전장 부하 사용량이 큰 경우

(다) 운전자의 요구에 따라

1) 운전자가 주행에 필요한 높은 토크를 요구할 경우

2) 킥 다운 신호가 입력될 경우

3) 140km/h 이상 고속 주행 모드에 진입하였을 경우

4) 차실 난방에 대한 요구 신호가 입력될 경우

(라) 기타 동작 조건

1) 모터 레졸버의 보정 또는 엔진 클러치를 학습하는 경우

2) 진단 장비를 통해 강제 구동 신호가 입력될 경우

3) 고전압 장비의 고장 등으로 림프 홈 모드에 진입하였을 경우

(3) READY Lamp 및 EV Lamp 점등

(가) READY 램프 점등

1) 엔진 시동 버튼을 눌러 주행 준비가 완료되면 점등한다.

2) 기본적으로 이제 차량이 주행 가능한 상태에 있음을 의미한다.

(나) READY 램프 점멸

1) 고장 등의 이유로 림프 홈 모드에 진입하면 점멸한다.

2) 전기차(EV) 모드 주행은 불가능하며 오직 엔진 구동으로만 주행할 수 있다.

(다) EV 램프 점등

1) 차량이 정차 중이거나 주행 중 엔진이 구동을 멈추면 계기판에 EV 모드 램프가 점등
되며 차량이 EV(전기차) 모드에 있음을 알려 준다.

2) 하드 타입에서 만약 엔진이 동작 중이더라도 엔진의 클러치가 해제된
상태로 모터로만 주행 시는 EV 모드 램프가 점등된다.

(라) READY 램프 점등 시 안전 수칙

1) 차량이 READY 상태에 있다면 엔진이 조건에 따라 자동으로 작동될 수 있다.

2) 엔진룸 점검 시 Ignition off 상태를 반드시 유지하여 안전사고를 미연에 방지한다.

3) 점검 때문에 부득이한 경우에는 벨트의 회전 부위나 구동 풀린 주변에 특별히 주의를
기울여야 한다.

4. 하이브리드 시스템 구성

(1) 하이브리드 시스템 구성 요소

하이브리드자동차는 내연기관과 고출력 전기 모터로부터 동력을 발생시켜서 구동하는
자동차로서, 전기 에너지를 구동에 필요한 운동 에너지로 변환하기 위해서 고출력 전기 모
터, 고전압 배터리, BMS, MCU(Inverter) 및 LDC 등과 같은 부품이 장착되어 있다.

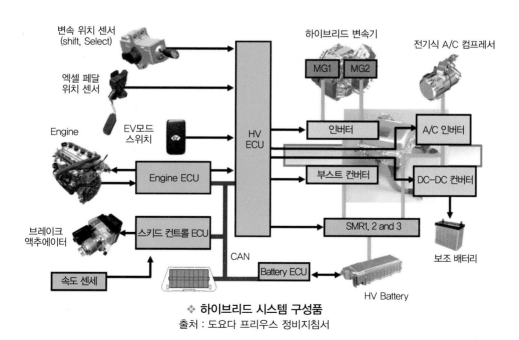

❖ **하이브리드 시스템 구성품**
출처 : 도요다 프리우스 정비지침서

(2) 하이브리드 구동 모터의 구성품 및 작동 원리

(가) HEV 구동 모터 구성품

1) 회전자(로터: ROTOR)

회전자의 구조는 매립형 영구 자석의 형태로서 16극으로 구성되어 있으며 이러한 방식의 모터를 IPM(Interior Permanent Magnet) 방식이라고 한다. 또한 이것과 반대되는 형식을 SPM(Surface Permanent Magnet) 방식이라고 하는데 SPM방식은 영구 자석을 매립하지 않고 부착한 형태로 제작한다. 회전자 로터는 변속기 입력축과 기계적으로 연결되어 있으며, 엔진 클러치를 통하여 엔진 크랭크축과 연결된다.

2) 고정자(스테이터: STATOR)

구동 모터의 고정자에는 24개의 슬롯이 구성되어 있으며 이 슬롯에 흐르는 전류를 적절히 제어해서 속도와 토크를 조절하는 방식을 사용하며 이렇게 속도와 토크를 조절하는 것을 인버터라고 말한다.

3) 레졸버

구동 모터의 레졸버(위치 센서)는 로터의 회전 위치를 정확하게 감지하기 위해 장착된 센서로서 MCU(Motor Control Unit)에서 이 신호를 통해 모터를 정밀하게 제어하게 된다.

❖ 레졸버 및 로터

(나) 하이브리드 구동 모터 작동 원리

매입형 영구 자석 모터는 Stator의 전기자와 Rotor에 내장된 자석의 상호작용으로 토크가 발생하여 회전한다. Stator coil에 감겨진 권선 코일에 인버터(MCU, 모터 제어기)에서 3상 교류전원을 흘려주어 회전 자계가 형성되면 회전자에 내장된 자석과의 전자기적 상호작용에 의해 회전 토크가 발생하고 이 힘으로 모터가 회전하게 된다.

고정자에 인가되는 회전 자계의 속도와 회전자의 실제 회전속도가 동기되므로 동기 모터라고 말할 수 있다. 영구 자석형 동기 모터는 고토크 운전이나 광범위한 속도 영역에서의 운전이 가능하여 최근 에너지 절약 용도로 폭넓게 사용되고 있다.

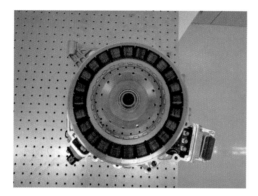 

❖ 영구 자석형 동기 모터

(다) 레졸버(위치 센서)의 작동 원리

내연기관에서 엔진의 CMP 센서를 이용하여 엔진 상사점(TDC)을 검출하게 되고 ECU는 상사점에서 점화시켜 엔진의 가장 큰 힘을 출력한다. 모터도 마찬가지로 가장 큰 힘으로 제어하기 위해 회전자와 고정자의 위치를 정확하게 알아야 하고 회전자의 위치 및 속도 정보로 MCU가 가장 큰 토크로 모터를 제어하기 위해 레졸버가 장착된다. 레졸버는 후면 플레이트에 장착되며 모터의 회전자와 연결된 레졸버 회전자와 하우징과 연결된 레졸버 고정자로 구성되어 엔진의 CMP 센서처럼 모터 내부의 회전자와 고정자 위치를 파악한다.

작동 원리는 레졸버 로터가 회전하면 로터와 스테이터 간 갭(Gap) 퍼미언스 변화로 쇄교 자속이 주기적으로 변화한다. 스테이터 2상의 검출 권선에 회전각에 따라 변화하는 진폭을 가지는 출력 신호를 유기하게 되므로(Sin/Cos 형태) 출력 신호는 RDC(Resolver to Digital Converter)를 거쳐 위치각으로 변환된다.

(3) HSG (Hybrid Starter & Generator)

(가) HSG 작동 제어 요소

1) 엔진 시동 제어

엔진과 구동 벨트로 연결되어 있어 엔진 시동 시 시동 모터 기능을 수행한다.

2) 엔진 속도 제어

HEV 모드 진입 시 엔진과 구동 모터 속도가 같을 때까지 HSG를 구동한 후 속도가 같아지면 엔진 클러치를 직결시킨다.

3) 소프트랜딩 제어

엔진 시동 OFF 시 HSG로 엔진 부하를 걸어 엔진 진동을 최소화 한다.

4) 발전 제어

고전압 배터리 SOC 저하 시 엔진 시동을 걸어 엔진 회전력으로 발전기 역할을 하며 고전압 배터리로 충전을 한다. 또한 충전된 전기 에너지를 LDC를 통해서 12V 차량 전장 부하에 전기 에너지를 공급한다.

(나) HSG 구조

❖ HSG 구조

(4) HPCU (Hybrid Power Control Unit)

(가)HPCU 구조

HPCU(Hybrid Power Control Unit)는 하이브리드 관련 주요 제어기들이 모인 일종의 패키지 개념이다. 하이브리드차량 제어의 핵심 제어기(HCU, MCU, LDC)들을 하나의 모듈로 통합함으로써 모듈 간 추가적인 배선을 최소화하여 품질 확보 및 원가절감을 이루었다. 듀얼 CAN(섀시 CAN, 하이브리드 CAN)을 적용하여 빠른 응답 속도와 신뢰성을 높였으며 냉각 방식은 수랭식을 적용하여 고전압을 제어하는 MCU, LDC가 작동할 때 발생 되는 고열을 냉각하도록 하였다.

(나) HPCU 제어 시스템 고전압 연결 요소

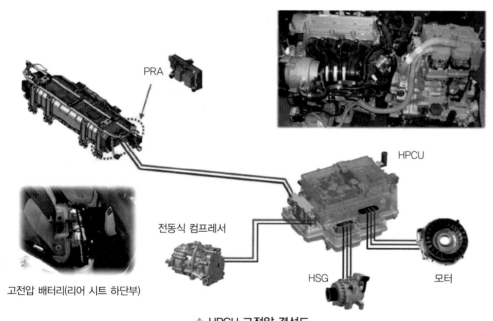

❖ HPCU 고전압 결선도
출처 : 기아자동차, [플러그인 하이브리드 자동차 개요] 정비교육 교재

(5) 전동식 워터 펌프(EWP)

(가) EWP 개요

EWP(Electric Water Pump)는 MCU에 의해 제어되며 자기 진단 기능이 있어 워터 펌프 의 고장여부를 MCU로 전송한다. HPCU의 온도가 45℃ 이상이거나 냉각수 온도가 35℃ 이상이 되면 MCU는 EWP(전동식 워터 펌프)를 구동시킨다. 전동식 워터 펌프는 하이브리드 시스템(HPCU, HSG)에서 냉각 회로의 냉각수를 순환시 키며 하이브리드 시스템

의 냉각수 온도가 한계점(MCU에 설정된) 이상으로 오르면, MCU 는 EWP를 작동하기 위해 CAN 커뮤니케이션을 사용하여 EWP로 명령 신호를 보낸다.

❖ **전동식 워터 펌프 냉각 라인**
출처 : 현대자동차, [플러그인 하이브리드 자동차] PHEV 신차교육교재

03 플러그인 하이브리드 자동차 시스템

1. 개요

가정용 전기나 외부 전기 콘센트에 플러그를 꽂아 종전안 전기로 주행하다가 충전한 전기가 모두 소모되면 가솔린 엔진으로 움직이는, 내연기관 엔진과 배터리의 전기 동력을 동시에 이용하는 자동차로, 하이브리드자동차에 전기자동차의 개념이 결합된 방식이다, PHEV는 HEV의 배터리 용량을 보다 더 확대해 EV 모드로 운행 가능한 영역을 넓혀 실제 44km(인증기준)까지도 배터리와 전기 모터 많을 가지고 운행할 수 있는 장점이 있다. 이러한 이유로 인해 CO_2 배출 없이 시내 주행이 가능하고, 고속도로에서는 엔진을 통한 주행으로 교체가 가능하므로 HEV의 장점과 EV의 장점을 모두 갖춘 친환경 자동차라고 볼 수 있다.

2. PHEV 구성

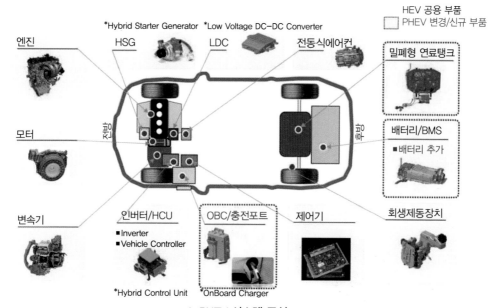

❖ PHEV 시스템 구성

출처 : 현대자동차, [플러그인 하이브리드 자동차] PHEV 신차교육교재

3. 고전압 배터리 비교

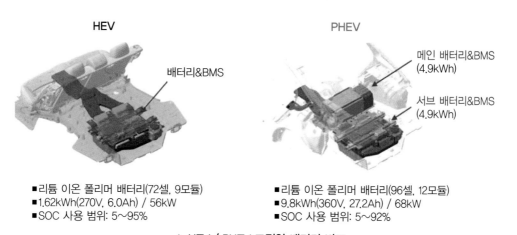

HEV

- 리튬 이온 폴리머 배터리(72셀, 9모듈)
- 1.62kWh(270V, 6.0Ah) / 56kW
- SOC 사용 범위: 5~95%

PHEV

- 리튬 이온 폴리머 배터리(96셀, 12모듈)
- 9.8kWh(360V, 27.2Ah) / 68kW
- SOC 사용 범위: 5~92%

❖ HEV / PHEV 고전압 배터리 비교

출처 : 현대자동차, [플러그인 하이브리드 자동차] PHEV 신차교육교재

4. PHEV 고전압 배터리 구성품 특징

(1) 배터리 모듈

1) 패키지 최적화를 위한 2팩 분리형 탑재

   - 리 어 시트 후방 (Main), 타이어웰 (Sub)

2) 360V급 리튬 이온 폴리머 배터리

3) 최대출력 : 방전 56kW (시스템 요구출력)

4) 정격에너지 : 8.6 kWh

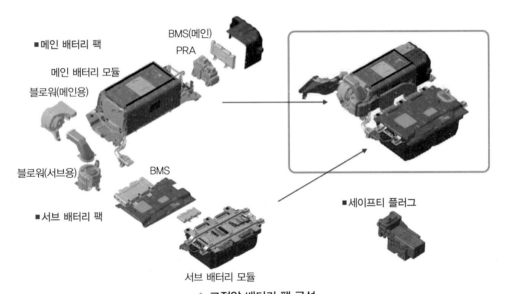

❖ 고전압 배터리 팩 구성

출처 : 현대자동차, [플러그인 하이브리드 자동차] PHEV 신차교육교재

(2) BMS

1) 배터리 시스템 모니터링

   - HW : Master, Slave 구조적용

   - SW : 배터리 열화 예측 기능 적용

■ 메인 배터리 팩

쿨링팬
쿨링팬
7 8 9 10 11 12
VPD
P R A
B M S
FUSE

연결 커넥터
■ 서브 배터리 팩

VPD
- 1 +
+ 6 -
- 2 +
BMS
5
- 3 +
4
VPD
+ - +
FUSE

세이프티 플러그

❖ PHEV 고전압 배터리 구성품
출처 : 현대자동차, [플러그인 하이브리드 자동차] PHEV 신차교육교재

(3) 냉각 시스템

(가) 개요

고전압 배터리는 메인과 서브로 나뉘어 있고 배터리 상단에 냉각핀을 추가 설치하여 냉각 효과를 향상시켰다. BMS는 HCU에서 Ready 신호를 수신한 후 배터리 온도가 상승할 경우 블로어 릴레이를 구동하고 PWM 신호를 통해 팬 속도를 제어한다. 또한 Feed Back 라인을 통해 팬의 상태를 판단하여 고장 진단을 수행한다.

고전압 배터리는 팬 제어를 통해 평균 30℃ 이하를 유지하며, 배터리 온도가 32℃를 초과하면 동작을 시작한다. 도장작업 시 70℃에서 약 30분 (80℃에서 약 20분) 방치 가능하며, 장기간 노출 시 배터리의 퇴화가 진행될 수 있으므로 주의해야 한다.

(나) 주요 기능

1) 배터리 팩 분리 냉각 : 메인/ 서브 각각 블로워 적용

2) 냉각팬 및 냉각 덕트 : 냉각 소음 및 전자파 개선

3) H-CAN

가) 팬이 구동되지 않을경우 모터 불량인지, 외부 커넥터(전원 접지 등) 접촉 불량인지 판단하기 위해 적용(고장진단목적)

나) 속도제어(PWM) 라인과 동일한 모터 속도 신호 출력(둘 중 하나가 정상일 경우 냉각
   팬 정상 동작)

4) 속도제어

가) BMS에서 블로워 모터로 팬 속도 신호 전송

나) 팬 속도제어(5V / PWM 신호 출력하여 듀티(-) 제어)

다) 1단(500RPM, 20% Duty)~9단(3850RPM, 90% Duty)총 9단계 속도제어

5) Feed Back

가) 블로워 모터에서 BMS로 팬 속도 Feed Back

나) 팬 속도 Feed Back(5V / Hz로 출력)

가) 1단(15Hz) ~ 9단(130Hz) 총 9단계 속도 Feed Back

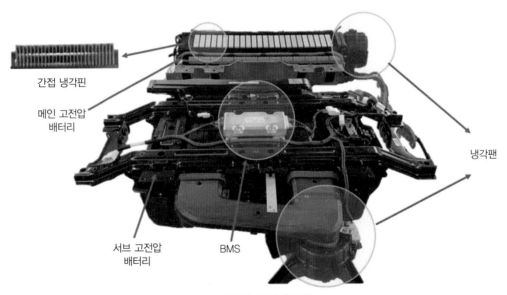

간접 냉각핀

메인 고전압
배터리

냉각팬

서브 고전압
배터리

BMS

❖ **고전압 배터리 모듈**
출처 : 현대자동차, [플러그인 하이브리드 자동차] PHEV 신차교육교재

(4) PRA

(가) PRA 작동

1) Ready 브레이크 페달을 밟은 상태로 시동 버튼을 누르면 HCU는 고전압 시스템 진단 후 이상이 없을 경우 Ready 상태로 진입한다.

2) BMS는 HCU 신호에 의해 12V 전원을 해당 릴레이로 인가하여 구동하고 고전압 배터리 전원을 HPCU에 장착된 고전압 정선 블럭을 통해 인버터로 출력하여 고전압 장치가 구동 준비 상태가 될 수 있도록 고전압을 공급한다.

(나) 릴레이 작동순서

1) HCU로부터 릴레이 구동 신호 입력

2) 프리차지 릴레이 구동

3) 메인 릴레이(-) 구동(인버터 내부 콘덴서 충전 및 돌입 전류 감소)

4) 메인 릴레이(+) 구동(정상적인 고전압 공급)

5) 프리차지 릴레이 차단

6) 고전압 시스템에 안정적인 고전압 공급(360V)

(다) 고전압 메인 릴레이 전압 : 정격 360V / 100A

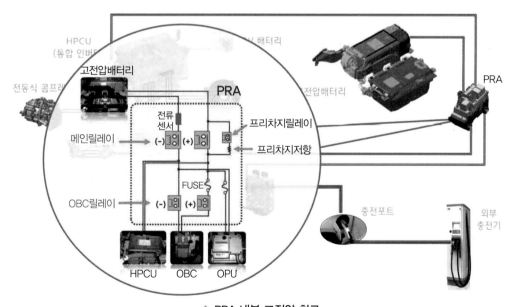

❖ PRA 내부 고전압 회로

출처 : 현대자동차, [플러그인 하이브리드 자동차] PHEV 신차교육교재

(라) PRA 구성도

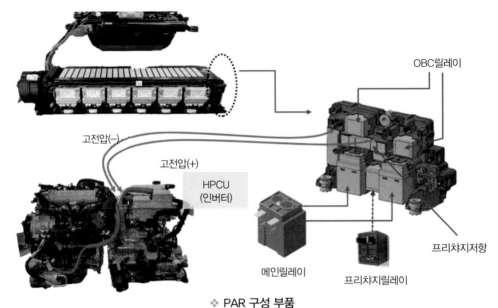

❖ PAR 구성 부품
출처 : 현대자동차, [플러그인 하이브리드 자동차] PHEV 신차교육교재

(마) PRA 구성품 역할

1) 메인 릴레이(+, –)

고전압 배터리에서 공급되는 전원을 인버터(고전압 장치)에 공급 또는 차단 (+) 릴레이에서 출력된 전원은 (-) 릴레이를 통해 고전압 배터리로 접지

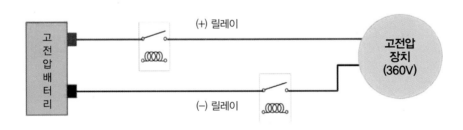

❖ 메인 릴레이 등가회로
출처 : 현대자동차, [플러그인 하이브리드 자동차] PHEV 신차교육교재

2) 프리차지 릴레이, 저항

고전압 릴레이 및 고전압 커패시터 보호(초기 충전 회로) 메인 릴레이 구동 전, 먼저 구동되어 고전압을 프리차지 저항을 통해 인버터로 공급하여 급격한 고전압 입력에 따른 돌입전류를 방지한다. 프리차지 릴레이는 (+) 전원만 릴레이를 통해 공급하며, 공급된 전원은 (-) 메인 릴레이를 통해 고전압 배터리로 접지된다.

3) 전류센서

고전압 배터리를 통해 입·출력 공급되는 전류량 검출

(바) 고전압 릴레이 점검

고전압 릴레이는 일반 릴레이와 동일 한 방법으로 점검한다. 릴레이 코일 단은 BMS가 인가하는 저전압 (12V)을 통해 구동되며, 릴레이가 구동 되면 접점을 통해 고전압 (360V)이 HPCU 측면의 고전압 정선 블록으로 인가된다.

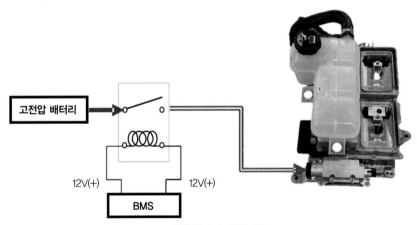

❖ **고전압 릴레이 작동 회로**
출처 : 현대자동차, [플러그인 하이브리드 자동차] PHEV 신차교육교재

– 메인 릴레이 코일 저항 : 약 27Ω (기준값 26.2±10%)

– 프리차지 릴레이 코일 저항 : 105Ω (기준값 103±10%)

– 프리차지 저항 : 40Ω (기준값 40Ω)

　 일반 릴레이, 저항 측정 방법과 동일한 방법으로 측정

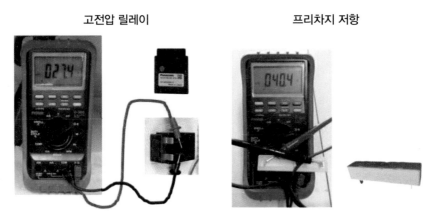

고전압 릴레이　　　　　　　프리차지 저항

출처 : 현대자동차, [플러그인 하이브리드 자동차] PHEV 신차교육교재

4. 고전압 입·출력 요소

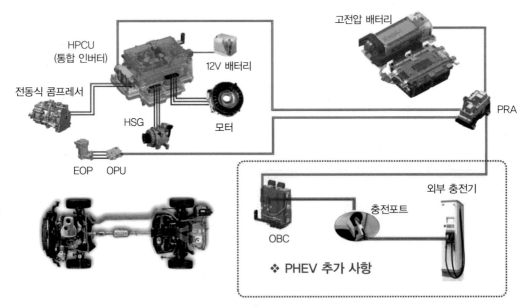

❖ PHEV 입출력 블록 다이어그램

출처 : 현대자동차, [플러그인 하이브리드 자동차] PHEV 신차교육교재

5. 주요 기능

(1) 과충전 방지 스위치 (VPD Voltage Protect Device)

1) 고전압 배터리가 과충전되면 배터리 팩이 부풀어 오를 수 있는데 이렇게
   부풀어 오르는 것을 감지하기 위한 스위치를 VPD라고 한다.

2) **장착 위치** : 메인 배터리 PRA 측면 1EA, 서브 배터리 측면 2EA

3) **구성** : 스위치 & 릴레이

4) **감지 방법** : 배터리 과충전 때문에 배터리 팩이 부풀어 오를 경우 접지 라인 단선에 의
   해 PRA차단

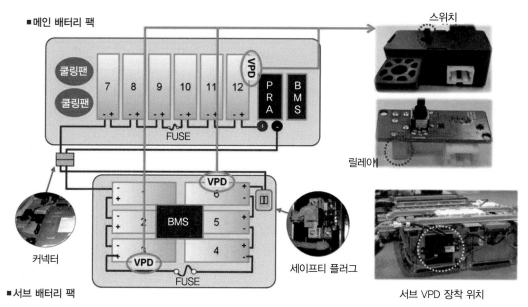

❖ **과충전 방지 스위치 장착 위치**
출처 : 현대자동차, [플러그인 하이브리드 자동차] PHEV 신차교육교재

(2) VPD 회로 및 작동

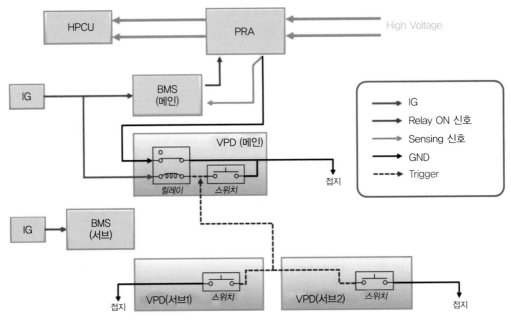

❖ **VPD 회로 블록 다이어그램**
출처 : 현대자동차, [플러그인 하이브리드 자동차] PHEV 신차교육교재

VPD 작동

- VPD 릴레이 : Normal close 타입
- VPD 스위치 : Normal open 타입
- 3개의 VPD 중 어느 하나라도 배터리의 부풀어 오름을 감지하게 되면 스위치를 누르게 된다.
- VPD 스위치가 눌러지면 메인 VPD 내부의 릴레이 접점이 이동해 PRA 접지 측 라인이 OPEN 상태가 된다.
- 이때 BMS(Main)에서 이 신호를 감지해 DTC와 경고등을 띄운다.

6. 안전 플러그

(1) 개요

안전 플러그는 수동으로 고전압 배터리 연결 회로를 단선시켜 차량에 공급되는 고전압 전원을 차단한다.

(2) 위치 및 역할

고전압 배터리 4개 모듈은 직렬로 연결되어 하나의 배터리 팩을 구성한다. 안전 플러그는 12번과 13번 모듈 사이(SUB 배터리)에 적용되어 차량 정비 시 플러그를 탈거하여 배터리 고전압 회로를 차단할 수 있다.

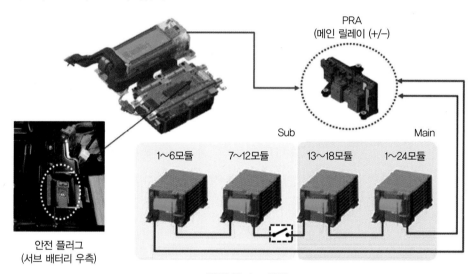

❖ 안전 플러그 위치

출처 : 현대자동차, [플러그인 하이브리드 자동차] PHEV 신차교육교재

(3) 전기자동차 정비 시 작업순서

1) IGN 전원을 Off 한다.
2) 절연 장갑을 착용한 상태에서 트렁크에 위치한 저전압 배터리 접지를 탈거한다.
3) 안전 플러그를 탈거한 후 약 10분 이상 대기 한다(인버터 내부에 충전된 고전압 방전 시간).
4) 고전압 직류 라인(PRA 또는 HPCU 고전압 정선박스 등)을 측정하여 0V인지 확인한다.
5) 안전에 주의하여 차량을 점검한다.

7. 고전압 인터록 회로

(1) 인터록 개요

인터록 장치는 고전압을 사용하는 제어기 커넥터에 적용되어 있어, 정상적인 커넥터 체결상태를 감지한다. HEV, PHEV, EV 차량에는 여러 개의 인터록 장치가 적용된다. 고전압 케이블의 체결상태를 확인하기 위해 각 제어기가 감지하며 전압변화를 감지하며, 고전압 커넥터 체결/해제 시 함께 체결된다.

❖ 인터록 커넥터

출처 : 현대자동차, [플러그인 하이브리드 자동차] PHEV 신차교육교재

(2) 기능

1) 제어기는 인터록 단자에 12V(DATC 기준) Pull-Up 전원 및 접지를 인가

2) 커넥터가 체결되면 두 배선이 단락되어 특정 전압값을 출력되며, 제어기는 정상으로 커넥터가 체결 되었다고 판단한다.

3) 커넥터 탈거 시 Pull- Up(12V) 전원이 유지되므로, 커넥터 미 체결로 판단.

4) 주행 중 인터록 탈거 시 현재 주행 상태는 유지하나, 정차 시 PRA를 Off 시켜 고전압을 차단한다.

5) 정차 중 인터록 탈거 시 즉시 PRA를 Off하여 고전압을 차단한다.

(3) 인터록 회로 구성 상세위치

HPCU 고전압 배터리 연결부(HCU)

인터록 회로

OBC DC 컨텍터 입구

인터록 회로

HPCU 고전압 배터리 연결부(HCU)

인터록 회로

배터리 연결부 & 안전 플러그

인터록 회로

출처 : 현대자동차, [플러그인 하이브리드 자동차] PHEV 신차교육교재

04 전기자동차 고전압 장치

1. 고전압 배터리

(1) 고전압 배터리 구성

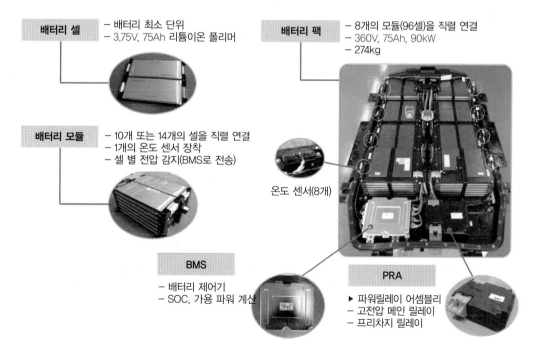

| 배터리 셀 | – 배터리 최소 단위
– 3.75V, 75Ah 리튬이온 폴리머 |

| 배터리 팩 | – 8개의 모듈(96셀)을 직렬 연결
– 360V, 75Ah, 90kW
– 274kg |

| 배터리 모듈 | – 10개 또는 14개의 셀을 직렬 연결
– 1개의 온도 센서 장착
– 셀 별 전압 감지(BMS로 전송) |

온도 센서(8개)

| BMS | – 배터리 제어기
– SOC, 가용 파워 계산 |

| PRA | ▶ 파워릴레이 어셈블리
– 고전압 메인 릴레이
– 프리차지 릴레이 |

❖ 고전압 배터리 구성

출처 : 기아자동차, [쏘울 전기자동차] EV 신차교육교재

(2) 고전압 배터리 구성품

구분	설명
배터리 셀	전기적 에너지를 화학적 에너지로 변환하여 저장하거나 화학적 에너지를 전기적 에너지로 변환하는 고전압 배터리 최소 구성단위
배터리 모듈	10개 또는 14개의 셀을 직렬 연결한 배터리 단위
배터리 팩	8개의 모듈을 연결한 고전압 배터리 전체
BMS	Battery Management System 배터리 상태를 측정(전압/전류/온도)하여 배터리 상태를 판단, 관리하는 제어기 VCU와 CAN을 통해 메시지를 주고받으며 배터리 상태에 따른 차량 협조 제어를 수행
PRA	Power Relay Assembly, 배터리 시스템의 전원을 단속하는 장치
안전 플러그	배터리팩의 고전압 회로를 수동적으로 차단하는 장치

(가) PRA

(1) PRA 고전압 회로

고전압 회로를 연결하기 위한 고전압 전용 릴레이와 프리차지 릴레이, 고전압 연결용 버스-바 전류 센서 등을 모아 놓은 부품을 PRA(파워 릴레이 어셈블리)라고 한다. PRA 내부의 고전압 릴레이를 메인 릴레이라고 부르며 이 메인 릴레이가 붙어야만 고전압 회로가 정션 블록에 공급되는데, 메인 릴레이는 Ready 상태에서 BMS에 의해 단계적으로 제어된다.

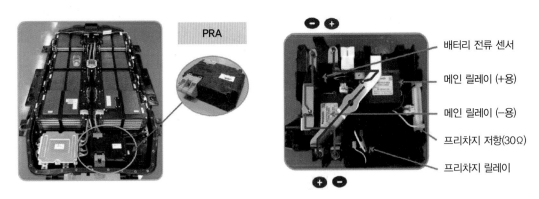

❖ 파워 릴레이 어셈블리
출처 : 기아자동차, [쏘울 전기자동차] EV 신차교육교재

(2) PRA 제어

Ready시 고전압 +, - 회로를 고전압 정선 블록에 공급하기 위해 BMS에서 메인 릴레이를 작동시키는데, 이때 고전압을 곧바로 정선 블록에 공급하게 되면 돌입 전류로 인해 인버터가 손상될 수 있다.

이를 방지하기 위해서 프리차지 릴레이와 저항을 통해 정선 블록 내에 있는 커패시터를 우선 충전한 다음 고전압이 공급되도록 한다.

| 메인 릴레이(-)ON | 프리차지 릴레이 ON | 커패시터 충전(80%) | 메인 릴레이(+) ON | 프리차지 릴레이 OFF |

❖ Ready 작동 흐름도

돌입 전류란 변압기, 전동기, 콘덴서 등의 회로 개폐기를 투입한 경우 순식간에 증가 되고 바로 정상 상태로 되돌아가는 과도전류를 말한다.

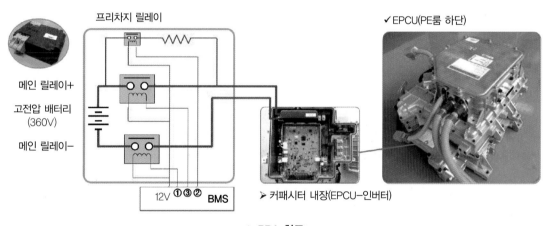

❖ PRA 회로

출처 : 기아자동차, [쏘울 전기자동차] EV 신차교육교재

(나) BMS 시스템

(1) 개요

고전압 배터리는 전기차의 주행 및 각종 제어에 있어서 가장 중요한 동력원이기 때문에 배터리의 에너지 상태를 파악하고 이에 따른 적절한 에너지 분배를 하기 위한 별도의 제어 시스템이 필요하다.

BMS는 차량에서 사용하는 고전압에 대한 가용 파워를 VCU(차량 통합 제어기와 인버터로 전송해 주고 현재 배터리의 상태를 SOC로 계산해 알려주는 기능을 한다. 또한 고전압 배터리의 각 셀당 전압편차를 보정 하기 위한 셀밸런싱 기능과 배터리 온도에 따라 냉각팬을 구동하는 기능이 있다.

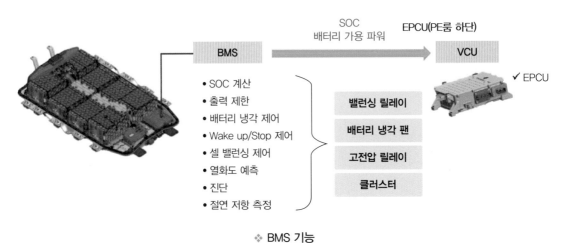

❖ BMS 기능
출처 : 기아자동차, [쏘울 전기자동차] EV 신차교육교재

(2) BMS 구조

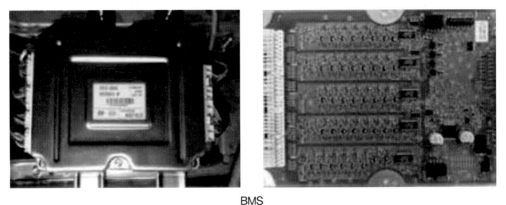

BMS
출처 : 현대자동차, [플러그인 하이브리드 자동차] PHEV 신차교육교재

(2) BMS 제어 시스템

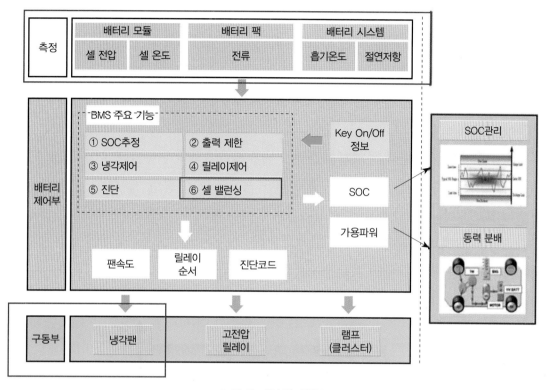

❖ BMS 제어 등가회로
출처 : 현대자동차, [플러그인 하이브리드 자동차] PHEV 신차교육교재

1) 리튬이온 폴리머 배터리 셀 밸런싱

리튬이온 폴리머 배터리는 과전압이 발생할 경우 셀 성능이 급격히 저하되는 특성이 있다. 또한 총 96개의 셀을 모아서 고전압 배터리를 구성하고 있기 때문에 각 셀이 지니고 있는 잔류 전하량이 다르게 되면 종전 전압 또한 편차가 생겨 일부 셀이 다른 셀보다 먼저 최대 전압에 이르는 현상이 발생하기도 한다. 이로 인해 셀의 균형이 깨지고 셀 충전 및 용량 불일치로 인해 주행거리에 대한 신뢰도가 낮아지게 된다.

이러한 현상을 막기 위해 BMS에서는 셀 밸런싱 기능을 수행하는데, BMS 내부에 96개의 밸런싱 릴레이를 두어 해당 셀과 연결된 저항을 이용해 에너지를 열로 소산 시키는 방법을 이용한다(패시브 방식이라고 함). 총 96개의 셀 가운데 가장 낮은 셀 전압에 맞추어 다른 셀의 방전을 유도함으로써 셀의 균형을 맞추게 된다. 셀 간 전압 차가 최대 1.0V 이내가 되도록 제어하며 1.5V 이상이 되면 DTC가 출력되고 경고등이 점등된다.

- BMS 내부에 96개의 밸런싱 릴레이를 두어 해당 셀과 연결된 저항을 이용해 에너지를 열로 소산
- 가장 낮은 셀 전압에 맞추어 다른 셀의 방전을 유도함으로써 셀의 균형을 맞춤
- 셀 간 전압 차가 최대 1.0V 이내가 되도록 제어한다.

2) SOC 균형 제어

전기차의 실제 운행 중에는 배터리 상태가 매우 불규칙하게 변동된다. 이를 적정한 범위 내에서 제어하고 과충전과 과방전을 막기 위한 제어를 SOC 균형 제어라고 한다. BMS는 배터리 SOC 값을 산출하여 95% 이상에서는 충전을 제한하고, 5% 미만에서는 방전을 제한하도록 VCU에 요청한다. VCU는 고전압 배터리가 최적의 효율을 낼 수가 있는 영역 내에서 SOC를 유지하도록 각종 파워를 제어한다.

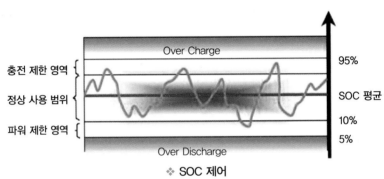

❖ SOC 제어

출처 : 기아자동차, [쏘울 전기자동차] EV 신차교육교재

3) EV 출력 제어

전기차는 배터리를 얼마나 아껴 쓰느냐에 따라 주행가능 거리가 달라지기 때문에, 현재 배터리 상태에 따라 출력을 적절히 제어하는 것은 매우 중요한 일이다. 전기차의 출력은 배터리의 가용할 수 있는 출력 범위 내에서 결정되는데, 이 범위를 결정하고 VCU로 보내주는 역할을 BMS에서 실시하는 것이다. VCU 또한 요구되는 파워를 BMS로 보내는데 이렇듯 양 제어기 간 상호 균형을 맞춰서 전기차의 최종 출력이 결정되는 것이다.

4) 충·방전 출력 제한

전기자동차의 고전압 배터리는 온도에 따라 성능이 달라진다. 가장 효율적인 온도 구간은 20℃~45℃ 이내이며 이를 위해 냉각, 온도 상승 시스템이 필요하게 된다. 또한 온도에 따라 배터리의 특성이 달라지기 때문에 저온 구간에서는 충·방전 출력을 제한해야 하는데 저온에서 방전을 무리하게 할 경우 배터리의 성능이 급격하게 떨어지게 되고 또 한 지나친 충전을 할 경우에도 리튬금속의 석출 현상이 일어날 수 있기때문에 충전과 방전에 대한 한계선을 두어 이 범위 이내에서만 가용할 수 있는 파워를 허락하는 것이다.

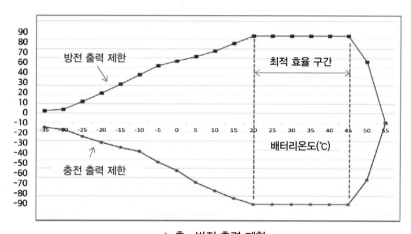

❖ 충·방전 출력 제한
출처 : 기아자동차, [쏘울 전기자동차] EV 신차교육교재

5) 고전압 배터리 냉각

고전압 배터리 팩의 온도는 통상 30℃ 이하로 유지된다. 이를 위해서 온도가 높을 경우 냉각팬을 구동해 냉각을 시키게 되는데, 좌측 그림에서처럼 냉각팬은 차량 후면에 위치해 있으며 냉각 통로는 앞자리 시트 하부를 통해서 배터리를 거쳐 아웃렛 덕트로 배출되는 구조로 되어 있다. 냉각팬은 총 9단으로 제어되며 BMS에 의해 배터리 온도에 따른 속도제어를 실시한다.

❖ 고전압 배터리 냉각 시스템
출처 : 기아자동차, [쏘울 전기자동차] EV 신차교육교재

6) 고전압 안전 플러그

고전압 배터리 또는 고전압 관련 부품 취급 시에는 반드시 안전 플러그를 탈거한 후 작업에 임해야 한다. 또한 안전 플러그 제거 후라도 인버터 내부의 커패시터(콘덴서)에 충전되어있는 고전압을 방전시키기 위해 5~ 10분 가량 대기해야 한다. 또한 고전압 배터리 좌·우측 모듈을 분리하여 고전압 전원공급의 흐름을 완전 차단한다.

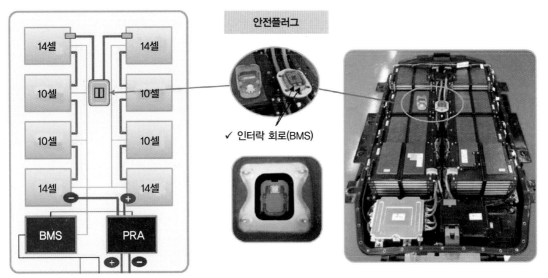

❖ **고전압 안전 플러그 등가회로**
출처 : 기아자동차, [쏘울 전기자동차] EV 신차교육교재

2. 고전압 회로

(1) **급속 충전** : 급속 충전기에서 직접 고전압 정선 블록으로 전원 공급 고전압 배터리 충전 200A 충전용 릴레이는 통신을 통해 충전기에서 BMS로 신호 입력

(2) **완속 충전** : 외부 완속 충전기에서 차량 내 완속 충전기인 OBC를 거쳐DC로 변환 후 고전압 정선 블록으로 공급

(3) **모터 구동/충전** : 고전압 배터리팩 → 고전압 정선블록 → EPCU(MCU/인버터) → 구동 모터

(4) **전동식 컴프레서 및 PTC 히터** : 고전압 정선 블록에서 고전압 분배 (FATC에서 제어)

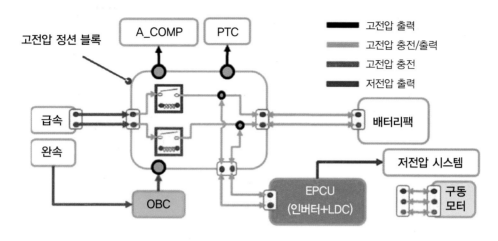

❖ 고전압 회로
출처 : 기아자동차, [쏘울 전기자동차] EV 신차교육교재

3. 고전압 정션 블록

　PE 룸 내에는 고전압 정션 블록과 완속충전기, EPCU가 3개의층을 이루어 놓여져 있다. 고전압 정션 블록은 고전압 배터리의 에너지를 고전압 부품으로 각각 분배해 주고, 또한 급속 및 완속 충전기를 통한 입력 전원을 고전압 배터리로 보내주는 역할을 한다. 고전압 정션 블록 내부에는 충전용 200A 릴레이 모듈과 고용량 FUSE 모듈이 있다.

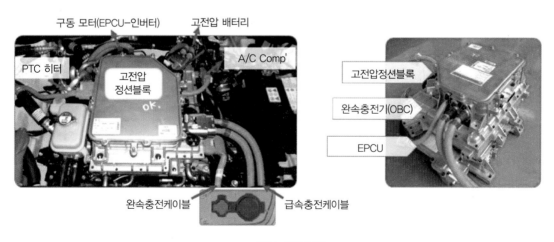

❖ 고전압 정션 블록
출처 : 기아자동차, [쏘울 전기자동차] EV 신차교육교재

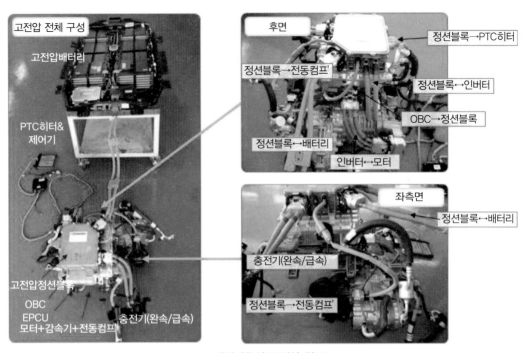

❖ **전기자동차 고전압 회로**
출처 : 기아자동차, [쏘울 전기자동차] EV 신차교육교재

4. 전력 변환 장치

전력변환장치는 전기차의 고전압 배터리 전압을 차량용 12V로 변환시키는 장치인 LDC 와 구동 모터로 보내주기 위해 고전압 직류를 교류로 변환하는 장치인 인버터, 그리고 외부 의 220V 교류전원을 전기차용 360V 직류로 변환해 주는 완속 충전기인 OBC 등을 말한다.

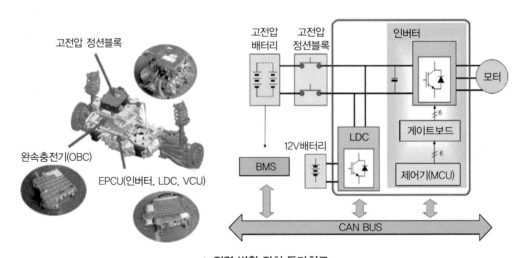

❖ **전력 변환 장치 등가회로**
출처 : 기아자동차, [쏘울 전기자동차] EV 신차교육교재

(1) OBC(On Board Charger)

차량 내부에 장착된 충전기로 AC 220V 교류 전압을 DC 250~450V로 변환시켜 고전압 배터리를 충전시킨다. OBC는 모든 전기자동차나 PHEV에 장착되어 있다.

(2) 인버터 (MCU, EPCU 내장)

인버터와 제어 보드를 포함한 모듈 형태를 말하며 내부에는 고전압을 다양한 형태로 변환하기 위한 인버터 부와 모터의 속도를 제어하는 제어부, 고전압을 분배하는 파워보드, 그리고 LDC와 냉각장치가 있다.

(3) LDC(HPCU 내장 – Low Voltage DC-DC converter)

고전압을 12V DC로 변환시켜주는 컨버터로 HPCU 안에 내장되어 있다.

(4) E-COMP (전동식 콤프레서)

콤프레서로 공급되는 DC 360V 전압을 내부에 있는 인버터에서 교류로 변환한다.

(가) OBC

주차 중 110V, 220V AC 전원으로 EV나 PHEV에 탑재된 고전압 배터리를 충전시키는 차량 탑재형 충전기로 AC 교류 입력을 DC 직류 출력으로 변환한다.

| DC 250V ~ 413V로 충전 | OBC에서 DC로 변환 | 완속충전 스탠드 또는 ICCB(휴대용 충전케이블) |

출처 : 기아자동차, [쏘울 전기자동차] EV 신차교육교재

(나) MCU

1) 인버터

인버터는 구동 모터로 공급되는 고전압을 직류에서 교류로 변환하고, 또는 교류 전압을 직류로 변환하는 역할을 한다. EV / HEV 모드에서 구동용으로 사용되는 모터와 HSG는 교류 모터이므로 3상(X, Y, Z) 교류로 제어해야 하며 이 역할을 인버터가 하고, 모터의 회전 속도와 토크 등의 제어는 제어 보드에서 (MCU) 담당하게 된다.

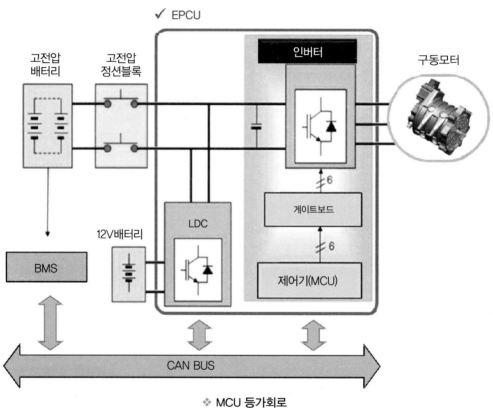

❖ MCU 등가회로
출처 : 기아자동차, [쏘울 전기자동차] EV 신차교육교재

2) 인버터 회로

모터를 구동시키는 방법은 인버터 내부의 전력용 반도체를 사용하여 특정한 주파수와 전압을 가진 교류로 변환시켜 회전 속도를 제어하는 것이다.

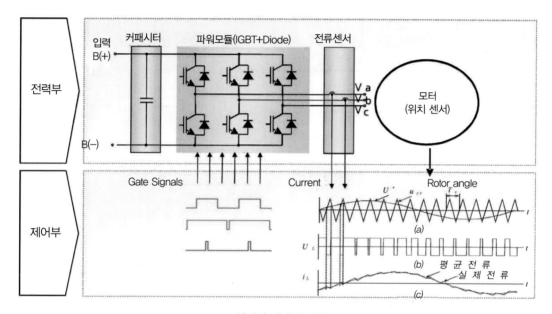

❖ **인버터 제어 등가회로**
출처 : 기아자동차, [쏘울 전기자동차] EV 신차교육교재

- PHEV 충전 : 완속 충전기만 이용 가능(급속충전기 포트 없음)
- ICCB(In Cable Control Box) : 휴대용 종전케이블은 옵션으로 별도 판매.

(다) LDC (Low DC -DC Converter)

전기차는 고전압 360V와 저전압 12V 배터리를 모두 사용한다. 고전압은 모터, 전동식 컴프레서, PTC 히터 등에 사용되지만 그외에 차량에 필요한 모든 전장품들과 제어기들은 12V 전원을 이용한다. 12V 배터리를 충전해주는 변환 장치를 LDC라고 한다. 내연기관 엔진의 발전기와 같은역할을 하는 LDC는 EPCU 내부에 있으며 360V의 고전압을 차량용 12V로 변환시켜 준다.

12V 배터리는 배터리 센서를 통해 BCM으로 LIN 통신을 통해 메시지를 보내면 이 신호를 가지고 VCU가 SOC를 계산해서 LDC의 출력전압을 조절한다.

– 회생 제동 시 : 회생 제동 전압으로 LDC에 공급

– 12V 배터리 충전 : Ready 모드 이상에서만 실시

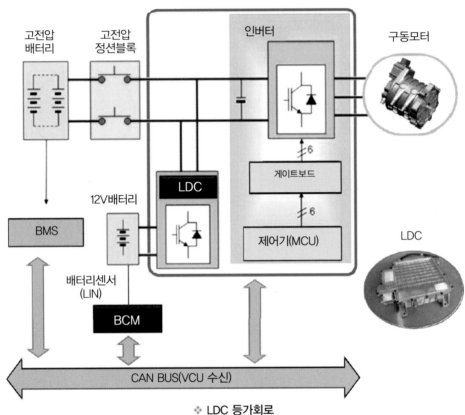

❖ LDC 등가회로
출처 : 기아자동차, [쏘울 전기자동차] EV 신차교육교재

05 고전압 안전 시스템

1. 개요

전기 자동차는 고전압 배터리를 포함하고 있어서 시스템이나 차량을 잘못 건드릴 경우 심각한 누전이나 감전 등의 사고로 이어질 수 있다. 그러므로 고전압 시스템 작업 전에는 반드시 안전 진단을 해야 한다.

2. 고전압 작업 전 보호구 착용

1) 금속성 물질은 고전압의 단락을 유발하여 인명과 차량을 손상시킬 수 있으므로 작업 전에 반드시 몸에서 제거해야 하며(금속성 물질 : 시계, 반지, 기타 금속성 제품 등), 고전압 시스템 관련 작업 전에는 안전사고 예방을 위해 개인 보호 장비를 착용해야 한다.

2) 고전압계 부품 작업 시, '고전압 위험 차량' 표시를 하여 타인에게 고전압 위험을 주지시킨다.

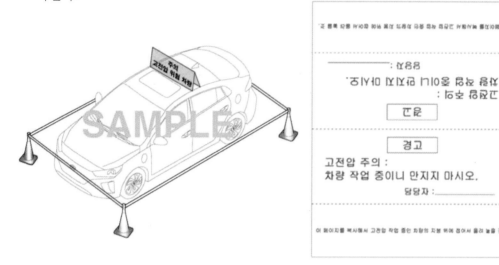

❖ 고전압 위험 차량 표지판 　　　　　❖ 경고 표지판

출처 : ㈜ 골든벨(2021), [전기자동차매뉴얼 이론&실무]

3) 절연 장갑의 안전성을 점검한다.

- 절연 장갑을 위와 같이 접는다.
- 공기 배출을 방지하기 위해 3~4번 더 접는다.
- 찢어지거나 손상된 곳이 있는지 확인한다.

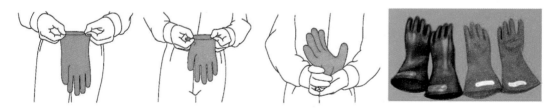

❖ 절연 장갑 점검 방법
출처 : ㈜ 골든벨(2021), [전기자동차매뉴얼 이론&실무]

3. 고전압 배터리 시스템 기본 점검

(1) 기본 점검

(가) 간헐적으로 발생하는 문제 점검

1) 고장 코드(DTC)를 메모한 후 삭제한다.

2) 커넥터의 연결 상태 및 각 단자의 결합 상태, 배선과의 연결 상태, 굽힘, 파손, 오염 및 커넥터의 고정상태를 점검한다.

3) 와이어링 하니스를 상하·좌우로 살짝 흔들거나 또는 온도 센서일 경우 헤어드라이어를 사용하여 적합한 열을 가하면서 고장 현상의 재현 여부를 점검한다.

4) 수분의 영향이라고 생각하면 전기 부품을 제외한 차량 주변에 물을 뿌리면서 점검한다.

5) 전기적 부하의 영향이라고 여겨지면 오디오, 냉각팬, 램프 등을 작동하면서 점검한다.

6) 결함이 있는 부품은 수리 또는 교환한다.

7) GDS를 이용하여 문제가 해결되었는지 점검한다.

(나) 커넥터 취급 방법

1) 커넥터 분리 시 커넥터를 당겨서 분리하고 와이어링 하니스를 당기지 않는다.

2) 록(Lock)이 부착된 커넥터 분리 시 록킹 레버(Locking Lever)를 누르거나 당긴다.

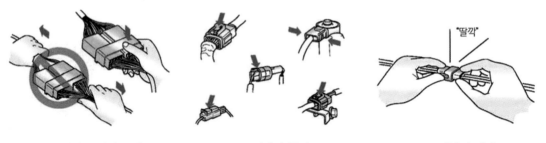

❖ 커넥터 분리시 주의   ❖ 커넥터 록킹   ❖ 커넥터 체결

출처 : ㈜ 골든벨(2021), [전기자동차매뉴얼 이론&실무]

3) 커넥터 연결 시 "딸깍" 하는 장착 음이 들리는지 확인한다.

4) 통전 상태 점검이나 전압 측정 시 항상 테스터 프로브를 와이어링 하니스 측에 삽입한다.

5) 방수 처리된 커넥터의 경우는 와이어링 하니스측이 아닌 커넥터 터미널 측을 이용한다.

(다) 커넥터 점검 방법

1) 커넥터가 연결되어 있을 때: 커넥터의 연결 상태 및 록킹(Locking) 상태
2) 커넥터가 분리되어 있을 때: 와이어링 하니스를 살짝 당겨서 단자의 유실, 주름 또는 내부 와이어 손상에 대하여 점검한다. 그리고 녹 발생, 오염, 변형 및 구부러짐에 대하여 육안으로 점검한다.
3) 단자 체결 상태: 단자(凹)와 단자(凸) 사이의 체결상태를 점검한다.
4) 각각의 배선을 적당한 힘으로 당겨서 연결 상태를 점검한다.

(라) 커넥터 터미널 수리

1) 커넥터 터미널의 연결 부위를 에어건이나 페이퍼 타월로 세척한다.
2) 커넥터 터미널에 사포를 이용할 경우 손상될 수 있으니 주의한다.
3) 커넥터간의 체결력이 부족할 경우는 터미널(凹)을 수리 또는 교체한다.

(마) 와이어링 하니스 점검 절차

1) 와이어링 하니스를 분리하기 전에 와이어링 하니스의 장착 위치를 확인하여 재설치 및 교환 시 활용 한다.
2) 꼬임, 늘어짐, 느슨함에 대하여 점검한다.
3) 와이어링 하니스의 온도가 비정상적으로 높지는 않은지 점검한다.
4) 회전 운동, 왕복 운동 또는 진동을 유발하는 부분이 와이어링 하니스와 간섭되지는 않은지 점검한다.
5) 와이어링 하니스와 단품의 연결 상태를 점검한다.
6) 와이어링 하니스의 피복의 상태를 점검한다.

4. 고전압 배터리 전기적인 회로 점검 방법

(1) 단선 회로 점검 방법

그림과 같이 단선 회로 발생 부분은 통전 점검 방법과 전압 점검 방법으로 고장 부위를 찾을 수 있다.

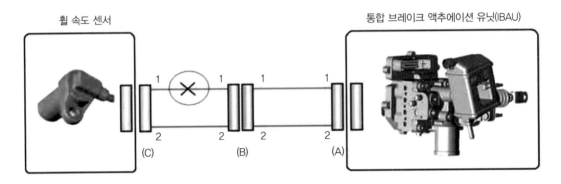

❖ **단선 회로 점검**
출처 : ㈜ 골든벨(2021), [전기자동차매뉴얼 이론&실무]

(가) 통전 점검 방법

1) A 커넥터와 C 커넥터를 분리하고, 커넥터 A 와 C 사이의 저항을 측정 한다. 그림의 라인 1의 측정 저항 값이 "1MΩ 이상"이고, 라인2의 측정 저항 값이 "1Ω 이하"라면, 라인1이 단선 회로이다.

2) (라인2는 정상) 정확한 단선 부위를 찾기 위해서 라인1의 서브 라인을 점검한다.

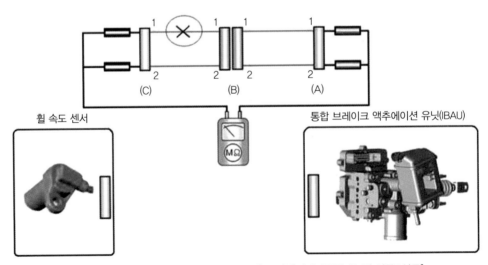

❖ **회로 통전 점검 방법**　출처 : ㈜ 골든벨(2021), [전기자동차매뉴얼 이론&실무]

3) B 커넥터를 분리하고, 커넥터 C 와 B 1, 커넥터 B 2와 A 사이의 저항을 측정한다. C 와 B 1사이의 측정 저항 값이 "1MΩ이상"이고, B 2와 A 사이의 측정 저항 값이 "1Ω이하"라면, 커넥터C 의 1번 단자와 커넥터 B 1의 1번 단자 사이가 단선 회로이다.

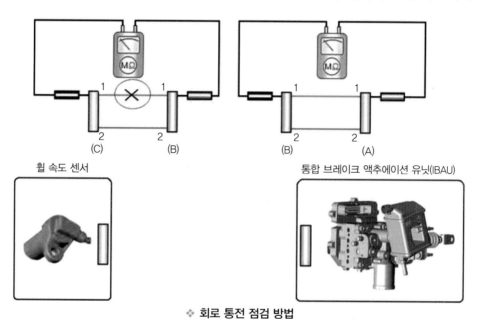

❖ 회로 통전 점검 방법

출처 : ㈜ 골든벨(2021), [전기자동차매뉴얼 이론&실무]

(나) 전압 점검 방법

1) 모든 커넥터가 연결된 상태에서 각 커넥터A , B , C 커넥터의 1번 단자와 섀시 접지 사이의 전압을 측정한다.

2) 측정 전압이 각각 5V, 5V, 0V라면, C 와 B 사이의 회로가 단선 회로이다.

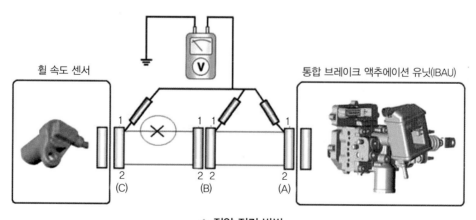

❖ 전압 점검 방법

출처 : ㈜ 골든벨(2021), [전기자동차매뉴얼 이론&실무]

(2) 단락(접지) 회로 점검 방법

단락(접지) 회로 발생 부분은 접지와의 통전 점검 방법으로 고장 부위를 찾을 수 있다.

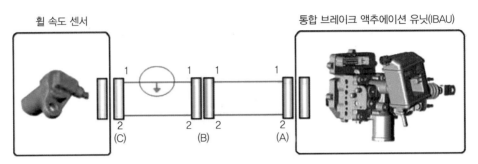

❖ **접지 단락 점검 방법**
출처 : ㈜ 골든벨(2021), [전기자동차매뉴얼 이론&실무]

1) A 커넥터와 C 커넥터를 분리하고, 커넥터 A 와 접지 사이의 저항을 측정 한다. 라인1 의 측정 저항 값이 "1Ω 이하"이고, 라인2의 측정 저항 값이 "1MΩ 이상"라면, 라인1 이 단락 회로이다.

2) 정확한 단락 부위를 찾기 위해서 라인1의 서브 라인을 점검한다.

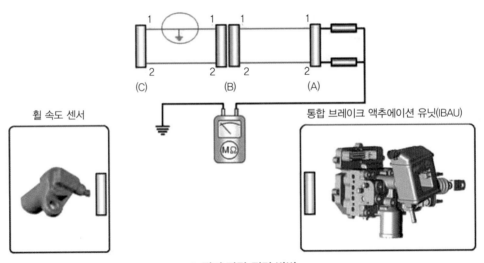

❖ **접지 단락 점검 방법**
출처 : ㈜ 골든벨(2021), [전기자동차매뉴얼 이론&실무]

3) B 커넥터를 분리하고 커넥터 A 와 섀시 접지, 커넥터 B 1와 섀시 접지 사이의 저항을 측정한다.

4) 커넥터 B 1와 섀시 접지 사이의 측정 저항 값이 "1Ω 이하"이고 커넥터 A 와 섀시 접

지 사이의 측정 저항 값이 "1MΩ 이상"이라면, 커넥터 B 1의 1번 단자와 커넥터 C 의
1번 단자 사이가 단락(접지) 회로이다.

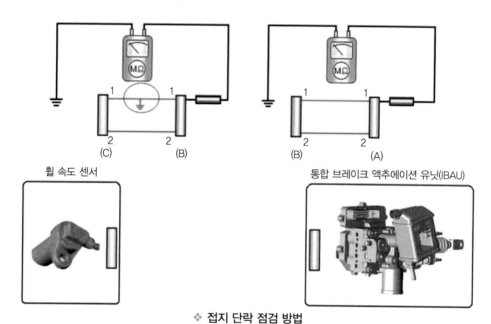

❖ 접지 단락 점검 방법
출처 : ㈜ 골든벨(2021), [전기자동차매뉴얼 이론&실무]

제5장
고전압 배터리 시스템

고전압 배터리 시스템

01 배터리 개요

1. 개요

(1) 납산 배터리

(가) 셀의 구성

납산 배터리는 수지로 만들어진 케이스 내부에 6개의 방(Cell)으로 나뉘어져 있고 각각의 셀에는 양극판과 음극판이 묽은 황산의 전해액에 잠겨 있으며, 전해액은 극판이 화학반응을 일으키게 한다. 그리고 1셀은 2.1V의 기전력이 만들어지며, 2.1V셀 6개가 모여 12V를 구성한다.

(나) 충·방전

납산 배터리는 묽은 황산의 전해액에 의하여 화학반응을 일으키는데 방전된 배터리 즉, 묽은 황산에 의해 황산납으로 되어 있던 극판이 충전 시에는 다시 과산화납으로 되돌아감으 로서 배터리는 충전 상태가 된다. 방전 시에는 과산화납이 다시 묽은 황산에 의해 황산납으로 화학 변화를 하면서 납 원자 속에 존재하던 전자가 분리되어 전극에서 배선을 통해 이동하는 것이 납산 전지의 원리이다.

(2) 리튬이온 배터리

최신 전기 자동차에서 사용되는 것은 리튬이온 배터리는 납산 배터리 보다 성능이 우수하며, 배터리의 소형화가 가능하다.

(가) 리튬이온의 이동에 의한 충·방전

리튬이온 배터리는 알루미늄 양극제에 리튬을 함유한 금속 화합물을 사용하고, 음극에는 구리소재의 탄소 재료를 사용한 극판으로 구성되어 있으며, 리튬이온 배터리의 충전은 (+)

극에 함유된 리튬이 외부의 자극과 전해질에 의해 이온화 현상이 발생되면서 전자를 (-)극으로 이동시키고, 동시에 리튬이온은 탄소 재료의 애노드 극으로 이동하여 충전 상태가 된다.

방전은 탄소 재료 쪽에 있는 리튬이온이 외부의 전선을 통하여 알루미늄 금속 화합물 측으로 이동할 때 전자가 (+)극 측으로 흘러감으로써 방전이 이루어진다. 즉, 금속 화합물 중에 포함된 리튬이온이 (+)극 또는 (-)극으로 이동함으로써 충전과 방전이 일어나며, 금속의 물성이 변화하지 않으므로 리튬이온 배터리는 열화가 적다.

(나) 1셀당 전압

리튬이온 배터리는 1셀당 (+)극판과 (-)극판의 전위차가 3.75V로 최대 4.3V이며, 전기 자동차의 고전압 배터리는 대략 셀당 3.7~3.8V이다. DC 360V 정격의 리튬이온 폴리머(Li-Pb) 배터리는 DC 3.75V의 배터리 셀 총 96개가 직렬로 연결되어 있고, 모듈은 총 8개로 구성되어 있다.

(다) 배터리 수량과 전압

전기 자동차는 고전압을 필요하므로 100셀 전후의 배터리를 탑재하여야 한다. 그러나 이와 같이 배터리의 셀 수를 늘리면 고전압은 얻어지지만 배터리 1셀마다 충전이나 방전 상황이 다르기 때문에 각각의 셀 관리가 중요하다.

(라) 배터리 케이스

자동차가 주행 중 진동이나 중력 가속도(G), 또는 만일의 충돌 사고에서도 배터리의 변형이 발생치 않도록 튼튼한 배터리 케이스에 고정되어야 한다.

1) 주행 중 진동에 노출

배터리에만 해당되는 것은 아니지만 자동차 부품은 가혹한 조건에 노출되어 있다. 어떠한 경우에도 배터리는 손상이 발생치 않도록 탑재 시 차체의 강성을 높여 주어야 한다.

2) 리튬이온 배터리의 발열 대책

배터리는 충전을 하면 배터리의 온도가 올라가므로 과도한 열은 성능이 떨어질 뿐만 아니라 극단적인 경우 부풀어 오르거나 파열되기도 하며, 문제를 일으킨다. 그러므로 배터리는 항상 좋은 상태로 충전이나 방전이 일어 날 수 있도록 고전압 배터리팩에 공냉식 또는 수냉식 쿨링 시스템을 적용하여 온도를 관리하는 것이 필요하다.

3) 전기 자동차의 고전압 배터리

리튬이온 폴리머 배터리(Li-ion Polymer)는 리튬이온 배터리의 성능을 그대로 유지하면서 폭발위험이 있는 액체 전해질 대신 화학적으로 가장 안정적인 폴리머(고체 또는 젤 형태의 고분자 중합체) 상태의 전해질을 사용하는 배터리를 말한다.

4) 배터리 냉각 시스템

고전압 배터리는 냉각을 위하여 쿨링 장치를 적용하여야 하며, 일부의 차량은 실내의 공기를 쿨링팬을 통하여 흡입하여 고전압 배터리 팩 어셈블리를 냉각시키는 공랭식을 적용한다. 고전압 배터리 쿨링 시스템은 배터리 내부에 장착된 여러 개의 온도 센서 신호를 바탕으로 BMS ECU((Battery Management System Electronic Control Unit)에 의해 고전압 배터리 시스템이 항상 정상 작동 온도를 유지할 수 있도록 쿨링팬을 차량의 상태와 소음 진동을 고려하여 여러 단으로 회전속도를 제어한다.

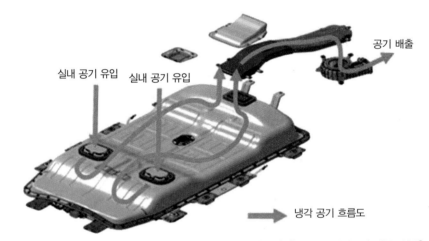

실내 공기 유입 실내 공기 유입 공기 배출 냉각 공기 흐름도

❖ **고전압 배터리 냉각장치 등가회로**　출처 : ㈜ 골든벨(2021), [전기자동차매뉴얼 이론&실무]

(마) 고전압 배터리 수납 프레임

배터리는 충격을 받으면 안 되는 정밀 부품이기 때문에 견고한 케이스에 넣어져 있다. 그 케이스가 부차적인 효능을 발휘한다.

1) 강성이 강한 수납 케이스

전기 자동차용 리튬이온 배터리는 수백 볼트(V)라는 고전압을 발생시키기 때문에 외부로부터 보호하기 위하여 튼튼한 프레임 구조로 보호되어야 하며, 예기치 않은 충돌이 일어나더라도 배터리에 직접 손상이 미치지 않도록 하여야 한다.

2) 차체 강성

약한 진동이나 충격은 서스펜션 스프링이나 쇽업소버가 감쇠시킬 수 있지만 전기 자동차의 서스펜션 기능을 충분히 달성되기 위해서는 견고한 강성을 구비한 차체가 필요하다.

02 배터리 종류

1. 개요

(가) 전기자동차용 Battery 의 종류

하이브리드 및 전기자동차의 각 부품 중에서 가장 중요한 역할 담당하며 또한 가장 많은 상용화 전지로서 리튬 2차 전지로 발전하였다.

리튬 2차전지는 전해질 형태에 따라 다음과 같이 분류된다.

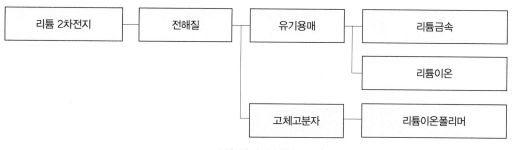

2차 전지의 분류

1) 유기용매(액체) 전해질 : 리튬금속 전지 / 리튬이온 전지

- 유기용매 : 고체, 기체, 액체를 녹일 수 있는 액체 유기 화합물. 메탄올, 벤젠 따위.
- 리튬금속(인산철) 전지 : 음극/리튬금속 /양극($LiCoO_2$:리튬코발트산화물)
- 사이클 수명 및 안전성이 낮아 상용화에 어려움
- 리튬이온 전지 : 음극/ 카본(리튬금속 대신)
- 리튬금속전지의 단점개선 /일본 소니 Energetic에서 처음 상용화

2) 고체고분자 전해질 : 리튬폴리머 전지

- 리튬폴리머 전지 : 음극 : 리튬금속 또는 카본
- Ni-Cd(Nickel-cadmium) 및 Ni-MH(Nickel-Metal Hydride) 전지 : 메모리 효과와 유

해한 Cd 사용 등으로 입지가 좁아짐

- 전기자동차 전지의 수명 : 차량수명과 전지의 수명은 거의 동일한 수준

  수명 : 15~20년 이상 / 주행거리 : 25만KM 이상 / 2만 5천회 재충전가능 (현재의 개
  발수준) / 가격 : 차량가격의 10%선 내외

- 휴대용 IT 기기 : 리튬이온 전지가 가장 큰 시장 점유율 예상 된다.

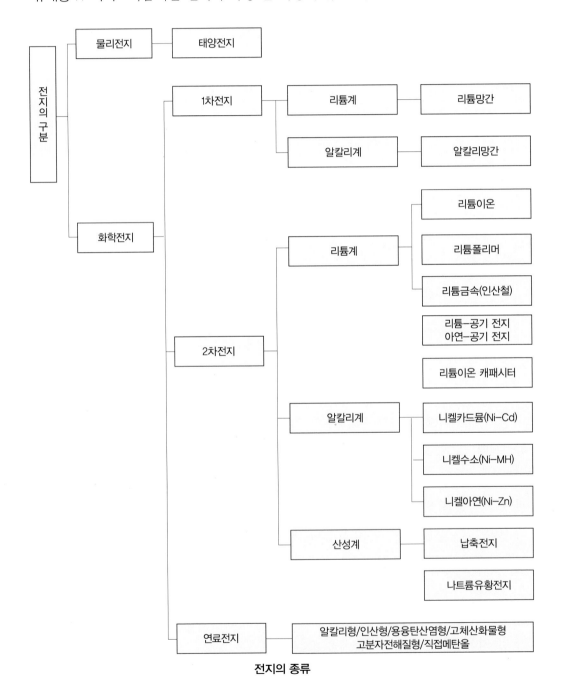

전지의 종류

03 배터리 개발역사 및 특징

1. 개요

(가) 대표적인 2차 전지

- 니켈카드뮴 전지(Ni-Cd)

- 니켈수소(합금) 전지(Ni-MH)

- 리튬이온(Li-Ion) 2차 전지 등이 있다.

1) 니켈카드뮴 전지 : 음극재/ 중금속인 카드뮴

- 인체에 해롭고 환경오염을 일으킬 우려

- 에너지 밀도가 낮다는 단점 때문에 시장이 빠르게 위축

2) 니켈수소 전지

- 높은 에너지 밀도와 저렴한 가격을 바탕으로 기존의 니켈카드뮴전지를 대체하면서 안
  정적인시장을 형성.

- 가격이 리튬이온 전지에 비해 싸고, 품질이 안정적.

- 기기에 따른 전압특성으로 인해 계속 채용.

3) 휴대용 기기의 개발이 활발하여 짐에 따라 사이즈 대비 고 용량화의 필요성이 절실하여
  리튬이온계 2차 전지의 개발이 더욱 가속화.

(나) 전지의 기술 트렌드

- 리튬이온전지의 고용량화, 슬림화.

- 형상을 자유자재로 바꿀 수 있는 리튬이온 폴리머 전지의 성능 개선

(다) 전고체 배터리 Key Point

- 배터리의 에너지 밀도 변화

- 리튬이온전지의 안전성 및 성장한계 상황

- 전고체 배터리의 전해질과 분리막 기능 변화

- 1회 충전 주행거리 증가 (자율주행차에 유리)

- 2025년 이후 전고체 배터리 본격 사용 전망
- 전고체 배터리 본격 상용화시 자율주행차 산업의 성장 전망
- 전고체 배터리와 자율주행차 산업을 동시에 검토 필요
- 삼성그룹은 자율주행차시대를 준비하는 것으로 보임

(라) 양극재는 전기차 배터리 성능과 원가에 큰 영향
- 양극재는 삼원계에서 니켈 함량이 매우 중요
- 삼원계 : 니켈, 코발트, 망간
- 니켈 함량 증가 : 에너지 밀도 증대하나 니켈은 화학적 활성도가 높아 안전성 감소
- 삼원계는 원가 비중이 가장 큰 코발트의 함량을 줄여 원가 절감 추진

(마) 전기차 배터리 양극활물질
1) 양극활물질은 LCO, LFP, LMO, NCM, NCA 등으로 구분
- LCO에서 코발트 일부를 니켈, 망간 또는 알루미늄으로 대체한 것이 NCM과 NCA
- 양극활 물질 : LCO(리튬-코발트) -〉 NCM(리튬-니켈-코발트-망간), NCA(리튬-니켈-코발트-알루미늄)
- 활물질 : 양극에서 배터리의 전극 반응에 관여하는 물질 (리튬산화물)

2) NCM : 니켈 코발트 망간
- NCM523 : 니켈 비중 5, 코발트 비중 2, 망간 비중 3
- NCM622 : 니켈 비중 6, 코발트 비중 2, 망간 비중 2
- 니켈비중이 높을수록 에너지비중 증대로 원거리 주행 가능, 하지만 안전성이 감소

3) 시장에서는 LFP 사용이 감소하고 NCM523 및 NCM622의 사용이 증가하고 있음
- 하이니켈 NCM은 니켈 비중이 높은 것을 의미

4) 글로벌 소재별 주요 기업(2017년 기준)
- 양극활물질 : 1위 유니코어(벨기에), 2위 샨샨(중국), 3위 니치아(일본)
- 음극활물질 : 1위 BTR(중국), 2위 샨샨(중국), 3위 히타치(일본)
- 분리막 : 1위 아사히카세이(일본), 2위 도레이(일본), 3위 SK이노베이션(한국)

- 전해질 : 1위 미쓰비시화학(일본), 2위 틴쯔카이신(중국), 3위 캡켐(중국)

(바) 리튬이온전지의 주요 문제점
- 안전성 : 리튬이온전지의 전해질은 열폭주에 의한 발화 위험성 내재
- 기술한계 : 리튬이온전지의 용량은 약 5년 이내 한계에 도달할 것으로 전망

(사) 고체 배터리 시장 전망
- 전고체 전지는 2023년부터 사용이 시작돼 2025년 이후 사용이 본격화 될 것으로 전망
- 2023년 부터 2030년까지 연평균성장률은 66%로 매우 가파른 성장세 예상
- 대형셀 시장의 경우 전고체 전지가 차지하는 비율은 2025년 1.2%, 2030년 3.8% 전망

(아) 전고체 기술 변화시 밸류체인별 전망
- 전고체 배터리의 양산 및 상용화 시기에 대하여 다양한 의견이 있으나 중론은 2025년 이 가장 빠른 시기일 것으로 파악되고 있음. 전고체 배터리는 현재 대중화된 리튬이온 배터리의 주행거리 및 충방전 횟수를 약 2배로 개선시키며 배터리 전해질이 액체에서 고체로 변화하는 것 이 가장 큰 특징
- 양극재 : 전고체 배터리를 목적으로 하는 신규 양극재 개발보다는 기술 변화의 특성에 맞도록 기존 양극재의 품질적 특성을 조절할 것으로 예상되어 이에 따른 R&D역량 필요할 것
- 음극재 : 고체전지의 계면 저항에 따른 낮은 이온전도를 높이기 위해 리튬금속(Li-Metal)이 이론적으로 이상적이나 기존에 사용하고 있는 흑연계도 무방
- 동박 : 전고체에 함유되는 황산화물로 인해 동박의 부식이 일어나는 것을 막기 위해 기존 동박에 니켈성분을 코팅하는 형태 혹은 니켈박으로 소재 변화를 예상
- 장비 : 전고체에 분리막이 사용되지 않으므로 분리막 장비 제조사에는 부정적인 요인, 조립공정에서는 패키징 단계에서 전해액 주입단계가 사라지는 것이 특징 (자료 : 교보증권)

(자) 왜 전고체 배터리일까?
① 전기차배터리 용량이 더 늘어야 하는 첫 번째 이유. 주행가능거리

그렇다면 원천적인 질문부터 던져보자. 현재까지 리튬이온 배터리는 발 빠른 기술 발전을 이뤄오면서 전기차의 발전 및 대중화에 혁혁한 공을 세워왔다. 그런데 굳이 이런 국면에

서 새로운 배터리에 대한 필요성이 부각되는 이유는 무엇일까?

이유는 단 하나다. 리튬이온 배터리는 다가오는 자율주행 차량의 시대에서 살아남기에는 '기술적 발전'에서 한계에 봉착했기 때문이다.

② 전기차배터리 용량이 더 늘어야 하는 두 번째 이유. 자율주행

미래에도 지속적으로 배터리의 용량이 증대되어야 하는 이유는 앞서 언급한 바와 같이 내연기관차의 주행가능거리를 따라잡기 위한 이유도 있지만, 그보다 더 중요한 결정적 요인이 한 가지 더 있다. 바로 자동차의 디지털화, 쉽게 이야기해서 자율주행차량의 탄생이다.

③ 배터리의 미래는 늘 밀도(density)였다

결국 전기차의 현실화가 되었든, 자율주행차량의 완성이 되었든 어떤 명분이 제시되든 간에 앞으로 차량 내 탑재되는 배터리의 용량이 지속적으로 상승해야 하는 것만큼은 명백한 사실로 확인이 된다. 그러나 문제가 하나 있다. '그럼 차량 안에 필요한 용량만큼 더 많은 개수의 배터리를 탑재하면 되는 거 아닌가?'라고 단순한 해답을 제시할 수도 있지만, 이럴 경우 그만큼 차량 내 배터리 비용이 상승하여 결국에는 차량 자체 가격이 상승한다는 문제가 발생한다. 차량 가격의 상승은 소비자의 외면을 받을 가능성이 높기 때문에, 현재 완성차업체들도 전기차 판매에서 극도로 조심스러워하는 부분이다.

그렇다면 방법은 무엇이 있을까? 1대의 자동차에 투입되는 배터리 비용을 늘리지 않는 가운데, 즉 차량 내 배터리의 개수를 유지시키는 가운데 배터리의 용량을 늘릴 수 있는 방법은 무엇이 있을까? 그 해답이 바로 밀도(density)다.

④ 해답(解答), 전고체배터리

결론적으로 전고체배터리의 밀도는 현재 200~250Wh/kg 수준에 머물러 있는 리튬이온 방식 대비 500Wh/kg 를 훌쩍 뛰어넘는, 즉 2배 이상 증대될 것으로 예상되고 있다. 부피 단위의 밀도를 더 많이 사용하기 때문에 해당 기준으로 설명해보자면, 현재 리튬이온 방식이 300~400Wh/l(리터)인 것 대비 전고체배터리는 궁극적으로 800~1,000Wh/l 까지도 기대하고 있다. (자료 : SK증권)

(차) 삼성전자 종합기술원 전고체 기술 개발

삼성전자 종합기술원이 차세대 배터리로 주목받고 있는 '전고체전지(All-Solid-State

Battery)'의 수명과 안전성을 높이는 동시에 크기를 반으로 줄일 수 있는 원천기술을 세계적인 학술지 '네이처 에너지(Nature Energy)'에 게재했다.

삼성전자 종합기술원은 1회 충전에 800km 주행, 1,000회 이상 배터리 재충전이 가능한 전고체전지 연구결과를 공개했다. 삼성전자 일본연구소(Samsung R&D Institute Japan)와 공동으로 연구한 결과다. 전고체전지는 배터리의 양극과 음극 사이에 있는 전해질을 액체에서 고체로 대체하는 것으로, 현재 사용중인 리튬-이온전지(Lithium-Ion Battery)와 비교해 대용량 배터리 구현이 가능하고, 안전성을 높인 것이 특징이다.

일반적으로 전고체전지에는 배터리 음극 소재로 '리튬금속(Li-metal)'이 사용되고 있다. 하지만, 리튬금속은 전고체전지의 수명과 안전성을 낮추는 '덴드라이트(Dendrite)' 문제를 해결해야 하는 기술적 난제가 있다.

※ 덴드라이트 : 배터리를 충전할 때 양극에서 음극으로 이동하는 리튬이 음극 표면에 적체되며 나타나는 나뭇가지 모양의 결정체. 이 결정체가 배터리의 분리막을 훼손해 수명과 안전성이 낮아짐

삼성전자는 덴드라이트 문제를 해결하기 위해 전고체전지 음극에 5마이크로미터(100만분의 1미터) 두께의 은-탄소 나노입자 복합층(Ag-C nanocomposite layer)을 적용한 '석출형 리튬음극 기술'을 세계 최초로 적용했다. 이 기술은 전고체전지의 안전성과 수명을 증가시키는 것은 물론 기존보다 배터리 음극 두께를 얇게 만들어 에너지밀도를 높일 수 있기 때문에 리튬-이온전지 대비 크기를 절반 수준으로 줄일 수 있다는 특징이 있다.

삼성전자 종합기술원 임동민 마스터는 "이번 연구는 전기자동차의 주행거리를 혁신적으로 늘리는 핵심 원천기술이다"며, "전고체전지 소재와 양산 기술 연구를 통해 차세대 배터리 한계를 극복해 나가겠다"고 말했다. (자료 : 삼성전자 종합기술원)

(카) 전고체 배터리 개발동향

- 국내 업계는 전고체전지 관련 연구경험 축적이 다소 부족하고 원재료 자급률도 낮은 상황이나 조기 상용화를 목표로 기술 추격에 집중
- 일본이 보유한 전고체전지 관련 해외 특허는 2020년 3월 19일 기준 2231개로 한국 내 특허 및 실용실안(956개) 대비 2배 이상이며, 한국 내 특허 상당수를 도요타지도샤(주)가 보유하고 있음을 고려할 때 국내 기술개발 속도는 일본에 뒤쳐져 있는 것으로 평가
- LG화학 및 삼성SDI는 2025~2026년 상용화를 목표로 전고체전지를 개발 중이며, 현

대자동차 그룹은 2025년에 전고체전지 탑재 전기차를 양산할 계획으로 미국 전고체전지 스타트업 Ionic Materials에 5백만 달러를 투자

- 일본 NEDO는 2018년 전지업계 5개社, 소재업계 14개社, 대학 및 연구소 15개가 광범위하게 참여하는 전고체전지 양산 4년 프로젝트를 발표
- 2022년까지 핵심 기술을 개발하고, 양산을 목표로 리튬이온전지 대비 에너지밀도 3배, 원가와 충전 시간을 1/3로 줄이겠다는 계획을 수립 (자료 : 한국과학기술기획평가원)

2. 전지의 역사

년도	특 징
1789	개구리 다리로 부터 전지 현상 발견 (Galbani(Italy))
1799	구리-아연 전지 발명 (Cu/H_2SO_4/Zn,Volta(Italy))
1860	연축전지 발명(PbO_2/PbO_2/Pb,Plante'(France))
1867	망간 건전지의 원형 발명(PbO_2/$NH_4ClZnCl_2$/Zn,Lechlanche France))
1880	Faure',paste식 극판에 의한 연축전지 제조법 특허, 연축전지 산업생산 개시
1888	망간 건전지 발명 (Gassener(Germany),헤레센스(Denmark))
1899	니켈-카드뮴 전지 발명 (NiOOH/KOH/Cd,Jungner(Sweden))
1899	니켈-아연 전지 발명 (NiOOH/KOH/Zn)
1900	니켈-철 전지 발명 (NiOOH/KOH/Fe,Edison(USA))
1909	알카리 망간전지 발명(MnO_2/KOH/Zn)
1917	공기아연 축전지 발명(O_2 in Air/KOH/Zn)
1942	수은전지 발명(HgO/KOH/Zn)
1947	밀폐형 니켈-카드뮴 전지 발명
1949	알카리 망간전지실용화
1962	밀폐형 수소전지발명
1970	리튬 1차 전지실용화
1970	미국 GM Delco 칼슘 MF 연축전지 개발
1973	이산화망간-리튬 1차전지 실용화(MnO_2/$LiClO_4$/Li)
1981	리튬이온 2차전지 발명
1990	리튬이온 2차전지 실용화, 생산개시(일본 SONY사)
1990	밀폐형 니켈-수소전지 실용화(NiOOH/KOH/MH)
1990	전기자동차용 전지 본격 개발착수
1995	수은전지 생산중지.
2002	LIPB, ALB, Smart Battery, Li-Polymer, 초박형 리튬이온전지(파워셀) 개발

3. 전지의 종류별 특징

구분	종류	특징
1차전지	망간전지	- 1868년 프랑스 르클량셰에 의해 발명된 역사가 오래된 전지로서, 고부하, 고용량 화용에 적합한 전지 · **정극재료** : 이산화망간 · **부극재료** : 아연 · **전해액** : 물 · **전해질** : 염화암모늄, 염화아연 · **격리판** : 크라프트지
	알카리 망간전지	- 전지용량이 크고 내부저항이 적어서 부하가 큰 장시간 사용에 적합한 전지이며, 원통형과 코인형으로 분류된다. · **정극재료** : 이산화망간 · **부극재료** : 아연 · **전해액** : 수산화칼륨 수용액 · **전해질** : 수산화칼륨, 수산화나트륨 · **격리판** : 부직포(폴리오레핀, 폴리아미드계)
	수은전지	- 1942년 미국의 루벤에 의해 발명되었고, 미국의 PR 말로리사에 의해 생산된 아연을 음극으로 하는 일차전지 가운데서 대단히 높은 에너지 밀도와 전압 안정성으로 60~70년대 소형전자기기의 주 전원으로 사용하였으나, 수은의 유해성으로 80년대 이후 사용을 억제하는 분위기이다. · **정극재료** : 산화수은 · **음극재료** : 아연 · **전해액** : 수산화칼륨 또는 수산화나트륨 수용액 · **격리판** : 비닐론이나 알파화 펄프계
	산화은전지	- 1883년 프랑스의 클라크와 독일의 돈, 하스랏샤에 의해서 발표되고, 1940년대 군사용 1960년대 민생용으로 개발된 전지로서, 평탄한 방전 전압과 소형 뛰어난 부하특성으로 손목시계의 전원으로 사용되고 있다. · **정극재료** : 산화은(Ag_2O) · **부극재료** : 아연 · **전해액** : 수산화칼륨 또는 수산화나트륨 수용액 · **격리판** : 비닐론이나 알파화 펄프계
	리튬1차전지	- 리튬1차전지는 60년대들어 미국의 NASA에서 우주개발용 전원으로 연구개발된 고에너지 밀도의 전지로서, 오늘날 본격적으로 실용화 가 되고 있는 것은 플루오르화 흑연·리튬전지와 이산화망간·리튬전지이다. · **정극재료** : 플루오르화 흑연, 이산화망간에 탄소 결착 · **부극재료** : 리튬 · **전해액** : r-부칠락톤, 1, 2디메특시 에탄의 혼합 유기용매에 보론플루오로와 리튬의 전해질을 용해시킨 액체 · **격리판** : 폴리프로필렌, 올레핀계 부직포

구분	종류	특징
1 차 전 지	공기아연 축전지	- 19세기말부터 20세기초에 걸쳐 거치형 공기전지가 개발되어 항로표지용 전원이나 각종 통신기기에 사용되었으며, 단추형으로는 의료기(보청기)용도로 사용하고 있으며, 고에너지 밀도와 큰 전기 용량, 평탄한 방전특성을 갖고 있다.
		· 정극재료 : 공기중의 산소 · 부극재료 : 아연 · 전해액 : 수산화칼륨 수용액 · 격리판 : 폴리오레핀, 폴리아미드계 부직포
2 차 전 지	납축전지	- 1859년에 발명된 전지로서, 대부분의 자동차 기초전원으로 이용되고 있으며, 싼 값으로 제조가능하고 넓은 온도조건에서 고출력을 낼 수 있다. 납축전지는 안정된 성능을 발휘하나 비교적 무겁고 에너지 저장밀도가 높지 않다.
		· 정극재료 : PbO_2 · 부극재료 : Pb · 전해질 : H_2SO_4 (수용액)
	니켈카드뮴전지	- 1899년에 발명되고 1960년대에 밀폐형 니켈카드뮴전지 양산기술이 확립되어, 철도차량용, 비행기 엔진 시동용등을 비롯하여 고출력이 요구되는 산업 및 군사용으로 널리 이용되고 있으며, 밀폐형의 경우에는 전동공구 및 휴대용 전자기기의 전원으로 사용되었으나, 메모리 효과와 유해한 카드뮴 사용으로 인해 점차 사용을 기피하고 있는 추세이다.
		· 정극재료 : NiooH · 부극재료 : Cd · 전해질 : KOH(수용액)
	니켈 수소전지	- '90년에 실용화하여 '92년에 대량 생산이 개시된 2차전지이며, 니켈 카드뮴전지와 동작전압이 같고 구조적으로도 비슷하지만 부극에 수소흡장합금을 채용하고 있어, 에너지밀도가 높다. 전기자동차용으로 각광받고 있다.
		· 정극재료 : NiooH · 부극재료 : MH · 전해질 : KOH(수용액)
	리튬이온 전지	- '91년 소니 에너지테크가 개발한 2차전지로서, 리튬금속을 전극에 도입한 관계로 안전성면에서는 불완전한 형태로, 보호회로를 채용해야 한다. 리튬이온 전지는 높은 에너지 저장밀도와 소형, 박형화가 가능하며 소형 휴대용기기의 전원으로 채용이 본격화되고 있다.

4. 1차/2차 전지의 구성 및 특징

구분	종류	구성			공칭전압	에너지밀도
		양극	전해질	음극		
1차전지	망간전지	MnO_2	$ZnCl_2$ NH_4Cl	Zn	1.5	200
	알카리전지	MnO_2	KOH (ZnO)	Zn	1.5	320
	산화은전지	Ag_2O	KOH $NaOH$	Zn	1.55	450
	공기아연축전지	O_2	KOH	Zn	1.4	1,235
	플루오르흑연리튬전지	$(CF)_n$	$LiBF_4/\Upsilon BL$	Li	3	400
	이산화망간리튬전지	MnO_2	$LiCF_3SO_3/PC+DME$	Li	3	75
2차전지	납축전지	PbO_2	H_2SO_4	Pb	2	100
	니켈카드뮴전지	$NiOOH$	KOH	Cd	1.2	200
	니켈수소전지	$NiOOH$	KOH	$MH(H)$	1.2	240
	바나듐리튬전지	V_2O_5	$LiBF_4/PC+DME$	$Li-Al$	3	140
	리튬이온 전지	$LiCoO_2$	$LiPF_6/EC+DEC$	C	4	280
	리튬이온 폴리머전지	$LiCoO_2$	$LiPF_6/EC+DEC$	C	4	280

$*_{NiOOH}$수산화니켈 / $LiCoO_2$

04 고전압 배터리의 구성 및 종류

1. 배터리의 역할

안전, 충전 시간, 전력 전달, 극한 온도에서의 성능, 환경 친화성, 수명이 충전식 전지 기술의 문제 등으로 전기자동차는 리튬이온 전지, 리튬폴리머 이온 전지를 제품에 채용하는 추세이며 도요타 자동차의 프리우스, 캠리, 하이랜더는 밀폐형 Ni-MH 전지 팩을 사용한다. 리튬이온 전지와 비교할 때 Ni-MH의 전력 수준이 낮고 자가방전율이 높다. 그러므로

Ni-MH는 EV에 적합하지 않다. 리튬이온 전지는 특정한 높은 에너지를 제공하고 무게가 가볍다. 그러나 높은 가격, 극한 온도의 불용, 안전(리튬이온 전지의 가장 큰 장애 요인임) 때문에 이 전지는 적합하지 않다.

종류	특 징	사용 예
Ni-MH 전지 (니켈메탈하이드라이드)	– 전력 수준이 낮다 – 자가 방전율이 높다. – 보관 수명이 3년에 불과하다 – 메모리 효과 갖음	도요타 프리우스, 캠리, 하이랜더
리튬이온 전지	– 특정한 높은 에너지를 제공 – 무게가 가볍다. – 높은 가격 – 극한 온도의 불용 – 안전에 문제 있음(가장 큰 장애요인)	GM 볼트 현대기아차, 지엠, 포드, 장안기차

2. 배터리가 갖추어야 할 조건

(1) 가격

자동차 자체의 보조금은 물론 전지에 대한 보조금 또는 기술적 발전을 통한 생산성, 효율성 향상으로 전지 자체의 가격을 낮추는 것이 시급하다.

(2) 안전성

손안에 들어오는 작은 전지 폭발로 크고 작은 사건 사고가 발생하는 것을 볼 수 있었다.

(3) 수명

차량을 교체하는 시기가 각기 다르겠지만 5~10년 정도 사용한다고 봤을 때 그 전지 수명 역시 이와 비슷하거나 그 이상의 수명을 지니고 있어야 한다.

(4) 집적화

무게나 부피 등을 줄일 수 있는 기술력이 필요하다.

(5) 전지 충전 시간

충전을 위한 인프라 구축 등 갖춰져야 할 부분이 많다.

3. 배터리의 구성요소

- 산화제인 양극 활물질
- 환원제인 음극 활물질,
- 이온 전도에 의해 산화반응과 환원반응을 중개하는 전해액,
- 양극과 음극이 직접 접촉하는 것을 방지하는 격리판
- 이것들을 넣는 용기(전지캔),
- 전지를 안전하게 작동시키기 위한 안전밸브나 안전장치 등이 필요
- 고성능 전지 조건
① 고전압
② 큰 용량
③ 고출력
④ 긴 사이클 수명
⑤ 적은 자기방전
⑥ 넓은 사용온도
⑦ 안전하고 높은 신뢰성
⑧ 쉬운 사용법
⑨ 낮은 가격 등이 요구

(1) 양극, 음극 활물질

전극(부극과 정극)활물질

- 음극(Negative Electrode) : 전자와 양이온이 빠져나오는 전극
- 양극(Positive Electrode) : 전자와 양이온이 들어가는 전극
- 전해질 : 양극과 음극사이에서 이온이 자유롭게 이동할 수 있는 통로 역할을 함
- 분리막 : 양극과 음극사이의 물리적으로 야기되는 전지 접촉을 방지하며, 이온의 이동은 자유롭다.

(2) 전해액

- 이온 전도성 재료는 전지내에서 전기화학 반응이 진행하는 장을 제공
- 전해액은 이온 전도성이 높을 것이 요구
- 양극이나 음극과 반응하지 않을 것,
- 전지 작동범위에서 산화환원을 받지 않을 것,
- 열적으로 안정될 것, 독성이 낮으며 환경친화적일 것,
- 염가일 것 등이 요구된다.

(3) 격리판

- 양극판과 음극판이 직접 접촉되면 자기방전을 일으킬 위험
- 격리판은 양극과 음극사이에 있어 양자의 접촉을 방지
- 연축전지에는 글라스 매트 등이, 알칼리 2차전지나 리튬 전지에는 폴리머의 부직포나 다공성 막이 이용.

4. 2차 전지의 종류와 특성

전기자동차 전원으로서 갖추어야 할 전지의 조건으로는 가볍고, 에너지 밀도(Wh/kg) 및 출력 밀도(W/kg)가 커야 하며 전기자동차가 실용화되기 위한 전제조건으로 전지 가격이 저렴하고 주재료인 전극 재료가 자원적으로 풍부해야 하며 폐전지로부터 금속의 회전 및 리사이클이 용이 하며 경제성이 좋아야 한다.

(1) 납축전지(Lead-Acid)

- 납축전지는 전압이 2 V로 자동차용 전지로 가장 많이 사용
- 자동차용 전지는12V로 2V 전지를 직렬로 6개가 내부에 연결
- 구형 AIWA 워크맨 전지에 사용되었으며 소니 무선전화기에도 일부 사용
- 과방전시 전지 수명이 급속히 단축되는 특성을 지니며 특히 자동차의 경우 재충전이 안 될 경우 전지를 새로 구입해야 하는 경우가 자주 발생

(2) 니카드(Ni-Cd)전지

- 전압은 1.2V이며 무선전화기, 무선 자동차, 소형 휴대기기에 가장 많이 사용
- 특히 순간 방전량이 우수하여 레이싱카에 많이 사용된다. 초기에는 휴대폰, 무전기, 노트북캠코더에 많이 사용되었으나 용량이 적어 거의 사용되지 않고 있으며 초기 니카드전지는 일본산이 대부분
- 니켈-카드늄 건전지에는 뛰어난 특징과 약간의 결점
- 망간건전지와 같은 크기로 공칭 전압이 거의 일정한 타입
- 망간건전지와 비교 내부 저항이 낮으며 단시간이라면 큰 에너지를 꺼낼 수 있다.(큰 전류를 낼 수 있음)
- 충전 가능한 전지 중에서는 수명이 간편이며 방향을 생각하지 않고 사용할 수 있다.
- 충전하지 않고는 사용할 수 없으나, 단시간에 충전 가능
- 외부의 충격, 열에 약하며, 내부에 사용되고 있는 금속은 독성이 높고 약품은 극약

(3) 니켈-수소 전지

- Ni-Cd와 Li- ion 중간단계의 전지로 특정 사이즈만 생산
- 워크맨, 디지털 카메라, 노트북, 캠코더 등에 사용되며 리튬이온(Li- ion)전지가 안정화되면 Ni-MH전지는 특수제품을 제외한 곳에는 더 이상 사용이 안될 것으로 예상
- 전압은 1.2V이며 니카드 전지와 혼용하여 사용하는 제품이 많고 니카드 전지보다 2배의 용량을 갖음

(4) 리튬이온 전지

- 전압은 3.6V로 휴대폰, PCS, 캠코더, 디지털 카메라, 노트북, MD 등에 사용
- 양산 전지중 성능이 가장 우수하며 가볍다.
- 현재 일본 소니사가 가장 앞선 기술을 보유하고 있으며 가장 먼저 양산
- 튬이온 전지는 폭발 위험이 있기 때문에 일반 소비자들은 구입할 수 없으며 보호회로가 정착된 PACK 형태로 판매
- 위험성만 제거되면 가볍고 높은 전압을 갖고 있어 앞으로 가장 많이 사용될 전지
- 리튬이온전지는 양극, 분리막, 음극, 전해액으로 구성되어 있고 리튬이온의 전달이 전해액을 통해 이루어짐

- 전해액이 누수되어 리튬 전이금속이 공기 중에 노출될 경우 전지가 폭발할 수 있고 과충전 시에도 화학반응으로 인해 전지 케이스내의 압력이 상승하여 폭발할 가능성이 있어 이를 차단하는 보호회로가 필수

(5) 리튬폴리머 전지

- 전압은 3.6V로 폭발 위험이 없고 전해질이 젤타입이기 때문에 전지 모양을 다양하게 만들 수 있는 것이 장점
- 일부 휴대폰에 사용되고 있으며 리튬이온 전지를 이을 차세대 전지이다.
- 고분자 겔 형태의 전해질을 사용함으로써 과충전과 과방전으로 인한 화학적 반응에 강하게 만들 수 있어 리튬 이온 전지에 필수적인 보호회로가 불필요.

(6) 2차전지의 특성

(가) 전지의 용량

전지의 용량은 극판의 장수, 면적, 두께, 전해액 등의 양이 많을수록 커지며, 다음과 같이 정의를 내릴 수 있다.

전지의 용량 : 완전 충전된 전지를 일정한 방전 전류로 계속 방전하여 단자전압이 완전방전 종지전압이 될 때까지, 전지에서 방출하는 총 전기량

$$\text{전지의 용량[Ah]} = \text{방전전류[A]} \times \text{방전시간[h]}$$

방전시간이란 완전 충전상태에서 방전 종지전압까지의 연속 방전하는 시간을 말한다. 이것을 암페어시(時) 용량이라 하며, Ah(ampere hour)의 단위를 쓴다.

(나) 자기방전(Self discharge)

전지는 사용하지 않고 그대로 방치해 두어도 조금씩 자연히 방전을 일으키는데, 이러한 현상을 자기방전이라 한다. 자기방전은 그때의 환경에 따라 다르다.

- 전해액의 비중이 높을수록,
- 주위의 온도와 습도가 높을수록 방전량이 크다.
- 사용기간에 따라서 다르다.

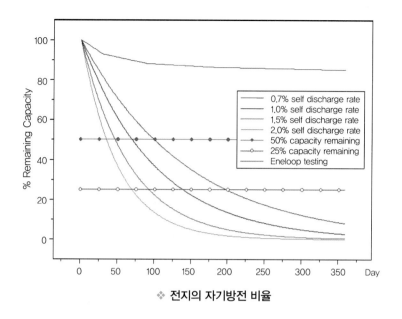

❖ 전지의 자기방전 비율

5. 친환경 자동차용 배터리의 종류

(1) 아연-공기 전지(zinc-air cell)

(가)전지의 개요

아연-공기전지의 양극 활물질은 자연계에 무한히 존재하는 공기 중의 산소이다. 즉, 전지용기 내에 미리 양극 활물질을 가질 필요가 없이 경량의 산소를 가스로서 외부로부터 인입, 방전에 이용한다. 따라서 용기 내에 음극을 대량으로 저장할 수 있어 원리적으로 큰 용량을 얻을 수 있다. 또한 산소의 산화력은 강력하고 높은 전지전압이 얻어지므로 대용량과 함께 에너지 밀도는 매우 높아진다. 산소는 반응 후에 수산화물 이온($OH-$)이 되기 때문에 전해질에는 알칼리 망간 전지나 니켈카드뮴 전지와 동일한 알칼리 수용액(특히 수산화칼륨)이 적합하다.

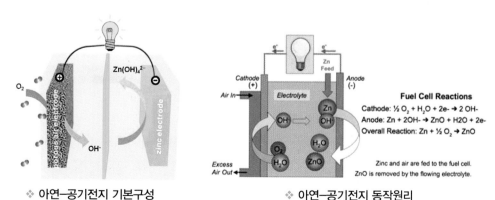

❖ 아연-공기전지 기본구성   ❖ 아연-공기전지 동작원리

출처 : https://www.google.com/search?q=아연-공기전지

알칼리 수용액은 취급에 주의를 요하지만 리튬 전지에 이용되는 유기용매와 달리 불연성이기 때문에 안전성이 높은 전지를 구상할 수 있다. 공기 양극에 대항하는 음극에는 아연이 가장 적합한 재료로서 널리 이용되고 있다.

음극으로서 기능을 할 수 있는 재료에 대하여 알아본다. 아연은 지금까지 알칼리 전해질 계에서 이용되어 오던 카드뮴 등에 비해 중량당의 용량이 크다. 또한 표면에서 수소를 발생시키기 어렵기 때문에 수용액내에서 석출 가능하고 자체방전도 적으며, 염가이고 자원도 풍부한, 공기양극이 가지는 특징을 전지로서 살릴 수 있는 재료이다. 리튬이나 나트륨과 같은 비금속은 활성은 높지만 수계 전해질로서는 불안정하며 반응성이 약간 온건한 마그네슘, 알루미늄이라도 수용액내에서 이온으로부터 금속으로의 석출이 곤란하고 전지충전상의 문제를 일으킨다.

$$양극 : Zn + 4OH^- \rightarrow Zn(OH)_4^{2-} + 2E - (E_0 = -1.25\,V)$$

$$유체 : Zn(OH)_4^{2-} \rightarrow ZnO + H_2O + 2OH^-$$

$$음극 : 1/2\,O_2 + H_2O + 2E^- \rightarrow 2OH^-\,(E_0 = 0.34\,V)$$

$$전체 : 2Zn + O_2 \rightarrow 2ZnO\,(E_0 = 1.59\,V)$$

양극과 음극의 합계 중량에서 에너지 밀도 1,090Wh/kg이 유도된다. 아연-공기전지는 리튬이온 전지를 능가하는 극히 높은 에너지 밀도를 실현시킬 수 있다는 것을 알 수 있다.

Zn/Air 전지는 Na-s 전지와 함께 많은 관계자로부터 비교적 유망한 전지 시스템으로 알려진 전지이다. 본래 이 전지는 1차 전지인 공기 건전지나 공기 습전지로서 저전류 용도로 사용되었다. 최근에 무한한 공기중의 산소를 양극 활물질로 활용하면서, 음극 활물질로는 안전하고도 저렴하면서 전기 화학적으로 150Wh/kg의 높은 에너지 밀도를 갖는 아연을 이용하는 방식을 채택, 전기자동차의 전원으로서 관심이 집중되고 있다. 또한 이 전지는 상온에서 작동되기 때문에 고온 전지보다 취급면에서 유리하다.

(나) 공기 중의 산소를 이용한 차세대 전지.

대기 중의 산소가 전지의 공기극을 통해 전해액과 혼합되어 있는 아연과 반응해 작동되는 공기전지의 일종이다. 전해액으로는 수산화칼륨 수용액이 사용된다. 19세기 말에서 20세기 초에 걸쳐 거치형 공기전지가 개발되어 항로표지용 전원이나 각종 통신기기에 사용되며, 단추형은 의료기(보청기)용으로 사용되고 있다.

공기 아연 전지는 양극에 공기 중의 산소를 사용하기 때문에 상대적으로 음극에 많은 양의 아연을 채울 수가 있어 질량 단위당 에너지 밀도가 높다. 그러므로 크기는 작아도 용량이 매우 큰 것이 특징이다. 또 자기 방전이 적어 전지의 용량을 다 소비할 때까지 전압이 일정하게 유지된다.

전기 생성과정에서 발생하는 산화아연은 독성이나 폭발위험성이 전혀 없고, 지구상에 풍부한 아연과 공기를 사용하기 때문에 환경 친화적이다. 귀금속 촉매를 사용하지 않아 백금을 사용하는 메탄올 연료전지보다 생산비용이 저렴하다. 그러나 전지가 소모되었을 때 아연 전극을 새로운 것으로 바꾸어 기계적으로 충전해야 한다. 따라서 전극을 교체하지 않고 일반 충전지처럼 간편하게 충전할 수 있도록 2차 전지화 하는 연구가 진행되고 있다. 향후 일반 건전지 시장을 대체할 차세대 전지로 주목된다.

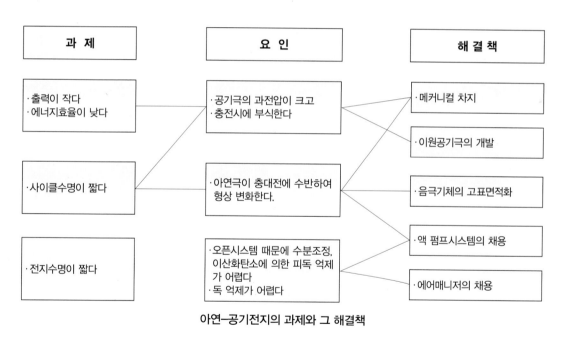

아연-공기전지의 과제와 그 해결책

(다) 금속 – 공기전지

금속공기 전지는 현재 가장 에너지 밀도(중량에 대한 방전 가능한 전력량)가 높은 리튬이온 전지를 훨씬 능가하는 에너지 밀도를 가진 2차 전지의 하나로 연구되고 있는 기술이며, 도요타자동차를 비롯하여 교토대학 등 대학에서도 연구를 시작했다. 친환경차의 총아인 전기자동차의 에너지원으로서 보다 에너지 밀도가 높은 전지의 개발이 그 목적이다.

일반적인 전지는 플러스와 마이너스 전극에 산화 또는 환원에 해당되는 화학반응을 일으키는 물질이 구비되어 있고, 전기화학 반응에 의해 그 물질이 가진 화학 에너지를 전력으로 추출하는 메커니즘이다.

이에 반해 금속공기 전지는 위 그림과 같이 양극에 전자를 빼앗긴 물질로서 공기 중의 산소를 이용한다. 대기 중에 거의 무제한으로 존재하는 산소를 활용하기 때문에 양극의 반응 물질 무게를 이론상 제로로 만들 수 있다. 전지의 중량은 반응물질과 그 반응을 중개하는 전해질의 무게가 대부분을 차지하기 때문에 그 한쪽의 무게를 제로로 만들 수 있는 금속공기 전지는 에너지 밀도를 비약적으로 향상시킬 수 있는 가능성이 있기 때문에 주목을 받고 있다.

금속공기 전지 자체는 이미 보청기 등의 전원용 버튼 전지로서 사용되고 있지만, 이들 제품은 충전할 수 없는 1차 전지이며, 2차전지로서 실용화하기에는 아직 해결해야 할 과제가 많이 남아 있다.

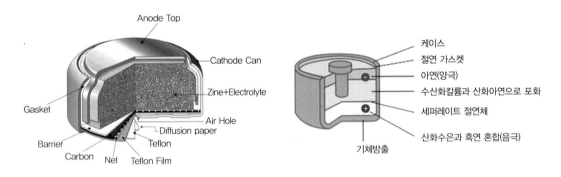

❖ **아연–공기전지의 구조**
출처 : https://www.google.com/search?q=아연–공기전지

1) 금속 – 공기전지의 우수성

금속공기 전지의 원리 자체는 20세기 초반에 발명되었으며, 결코 새로운 기술은 아니지만, 에너지를 많이 저장할 수 있다는 점에서는 현재의 리튬이온 전지보다 뛰어나다. 최대 포인트는 전술한 바와 같이 양극의 반응 재료로 공기를 이용하는 점에서 반응재료의 비중이 같다고 가정하면, 이 한가지만으로도 무게가 절반 가깝게 줄어든다. 같은 크기라면, 음극에 사용되는 반응 재료를 2배로 늘릴 수 있기 때문에 2배 가깝게 용량을 늘릴 수 있다는 계산이 나온다. 효율이 좋은 음극 금속을 사용하고, 산화력이 높은 산소를 사용하면 금속공

기 전지의 에너지 밀도는 계산상 리튬이온 전지의 몇 배나 된다.

2) 뛰어난 안전성

에너지 밀도가 높은 2차전지는 원칙적으로 위험성이 높다. 전극의 쇼트나 과부하가 걸렸을 때 설계 한계를 초과하는 반응이 일어나서 이상 고온이 될 가능성이 있기 때문이다. 어떤 의미에서 모든 가연성 물질에는 이와 유사한 위험이 있다는 것은 부정할 수 없다.

이런 점에서 보다 높은 에너지 밀도를 가진 금속공기 전지도 같은 문제가 있을 것 같이 생각되지만, 우선 전해액으로 사용하는 것이 물에 알칼리성 금속 수산화물을 용해한 것이기 때문에 물리적으로 발화 가능성은 제로이다. 또 산소 공급속도 이상으로 반응속도가 올라가지 않기 때문에 이상 고온이 되기 어렵다는 점에서도 안전성이 뛰어나다고 할 수 있다.

3) 낮은 환경 부담

또 현재 주류인 리튬이온 전지 등은 재료로 코발트 등 희소금속을 사용하기 때문에 자동차 등 대형, 대용량의 용도에 사용하기에는 비용은 물론이고 환경 측면에서도 해결해야 할 과제가 있지만, 아연을 비롯한 금속공기 전지의 재료는 매장량이 많은 재료이므로 그런 염려는 없다. 배출하는 물질도 거의 없고, 방전 시에는 산소를 흡수하고, 충전 시에는 산소를 방출할 뿐이기 때문에 대용량화에 따른 환경오염 등의 염려도 없다.

사용하고 난 전지의 폐기도 아연 및 산화아연은 안전한 물질이며, 전해액도 중화되면 안전한 알칼리성 수용액에 지나지 않기 때문에 비교적 취급하기 쉽고, 환경에도 좋은 전지라고 할 수 있다.

4) 실용화를 위한 과제

높은 에너지 밀도를 가진 전지로서 특히 전기자동차의 실용화를 위해 커다란 기대를 모으고 있는 금속공기 전지지만, 2차전지로서 실용화에는 몇가지 해결해야 할 큰 과제들이 있다.

금속공기 전지의 음극으로 유망한 아연은 충전을 반복하면 형상이 변해버리기 때문에 전극으로서 성능이 떨어지는 문제를 가지고 있다. 이것을 해결하기 위해서는 아연 전극과 전해액을 충전할 때 교환하고, 회수하여 리사이클 하는 기계적 충전방식 등이 고려되고 있다. 또 산소는 활성 물질이기 때문에 그것을 반응시키는 전극 촉매의 내구성을 유지하는 것이 아주어렵다.

게다가 전해액의 내구성도 과제의 하나이다. 알칼리성 전해액은 공기 중의 이산화탄소와 접촉하면 반응을 일으켜 성능이 떨어진다. 금속공기 전지는 대기 중의 산소를 이용하기 때문에 공기와의 접촉을 차단할 수 없으며, 이 때문에 이산화탄소와의 접촉 차단은 커다란 과제이다. 산소를 통과시키면서도 이산화탄소는 차단하는 막 등을 개발하는 것이 문제 해결을 위해 필요하다.

현재의 금속공기 1차 전지는 양극이 항상 공기와 접촉하기 있기 때문에 습도나 이산화탄소 농도, 온도 등의 영향을 받기 쉽다. 공기가 너무 많으면 전해액이 건조해져서 성능저하를 초래하고, 너무 적으면 반응 자체에 필요한 산소가 부족해서 이것도 성능 저하의 원인이 된다. 공기와 접촉함으로써 발생하는 이런 문제를 해결하기 위한 전지 구조의 개발도 극복해야 하는 중요한 과제이다.

5) 금속 – 공기 전지의 미래

금속공기 전지를 2차전지로 사용하기 위해서는 아직 해결해야 할 과제가 많이 있으며, 개발에 몇 년이나 소요될지 정확히 말하기는 어렵다. 그렇지만 도요타를 비롯한 기업이나 일본 국내외 대학, 연구기관이 연구에 전념하고 있는 것은 리튬이온 전지의 성능 향상이 거의 한계에 다다르고 있는 가운데 실용적인 전기자동차의 에너지원으로서 금속공기 전지가 몇 안 되는 유망주 가운데 하나이기 때문이다.

공기전지는 전지 내에서 반대방향의 기전력이 일어나는 것을 방지하기 위하여 복극제로 공기를 사용한 전지이다. 대표적인 것은 알루미늄-공기전지로, 값이 싸고 기전력도 일정한 장점이 있다. 이를 지속적으로 사용하려면 물과 알루미늄을 보충해주면서 수산화알루미늄을 제거해주어야 한다. 다공질의 탄소를 양극으로 하며, 이 속에 녹아 있는 산소가 일부 분해해서 유리 산소로서 작용하기 때문에 복극작용이 일어난다.

공기전지는 프랑스의 페리(C.Fery)가 발명한 것으로, 기전력이 1.45~1.50V이며, 다니엘 전지나 랄랑드전지보다 특성이 좋고 경제적이다. 50mA 정도의 비교적 소형인 전지로서 단속적으로 방전시키기에 적합하기 때문에 전화전신에 사용된다.

구조는 아래쪽에 아연판, 그 위에 펠트 등의 절연체를 사이에 두고 탄소양극이 있고, 상부는 공기 중에 노출되어 있다. 보청기 등에는 금속 공기전기가 쓰이기도 한다.

(2) 리튬인산철(LiFePO$_4$) 전지

리튬-인산철 전지는 양극제로 폭발 위험이 없는 리튬-인산철을 사용하여 근본적으로 안정성을 확보하였고 이온(액체) 전해질을 써서 축전 효율도 최대화한 제품이다. 리튬-인산철은 다른 어떤 양극물질과 비교해도 저렴한 가격과 뛰어난 안전성, 성능, 그리고 안정적인 작동 성능을 보이고 있다.

또한 리튬-인산철은 전기 자동차용 전지와 같이 대용량과 안전성을 동시에 요구하는 에너지 저장 장치로서 적합하다. 단점으로는 기전압이 기존 리튬-코발트 전지의 3.7V보다 0.3V 정도 낮은 3.4V라는 점을 꼽을 수 있겠다. 또한 리튬-폴리머 전지만큼 디자인 용이성이 떨어지는 점도 들을 수 있다.

(가) 친환경 자동차의 미래전지

중국이 전기자동차 시장에서 리튬인산철($LiFePO_4$) 전지로 강력한 도전장을 내밀었다. 리튬이온 전지가 대세인 전기자동차 전지 시장에 중국에서 생산되는 리튬인산철 전지가 친환경 자동차업계의 저렴한 전지 소재로 주목을 끌고 있다.

리튬인산철 전지는 과열, 과충전 상황에도 폭발할 우려가 없어 전기자동차 전지로 적합한 특성을 갖고 있다. 화학적으로 극히 안정되고 값싼 인산철이 주재료기 때문이다. 한국과 일본기업이 선점한 리튬이온 전지에 비하면 무겁고 성능은 다소 떨어지는 단점이 있지만 리튬인산철 전지는 동급의 리튬이온 전지보다 약 30% 저렴해 충분한 가격 경쟁력을 갖고 있다.

현재 리튬인산철 전지는 거의 전량 중국 대륙에서 수작업으로 생산된다. 리튬인산철 전지는 원자재 공급이 안정적이기 때문에 기존의 납축전지를 대체할 현실적 대안으로 주목받고 있다. 이에 따라 국내 몇몇 2차전지 업체들은 기존 제품군에 리튬인산철 전지를 포함하는 방안을 검토 중이다.

미국 GM 볼트의 전지 납품건을 놓고 LG화학과 막판까지 경쟁한 미국의 신생기업 A123 시스템스가 리튬인산철 전지를 생산하는 업체이다. A123는 크라이슬러와 전기자동차 전지 공동개발 협약을 맺으며 차세대 전지 분야에서 여전히 두각을 나타내고 있다. 중국의 BYD와 체리자동차가 양산에 들어간 순수 전기자동차와 중국산 전기스쿠터 대부분이 안전성이 뛰어난 자국산 리튬인산철 전지팩을 채택하고 있다.

전기자동차 제조사업체는 기존 자동차의 납축전지를 리튬인산철 전지로 대체하게 되면 차체 경량화로 5% 이상 연료절감 효과가 있음에 주목하고 자동차 애프터 마켓시장에 리튬인산철 전지를 시판한다.

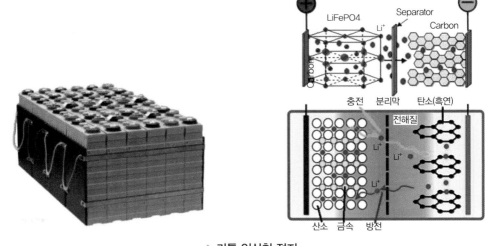

❖ **리튬 인산철 전지**
출처 : http://wiki.hash.kr/index.php/리튬_인산철_배터리

한국전기자동차협회가 추진하는 순수전기자동차 KEV-1에도 리튬인산철 전지를 장착할 가능성이 제기된다. SK그룹 관계자들은 그린카와 관련한 전지 사업을 본격 추진하기 위해 중국의 리튬인산철 전지 제조업계와의 협력하고 있다. 전기자동차협회 부회장은 "최근 리튬인산철 전지 가격이 빠른 속도로 떨어지는 추세여서 친환경 전기자동차 시장의 활성화에 긍정적 요소로 작용할 것"으로 기대했다.

(나) 전지의 우수성

국내에서 열린 순수 전기자동차대회 'EV에코챌린지 2010'에서 중국산 2차전지가 국산 전지에 못지않은 성능을 발휘해 눈길을 끌었다. 일부 성능은 오히려 우리 제품보다 뛰어났다. 이 경기에서 전체구간 210㎞ 거리를 끝까지 완주한 고속 전기자동차는 레오모터스의 마티즈 개조차, 그린카 클린시티의 KEV-1 단 2대 뿐이다. 참가자들과 이를 지켜본 전문가들은 각 전기자동차에 설치된 전지팩의 기본 성능이 완주 여부에 가장 큰 영향을 미쳤다는 평가를 내렸다. 고갯길이 많은 강원도 구간에서 전기자동차의 전력 소모는 예상보다 극심했다.

전기자동차 전지가 금새 바닥을 드러내는 상태에서 급속충전기가 설치된 다음 충전포인트까지 이동하기란 매우 어려웠다. 결국 완주에 성공한 2대의 전기자동차는 공교롭게도 한국과 중국에서 각각 제조된 전기자동차 전지팩을 장착해 눈길을 끌었다.

마티즈 개조차는 국내 K사에서 만든 리튬이온 전지팩(15KW)을, KEV-1은 중국산 리튬인산철 전지팩(20KW)을 채택했다. 대회 시작 전에는 국산 전지가 중국산 전지보다 앞선 성능을 발휘할 것으로 예상됐지만, 경기 결과는 거의 대등한 성능을 보였다. KEV-1은 경기가 끝난 이후 전지팩을 재충전하지 않고 일산 킨텍스 행사장에서 김포 공장까지 자력으로 돌아갔다. KEV-1의 전지 용량이 경쟁사보다 다소 큰 점을 감안해도 중국산 전지의 성능을 얕볼 수 없는 상황이 된 것이다. 전문가들은 이번 에코챌린지 행사를 통해 전기자동차의 핵심부품인 대용량 2차전지 분야에서 중국기업들의 강력한 경쟁력을 입증한 셈이라고 평가한다. 리튬인산철 전지는 거의 전량 중국 대륙에서 수작업으로 생산되며 중국의 썬더스카이, BYD 등이 주도하고 있다.

리튬인산철 전지는 매장량이 풍부한 철을 주원료로 하므로 동급의 리튬이온 전지에 비해 가격이 절반 수준에 불과하다. 또 화학적으로 극히 안정된 구조여서 과열, 과충전 상황에도 폭발할 우려가 적어 전기자동차 전지로 사실상 최적의 특성을 갖고 있다. 한국과 일본기업이 선점한 리튬이온 전지에 비하면 무겁고 성능은 다소 떨어지는 단점이 있지만 뛰어난 가격경쟁력을 바탕으로 친환경 자동차 시장에서 입지를 넓혀가고 있다. 전기자동차업계의 한 개발자는 앞으로 중국이 친환경 전기자동차 시장에서 한국 자동차업계의 강력한 경쟁상대가 될 것이라고 예견했다.

(다) 친환경 자동차 전용 전지

친환경차 전지 시장에서 리튬인산철($LiFePO_4$) 전지가 급부상하고 있다. 리튬인산철 전지는 매장량이 풍부한 철을 주원료로 하기 때문에 니켈·코발트·망간 등을 쓰는 리튬이온 전지에 비해 가격이 30~40% 저렴하다. 화학적으로 극히 안정된 구조여서 과열, 과충전 상황에도 전혀 폭발할 우려가 없다. 다만, 기존 리튬이온 전지에 비해 무겁고 에너지 밀도가 다소 떨어진다는 단점을 가졌다.

관련업계에 따르면 전기자동차와 하이브리드 자동차용 전지는 그동안 리튬이온계가 대세를 이뤘지만 저렴하고 안전성이 높은 리튬인산철계가 잇따라 도전장을 내밀고 있다. 현재 리튬인산철 전지는 썬더스카이, BYD 등 중국 업체들이 세계 시장을 석권하고 있다.

크라이슬러를 비롯한 미국 자동차업계는 하이브리드, 전기자동차 분야에서 뛰어난 가격경쟁력과 안전성에 주목하고 리튬인산철 전지의 주문량을 크게 늘리고 있다. 차량 튜닝시장에서 무거운 납축전지를 리튬인산철 전지로 전환하는 사례도 흔하다. 그동안 리튬이온계 전지에 주력해 온 한국과 일본 전지업계는 향후 친환경 자동차 전지 시장에서 강력한 경쟁자(리튬인산철)와 맞부딪치게 됐다. 주요 전지 업체들은 급성장하는 전기자동차, 하이브리드자동차 시장을 겨냥해 기존 리튬이온전지 외에 리튬인산철 전지도 함께 양산하는 방안을 검토하기 시작했다.

국내의 중견 전지업체는 미국 하이브리드자동차 시장을 겨냥해 리튬인산철 전지의 양산 체제에 들어 갔다. 리튬인산철 전지셀의 생산 규모를 늘리고 차량용 전지팩도 다양화할 계획이다. 전지업체 전문가는 앞으로 친환경자동차에 들어가는 중대형 전지 시장은 리튬이온계가 고급형, 리튬인산철계는 중저가형으로 분류되어 양대산맥을 이룰 가능성이 높다고 전망하고 있다.

(3) 나트륨 – 유황전지(Na-S Battery)

Na-S 전지는 음극 반응 물질에 나트륨, 양극 반응 물질에 유황을 사용하고 전해질로서 베타알루미나 세라믹스(나트륨이온 전도성을 가진 고체전해질)를 사용하고 있다. 전지의 충방전은 300℃ 부근에서 가능한 고온형 전지이다. 전해질에는 납축전지의 황산이나 알칼리 전지의 KOH 수용액과는 달리, 나트륨 이온에 대한 선택적 전도성을 갖는 고체 전해질을 이용하는 새로운 아이디어의 고성능 전지이다. 고체 전해질은 유리 혹은 세라믹 종류로 구성되어 있으며, 그중에서도 특히 β-알루미나 ($NaAluO_{17}$)는 나트륨 이온의 전도성이 크기 때문에 현재 개발되고 있는 Na-S의 대부분이 이 β-알루미나를 전해질로 사용하고 있다. 또한 β-알루미나는 전자 전도성을 갖고 있지 않기 때문에 음극과 양극을 분리하는 격리판(Separator) 역할도 한다. 작동 온도는 두 전극 반응 물질이 용융되는 350±50℃ 이다. Na-S 전지의 우수한 특징으로는 에너지 밀도가 상당히 높다. 납축전지의 에너지 밀도가 40Wh/kg 정도인데 대해 이 전지는 약 300Wh/kg 정도가 기대된다.

이 목표가 실현되면 현재 사용중인 납축전지식 전기자동차의 1충전 주행거리를 한번에 몇 배로 끌어 올릴 수 있으며 또한 전지를 소형화할 수 있어 여유 중량을 모터나 제어 기기의 대출력화로 전환 가능하여, 전기자동차의 최고 속도나 가속력의 향상도 이루어질 수 있다.

또한 충전 특성이 우수하여 효율이 좋다. 종래의 납축전지나 Ni/Cd 전지의 충전 필요량은 방전량의 110~140%가 요구되고 있으나. 이 전지는 방전량의 100%로도 충분하여 충전 효율이 우수하다. 따라서 전기자동차의 유지비가 적게 들고, 경제적인 측면에서도 상당히 유리하며, 보수가 유리하다. 이 전지는 충·방전시 가스 발생이 없어 완전 밀폐가 가능하고, 보통 납축전지와 같이 액보충과 같은 유지 관리가 필요없는 장점이 있다.

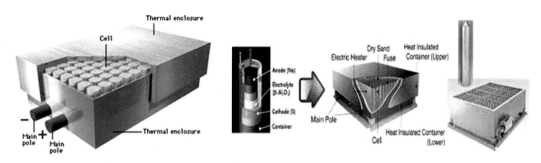

❖ **나트륨 - 유황전지**
출처 : https://www.google.com/search?q=나트륨−유황전지&rlz

(가) 전지의 특징

ⓐ 고에너지 밀도(납축전지의 약 3배)이므로 옥내의 좁은 스페이스에 콤팩트한 설치가 가능하다.

ⓑ 고충방전 효율이고 자체방전이 없기 때문에 효율적으로 전기를 저장할 수 있다.

ⓒ 2,500회 이상의 충방전이 가능하며 장기 내구성이 있다.

ⓓ 완전 밀폐형 구조의 단전지를 사용한 클린 전지이다.

ⓔ 주재료인 나트륨 및 유황이 자연계에 대량으로 존재하여 고갈의 우려가 없으므로 앞으로 자재 부족의 우려가 없다.

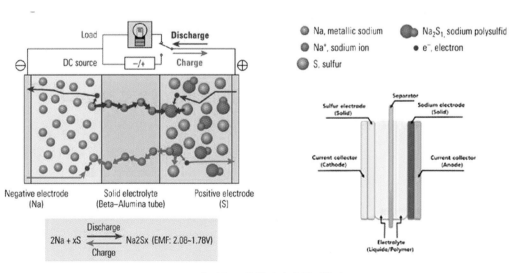

❖ **나트륨 − 유황전지의 동작원리**
출처 : https://www.google.com/search?q=나트륨−유황전지&rlz

(나) 전지의 구조

NA-S전지는 교직변환장치(PCS: Power Conversion System)를 거쳐 계통에 접속되어 있다. 부하평준화를 목적으로 계통 연계하는 경우 계통측 전압은 정해져 있으므로 전류제 어방식이 일반적이다. 무정전 전원기능 목적의 경우 전력변환장치의 출력전압을 제어하는 전압제어방식이 일반적이다.

PCS는 주로 교직변환기, 교직변환제어장치, 변압기, 교류차단기, 직류차단기 또는 부하 개폐기, 보호장치 등으로 구성된다. 교직변압기 주회로에 사용하는 반도체 장치는 출력용 량과 동작주파수에 따라 구분 사용하지만 주로 IGBT를 사용하고 있다.

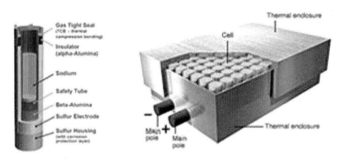

❖ **나트륨 – 유황전지의 구조**
출처 : https://www.bing.com/images/search?q=나트륨–유황전지

(나) 전지의 과제

문제점으로는 우선 고체전해질 β-알루미나의 수명, 특히 대전류 밀도에서 방전할 경우 수명 증대의 노력이 필요하다. 또한 β-알루미나의 저항값을 작게 하여 출력의 증대를 도모 하고, 더욱이 Na/S 전지는 약 300℃ 이상의 고온에서 사용되기 때문에 예열 및 보온기술 을 확립하지 않으면 안 된다. 고온도에 의한 부식 작용에 내구성이 있는 구성 재료의 연구 도 소홀히 할 수 없다. 또한 나트륨은 다량의 물과 접촉하면 심한 반응을 수반하기 때문에 전기자동차에 탑재할 경우 특히 비상시의 안전성을 확보할 수 있는 구조가 되어야만 한다.

높은 충방전 효율과 장기 내구성을 목표로 NAS전지의 연구개발을 진행해 왔는데 그 과 정에서 왜곡, 균열, 비균일, 비균질 등이 없는 베타세라믹스 제조기술을 연구하고 세라믹스 의 전기저항을 억제하기 위한 개량을 추가해 왔다. 또한 부하평준화 목적의 NAS전지에 필 요한 대형전지 연구개발에 있어서 요구되는 조건을 충족시키는 대형 베타알루미나 세라믹 스 제조방법을 확립할 수 있었다.

그 결과 고충방전 효율, 장기 내구성을 확보하면서 안전성, 신뢰성이 풍부한 단전지 기술 을 확립할 수 있었다. 비용절감을 한층 더 추진할 필요성과 동시에 NA-S전지는 나트륨 및 유황이 현행법상 위험물이기 때문에 소방법/건축법 등에서 규제대상으로 하고 있다.

NA-S전지는 충분한 안전성을 가지므로 앞으로 규제완화가 한층 더 요구된다. 자원이 풍부하여 각종 전지의 주재료로서 지구의 매장량, 연간 생산량 등을 고려하여 볼 때, 나트륨과 황은 다른 자원에 비해 풍부하고 저렴하여 다량의 전기자동차용 전지 공급이 가능하리라 판단된다.

(4) 니켈 카드뮴 전지(Ni/Cd 또는 니카드 전지)

대형의 Ni-Cd 전지는 2차 대전 중에 유럽에서 개발되었고 소형의 Ni-Cd 전지는 역시 유럽에서 1960년대 유럽에서 상용화 되었다. $Ni(OH)_2$를 양극으로, Cd을 음극으로 사용하는 전지이며, 알카리 수용액을 전해질로 사용한다. 납축전지와 Ni-Cd 전지의 가장 큰 차별점은 전해질을 황산대신 알카리 수용액을 사용한다는 점이다. 알카리 수용액은 황산과 같은 산성 수용액보다 전도성이 뛰어나다는 장점이 있다.

대형 Ni-Cd 전지는 철도, 차량용, 비행기 엔진 시동용 등을 비롯하여 고 출력이 요구되는 다양한 산업 및 군사 용도로 널리 이용되고 있다. 방전 시에 일어나는 가스 발생을 제어하는 기술이 개발되어 밀폐식으로 만들어진 것이 바로 소형 Ni-Cd 전지이다.

전지가 디지털 기기의 키 컴포넌트의 하나로 주목 받게 된지 10년 가까이 지났으며 그동안에 니카드전지(원래 명칭은 니켈카드뮴전지)에서 니켈수소전지, 리튬이온 전지로 화제의 중심이 이동하고 있다. 이런 상황에서 니켈카드뮴전지는 기술적으로 오래되어 환경에 좋지 않다는 이미지를 가지게 되었다. 노트북, 휴대전화의 전원인 리튬이온전지도 원래는 니켈카드뮴전지에서부터 시작되었다.

❖ Ni – Cd 전지
출처 : http://wiki.hash.kr/index.php/니켈_카드늄_배터리

(가) 원리와 구조

일본의 삼양전기는 니켈카드뮴전지를 「카드니카전지」의 명칭으로 상표등록하고 1964년부터 생산을 개시했다. 15년 전부터 세계 1위의 생산판매량을 과시할 정도로 성장하여 연간 5억개 생산, 세계시장 점유율이 35%를 초과하였다. 과거에 세계적으로 큰 경쟁사의 메이커와 장기간에 걸쳐 치열한 기술 경쟁을 하고 그 결과 카드뮴전지의 품질과 신뢰성을 만들어낸 것이라 할 수 있다.

일반적으로 니켈카드뮴전지의 반응식은 다음과 같은 식으로 표현된다. 양극은 니켈 산화물, 음극은 카드뮴화합물을 활성물질로서 전해액은 주로 수산화칼륨 수용액을 사용하고 있다.

$$2Ni(OH)_2 + Cd(OH)_2 \leftrightarrow 2NiOOH + Cd + 2H_2O$$

원통형 니켈카드뮴전지의 내부는 얇은 시트 모양의 양·음극판을 나일론이나 폴리프로필렌을 소재로 한 부직포로 된 격리판을 통하여 말은 상태로, 강철제의 견고한 외장 캔에 수납되어 있다.

또, 과충전시에 양극에서 발생한 산소 가스는 음극에서 흡수되어 전지 내부에서 소비하는 메커니즘으로 되어 있지만 규정 이상의 내부 가스압 상승에 대비하여 복귀식 가스 배출 밸브를 설치하고 있다.

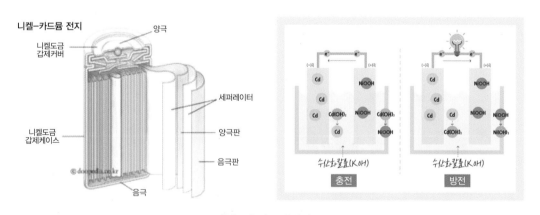

❖ 니켈–카드늄 전지의 구조
http://wiki.hash.kr/index.php/니켈_카드늄_배터리

(나) 충전 특성

니켈카드뮴전지의 충전특성은 전지의 종류, 온도, 충전전류에 따라서 달라진다. 충전이 진행됨과 동시에 전지 전압은 상승하여 어느 정도 충전량에 도달하면 피크전압을 나타낸 후에 강하된다.

이 전압 강하는 충전말기에 발생하는 산소 가스가 음극에 흡수될 때의 산화열로 전지온도가 승하기 때문에 발생한다. 충전기를 설계할 때 이 음극에 흡수되는 속도 이상으로 산소 가스를 발생시키지 않아야 한다는 것이 중요한 포인트이다.

▶ 충전에는 다음과 같은 3종류가 있다.
- 트리클 충전 : 0.033C [A] 정도의 소전류로 연속 충전.
- 노멀 충전 : 0.1C~0.2C [A]에서 150% 정도의 충전
- 급속충전 : 1C~1.5C [A]에서 약 1시간의 충전이 가능. 만충전 제어가 필요.

(다) 방전특성

니켈카드뮴전지의 방전 동작전압은 방전전류에 의해서 다소 변화되지만 방전기간의 약 90%가 1.2V 전후를 유지한다. 또 건전지나 연축전지에 비해 방전중인 전압변화가 적어 안정된 방전 전압을 나타낸다. 방전 종지전압은 기기의 설계상 1셀당 0.8~1.0V가 적합하다. 또한 내부저항이 작기 때문에 외부 단락시 대전류가 흐르기 때문에 위험하여 보호부품 등의 설치도 필요하다.

(라) 메모리 효과란?

방전 종지전압이 높게 설정되어 있는 기기나 매회 얕은 방전 레벨에서 사이클을 반복했을 경우, 그 후의 완전방전에서 방전 도중에 0.04~0.08V의 전압강하가 일어나는 경우가 있다. 이것은 용량 자체가 상실된 것이 아니기 때문에 깊은 방전(1셀당 1.0V 정도의 완전방전)을 함으로써 방전전압은 원래 상태로 복귀한다. 이 현상을 「메모리 효과」라 하며 양극에 니켈극을 사용하는 니켈카드뮴전지나 니켈수소전지 등에서 일어나는 현상이다.

최근에는 기기측의 방전 종지전압 설정을 1.1V/셀 이하로 하는 등 저전압 구동 IC의 사용과 적당한 세트 전지수의 선정으로 거의 문제가 되지 않는다.

Ni-Cd가 가진 가장 큰 단점은 메모리 효과(memory effect)가 존재한다는 것이다. 이

현상은 전지를 완전히 방전시키지 않은 상태에서 충전을 하게 되면 일어나는 현상이다. Cd의 결정구조 때문에 일어나는 현상으로 메모리 효과가 생기면 결과적으로 전지의 충전 가능 용량이 줄어든다. 이 현상이 심해지면 초기의 용량의 70% 만을 사용할 수 있게 된다. Ni-Cd 전지를 강제 방전함으로써 메모리 효과가 일어난 Cd의 결정구조를 제거할 수 있다. 에너지 밀도는 1리터 당 90이다.

이 전지의 에너지 밀도는 최근의 고성능 전기자동차용 납축전지보다 오히려 약간 떨어지나, 대전류 방전 특성이 우수하고, 저온에서도 그 특성이 크게 저하하지 않는 특징이 있다.

Ni-Cd 전지의 전압은 1.2V인데, Ni-Cd 전지에서는 전지를 다 사용하기 전에 충전하면 메모리 효과(memory effect) 때문에 다음 충 방전 시에 용량이 줄어드는 현상이 발생한다. 메모리 효과의 단적인 예는 전기면도기처럼 매일 일정시간 사용하고 곧 바로 충전하는 기기에서의 이상 동작 현상을 들 수 있다. 본인이 면도하고 난 후 충전 후에, 다른 사람이 면도하려고 하였는데 면도기가 작동하지 않는 것이다.

메모리라고 말할 수 있는 이 현상은 이 전지를 강제 방전함으로써 메모리를 지울 수 있다. 메모리 효과는 Cd(카드뮴) 금속 고유의 특성이다. 카드뮴 금속은 수정과 같은 결정구조를 이루고 있는데 방전이 일어나면서, 반응이 일어난 부분은 결정구조가 흐트러져 비정형 구조로 변한다. 비정형구조와 결정 구조사이의 경계는 충전과 방전을 거듭하면서 굵어지고, 이러한 경계가 메모리 효과의 원인이 된다.

(마) 수명특성

니켈카드뮴 전지의 수명은 보통 사용 조건에서는 500회 이상 반복해서 사용할 수 있지만 수명에 영향을 주는 주된 요인으로 충전전류, 온도, 방전 심도/빈도, 과충전기간이 있다. 수명의 모드로는 전지부품의 열화나 활물질의 기능저하에 의한 용량저하를 들 수 있다. 다른 계통의 전지에 비해 보다 안전하게 오래 사용하기 위해서는 특히 온도와 충전 전류를 고려하기 바란다.

(바) 니켈카드뮴 전지의 특징

1) 사용실적을 뒷받침하는 높은 신뢰성 : 35년 정도의 시장실적으로 신뢰성을 인정받는다.

2) 장수명으로 경제성이 우수하다 : 1회의 방전 용량은 기존의 건전지와 같지만, 일반적으로 500회 이상의 충방전이 가능하여 경제적이다. 최근에는 충전의 제어기술이 발달하

여 1000~2000회 이상 사용할 수도 있다.

3) 전지 자체가 견고하여 다소 무리한 조건에서도 오래 사용되므로 기기를 복잡한 회로로 할 필요가 없다. 또 다른 2차전지에 비해 과충전·과방전에 강한 설계로 되어 있다. 또한 전지 내부에 흡수되지 않았던 가스를 방출하는 복귀식 가스 배출 밸브가 있어 안전성이 뛰어나다. 전동 공구에서의 30A까지 미치는 방전특성 및 10분이내의 충전 등 다른 2차전지에서는 어려운 사용조건을 가능케 하고 있다.

4) 폭넓은 기종과 건전지와의 호환성 : 다양한 용도에 대응할 수 있도록 여러 종류(타입, 사이즈)의 전지와 기기 스페이스에 맞춘 세트 전지가 있다. 또 건전지와 호환성이 있는 카드뮴전지와 충전기도 충실한 라인업을 골고루 갖추고 있다.

5) 우수한 신뢰성과 넓은 사용 온도·습도 범위 : 온도에 의한 성능의 변화가 적고 밀폐구조이기 때문에 습도에 의한 영향도 거의 없다. 방전은 보통 -20~+60℃를 허용한다. 특히 저온에서 1C[A]를 초과하는 고부하 방전이 가능한 2차전지는 아직 적어 니켈카드뮴 전지의 용도를 확대시켜 왔다. 비상 조명 기기나 자동 화재경보기 등의 방재기기의 백업 전원으로 전부터 활용되고 있어, 신뢰성이 매우 높다.

6) 보수가 용이하고 견고 : 밀폐구조이기 때문에 보충액이 필요없이 충방전 상태를 불문하고 보관할 수 있으므로 보수가 용이하다. 또 기기내에 장착이 가능하며 취급이 간단하다. 구조는 견고하고 재질도 금속 용기를 사용하고 있기 때문에 충격이나 진동에 대해서도 충분한 내구성을 지니고 있다.

(사) 니켈 카드뮴 전지의 종류

밀폐형 니켈카드뮴 전지의 모양에는 원통형, 버튼형, 편평각형(gum형)이 있다. 원통 밀폐형 니켈카드뮴 전지는 일본공업규격 JIS C8705-98에 24종류의 호칭방법이 규정되고 있다. 단, 이것들 외형치수에 의한 분류만이 아니라 많은 용도에 따라 특성을 가지는 전용 전지가 개발되어 있기 때문에 그것들의 특성을 충분히 이해하여 가장 적당한 전지를 선택하는 것이 중요하다. 니켈카드뮴 전지는 납축전지에 비해 출력 밀도가 크고, 수명이 길며, 단시간 충전이 쉬운 장점이 있다.

그러나 에너지 밀도가 납축전지와 거의 같은 정밀도로 그 한계성을 많이 갖고 있으면서 가격이 납축전지에 비해 몇배 높고, 자원적으로도 대량 사용시에는 문제가 남아 있는 단점이 있다. 다만 이 전지를 전기자동차의 하이브리드 동력으로서 사용될 경우에는 유망시 되고 있다. 다시 말하면 에너지 밀도가 큰 신형 전지와 조합하여 비상 주행시의 에너지원으로서 하거나 등판, 가속 등 대출력을 요할 때 이 전지로부터 출력을 얻어내는 방식이다. 그러나 이러한 방식을 가능하도록 유도하기 위해서는 현재의 Ni/Cd 전지 자체의 출력 밀도를 보다 향상시켜야 하며, 아울러 전지의 가격을 저하시킬 수 있는 방안도 함께 제시되어야 할 것이다.

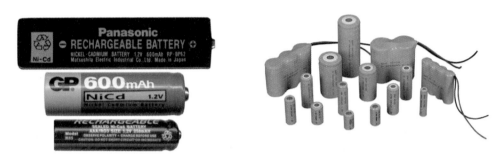

❖ 니켈 – 카드뮴 전지의 종류
출처 : https://www.google.com/search?q=NI-cd전지

(아) 니켈카드뮴전지의 앞으로의 전개

니켈 수소나 리튬 이온이라는 새로운 2차전지의 등장으로 고용량의 측면에서는 니켈카드뮴전지의 성능은 저하되지만 전지에서 요구되는 성능은 고용량만이 아니다.

새로운 계통의 전지는 대전류 방전, 온도특성, 긴 수명 등에서 니켈카드뮴전지 정도의 특성을 얻을 수 없다. 현재 전지의 용도가 다양화되고 요구되는 특성도 다종다양하여 니켈카드뮴전지가 아니면 사용할 수 없는 용도도 있다. 아래에 앞으로의 니켈카드뮴전지가 그 특징을 활용할 수 있는 신규시장을 몇가지 소개한다.

1) 동력용도(요구되는 특성 : 고출력, 긴 수명, 고신뢰성) : 어시스트 자동차, 전동차 의자, 스쿠터, 카트, 소형 전동 리프트 등. 과거에 몇 차례나 연축전지에서 시도했지만 아직 시장이 확대되지 않았다.

2) 스탠드바이 용도(요구되는 특성 : 연속충전, 고신뢰성) : WLL(Wireless Local Loop ; 전화회선용 백업 전원), UPS, 시큐리티, POS 기기 등. SOHO 수요가 기대되는 가운데, 긴 수명, 고신뢰성이 보다 더 요구될 뿐 아니라 소형·경량화, 긴수명, 대전류 방전특성, 온도 특성이라는 요구 사항이 많아지고 있어 니켈카드뮴전지로의 이동이 적지 않게 진행되고 있다.

3) 태양전지와의 변용 기기(요구되는 특성 : 과혹한 환경온도에 견딜 수 있는 온도특성) : 셔터, 방범등, 표시 등. 태양전지와의 조합은 여름의 더위나 한 겨울의 추위 등의 과혹한 환경온도에 대하여 니켈카드뮴전지는 온도 내구성이 매치하는 분야라 할 수 있다. 많은 실적에 의해서 얻어진 높은 신뢰성, 우수한 특성, 견고성에 의해 개발기간을 단축하여 필요 없는 회로를 간소화함으로써 코스트 감소나 신뢰도를 향상시킬 수 있다.

(5) 니켈 - 수소 전지 (Ni-MH)
(가) 전지의 개요
니켈-금속수소화물전지(Ni-MH전지: metal hydride battery)는 기존의 니켈카드뮴(Ni-Cd)전지에 카드뮴 음극을 수소저장 합금으로 대체한 전지이다.

최근 전자기기들의 소형·경량화 추세에 따라서 이들 전자기기의 전원으로 사용되는 전지에도 고에너지 밀도화, 소형 경량화, 장수명화 등이 강하게 요구되고 있으나, 기존의 니켈-카드뮴전지나 납축전지의 성능향상은 거의 한계에 도달해 있으며, 환경오염이 사회문제로 대두됨에 따라서 카드뮴과 같은 공해유발 물질의 사용이 규제되고 있다. 또한 자동차 배기가스에 의한 대기오염을 줄일 목적으로 무공해 자동차의 하나로 전기자동차의 개발이 활발히 진행되고 있는데, Ni-MH전지는 니켈-카드뮴전지에 비하여 에너지밀도가 크고 공해물질이 없어서 무공해 소형 고성능전지로 뿐만 아니라 전기자동차용 등의 무공해 대형 고성능전지로 개발이 가능한 새로운 2차전지로서 주목을 받고 있다.

특히 최근에는 이동통신기기, 노트북 컴퓨터, 캠코더 등 휴대용 전자기기에 리튬이온 이차전지가 보급됨으로써 소형 Ni-MH전지의 시장점유율이 감소하고 있는 실정이다. 그러나 전기자동차용과 하이브리드 자동차에 사용되는 중대형 용량의 전지는 자동차의 동력원으로 사용되는 특수성 때문에 고에너지밀도와 고파워밀도 같은 전지의 기본적인 성능뿐 아니라 전지의 수명 및 신뢰성과 특히 안전성에 관한 요소가 중요한 결정요인이 된다. 즉 Li이차전지가 갖고 있는 근본적인 문제점인 리튬금속이 대기 중에 노출할 경우 리튬 고유의 활성으로 인한 화재의 발생문제가 있으므로 최근에 개발 중인 완전 고체형의 리튬-폴리머전지가 개발되기 이전까지는 전기자동차용으로는 안전성이 있는 Ni-MH전지를 사용하는 것이 바람직하며 최근 미국이나 일본에서 판매 또는 리스 중인 전기자동차 및 하이브리드자동차는 대부분 Ni-MH전지를 사용하고 있는 실정이다.

이러한 새로운 알칼리 2차전지로서 Ni-MH전지가 제안된 것은 1970년 경이지만 연구

개발이 활발하게 진행된 것은 1980년대 중반부터이다. Ni-MH전지의 고성능화를 위한 음극용 수소저장합금의 개발 결과 현재 상용화되어 있는 합금들은 주로 일본에서 소형전지로 상용화된 나 (Mm: misch metal, 희토류원소의 혼합물)를 기본으로 하는 AB5계 합금과, 미국의 OBC(Ovonic Battery Company)사에 의하여 개발된 C14 또는 C15 Laves상을 주로 하는 AB2계 합금으로 나눌 수 있다.

소형 Ni-MH전지는 현재 AB5 Type의 전지가 상용화되고 있으며 AB5계보다 용량이 다소 큰 AB2계 전지는 홍콩의 GPI에서 최초로 상용화하였으나 대부분의 시장은 일본의 3사인 마쓰시타, 산요, 도시바에서 점유하고 있다. 그러나 대용량의 전기자동차용 전지는 현재 일본의 '파나소닉 EV 에너지'에서 시제품으로 생산 중인 전지만이 차량에 사용되어 판매되고 있으며 Ovonic사의 AB2계 전지는 아직 양산기술을 개발하지 못하여 시험용 차량에서 시험 중에 있으며 99년 중에 GM의 전기자동차에 사용할 것이라고 발표하고 있다. 이렇듯이 Ni-MH전지는 현재 소형전지의 경우 리튬이온전지에 시장을 잠식당하고 있는 실정이며 중대용량의 전지는 기술개발이 활발히 진행되고 있다.

❖ 니켈 – 수소전지
출처 : https://www.google.com/search?q=Ni-수소전지

(나) Ni-MH전지의 구조와 화학반응

Ni-MH전지는 기존의 Ni-Cd전지에서 Cd극을 수소저장 합금으로 대체한 것으로서 음극에 수소저장합금(M), 양극에 수산화니켈 $Ni(OH)_2/NiOOH$ 이 사용되며, 분리막으로는 Ni-Cd전지와 같은 내알칼리성의 나일론 부직포, 폴리프로필렌 부직포 및 폴리아미드 부직포 등이 사용되고 있다. 또한 전해액은 이온전도성이 최대로 되는 5~8 M KOH 수용액이 사용되고 있다.

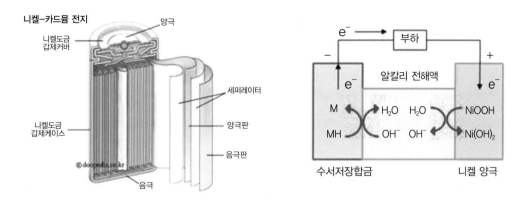

❖ **니켈 – 수소 전지 구조**
출처 : https://www.google.com/search?q=NI–수소전지

충전시 음극에서는 물이 전기분해되어 생기는 수소이온이 수소저장합금에 저장되는 환원반응이, 양극에서는 $Ni(OH)_2$ 가 NiOOH로 산화되는 반응이 일어난다. 방전시에는 역으로 음극에서는 수소화합물의 수소원자가 산화되어 물로 되고, 양극에서는 NiOOH가 $Ni(OH)_2$ 로 환원되는 반응이 일어난다. 니켈양극이 완전히 충전된 후에도 전류가 계속 흐르면, 즉 과충전이 되면, 양극에서는 산소가 발생 된다.

그러나 음극의 용량이 양극보다 크면, 발생된 산소가 음극표면으로 확산되어 산소재결합 반응이 일어나게 된다. 음극에서는 산소를 소비시키기 위하여 수소가 감소하게 되어 동일한 전기량이 충전되므로 전체적으로는 변화가 없다. 역으로 과방전이 되면, 양극에서는 수소가 생성되고 이 수소는 음극에서 산화되므로 전체적으로 전지내압은 상승하지 않는다. 이와 같이 Ni-MH전지는 원리적으로는 과충전과 방전시 전지내압이 증가하지 않고, 전해액의 농도가 변하지 않는 신뢰성이 높은 전지이다. 그러나 실제적으로는 충전효율의 문제로 인하여 전지내압이 어느 정도 상승하게 된다.

양쪽 극에서 일어나는 충·방전 반응은 다음과 같다.

양극 : $MH(s) + OH^-(aq) \rightarrow M + H_2O(l) + e^-$
음극 : $N_iOOH(s) + H_2O(l) + 2e^- \rightarrow N_i(OH)_2(s) + OH^-(aq)$
전체 : $MH(s) + N_iOOH(s) \rightarrow M + N_i(OH)_2(s)$

이러한 Ni-MH전지는 다음과 같은 장단점을 가지고 있다.

장점

① 전지전압이 1.2~1.3V로 Ni-Cd전지와 동일하여 호환성이 있다.

② 에너지밀도가 Ni-Cd전지의 1.5~2배이다.

③ 급속 충·방전이 가능하고 저온특성이 우수하다.

④ 밀폐화가 가능하여 과충전 및 과방전에 강하다.

⑤ 공해물질이 거의 없다.

⑥ 수지상(dendrite) 성장에 기인하는 단락이나 기억효과가 없다.

⑦ 수소이온 전도성의 고체전해질을 사용하면 고체형 전지로도 가능하다.

⑧ 충방전 싸이클 수명이 길다.

단점

① Ni-Cd전지만큼 고율방전 특성이 좋지 못하다.

② 자기방전율이 크다.

③ 메모리효과(memory effect)가 약간 있다.

(다) 전극용 수소저장 합금의 특성

전극용 수소저장합금의 선택에 있어서 합금의 조성은 전지의 용량, 전지내압, 급속 충·방전 특성, 수명, 저온특성, 자기방전특성 등과 같은 전지의 성능을 결정할 수 있는 가장 큰 요인으로 작용하게 되는데, 합금의 선택에 있어서 고려하여야 할 사항은 다음과 같다.

1) 가역적인 수소저장능력

단순한 수소저장량이 아니라 적절한 수소 결합력을 가져 가역적인 수소저장량이 커야 한다. 따라서 수소 결합력의 척도인 수소화물 생성엔탈피가 보통 8~10kcal/mole 이거나 수소 평형압력이 10 - 3~수기압이어야 한다.

2) 내산화성

과충전시 양극에서 발생되는 산소가 음극표면에서 재결합하는 반응을 이용하여 과충전시 전지내압상승을 억제한다. 이러한 전지의 산화성 분위기에서 전극이 산화되면 전지성능의 저하를 초래한다. 즉, 전극의 충전효율이 저하되어 수소가스가 발생하게 되며, 전극의 촉매능력이나 가스 재결합능력이 감소한다. 또한, 방전시 과전압이 커져서 방전효율이 감소한다. 과도한 산화는 전체적인 전기전도도의 감소를 가져오게 되어 전극수명을 저하시킨다.

3) 알칼리 용액에서의 내식성

과도한 산화 또는 부식은 전해액의 소모를 가져와 전지성능저하 및 전지수명을 감소시키며, 부식반응에 의하여 생성되는 합금부식생성물은 양극을 피독시켜 양극의 산소발생 과전압을 감소시키므로 충전효율저하 및 양극의 자기방전율을 증대시킨다. 전해액에 용해되기 쉬운 부식생성물(예:VOx)의 산화상태가 변할 때에는 산화환원반응의 순환 메카니즘을 형성하여 자기방전을 증대시키는 것으로 알려져 있다. 그러나 부식을 억제하는 부동태막이 수소의 투과성을 저해하여서는 안 된다.

4) 합금 내에서의 수소확산 속도 및 수소산화에 대한 촉매능력

고율방전능력이 크려면 합금내부에서 전극반응이 일어나는 합금/전해액 계면으로의 수소확산 속도가 커야 하며, 또한 이 계면에서의 수소산화에 대한 표면 촉매능력이 커야 한다. 합금/전해액 계면에서 수소와 OH - 이온의 반응은 합금표면에 존재하는 산화물의 특성, 즉 산화물의 기공도, 두께, 전기전도도, 촉매능력 등에 영향을 받으므로 산화물의 특성이 고율방전능력에 커다란 영향을 미치게 된다.

5) 수소가스와 수소화물을 형성할 수 있는 능력

과방전시 양극에서 발생하게 되는 수소가스를 원자 상태의 수소로 분해하여 음극 내로 흡수시켜야 한다. 또한 과충전시 산소재결합이 매우 빠를지라도 특히 급속충전시에는 음극에서의 수소발생을 피할 수 없다. 충전이 끝났을 때, 발생된 수소압력을 감소시키기 위해서는 전극표면에서 분자수소가 원자수소로 쉽게 분해되어 음극에 흡수되어야 한다.

6) 초기활성화

조립된 상태의 전극표면에는 사용합금의 산소친화력이 크기 때문에 대기 중에서 제조공정 도중에 치밀한 산화막이 생길 수 있다. 충방전시 합금의 팽창과 수축이 일어나 합금분말에 균열이 생겨 산화물이 적은 새로운 표면의 생성과 함께 전극의 표면적이 늘어나게 되어 전극이 활성화된다. 또한 V산화물 같이 전해액에 쉽게 용해되는 합금성분이 있는 경우에는 일부러 산화물을 용해시킴으로써 전극표면의 산화물의 구조가 수소가 더 잘 투과할 수 있는 극소다공성의 구조로 되어 초기활성화가 쉬워지는 것으로 알려졌다.

7) 전극제조의 용이성

합금의 제조, 합금분말의 제조 및 전극제조의 용이성 등이 고려되어야 한다. 대형전지의 경우에는 다소 덜 하지만, 소형전지용 전극으로 개발될 경우, 양산과정을 필요로 하므로, 전극제조시의 간편성은 전지의 가격을 결정하는 중요한 인자가 된다. 따라서 현재의 제조공정인 소결식을 대체할 수 있는 간편한 공정을 사용할 수 있는 페이스트식 전극제조법으로 전극의 제조가 가능하다면, 경제적 측면에서 매우 유리하게 된다.

(라) 기술개발동향

알칼리전지용 니켈전극으로는 포켓식과 소결식 니켈전극이 상용화되어 있으나 근래에는 발포상 니켈을 사용한 페이스트식 니켈전극의 개발에 관심이 모아지고 있다.

포켓식은 다공성 강판제 용기에 활물질인 수산화니켈(II), 도전재인 흑연 및 니켈분말을 충진한 것으로 극판의 기계적 강도는 높으나, 활물질과 도전체 사이의 전기적 접촉이 불량하기 때문에 급속 충방전이 곤란하다. 소결식 전극은 활물질 지지체인 다공질 니켈분말 소결체의 기공 내에 질산니켈 수용액으로부터 화학적 함침 혹은 전기화학적 함침에 의하여 활물질인 수산화니켈(II)을 석출 밀착시켜서 제조하는 것이다. 이러한 소결식 전극은 활물질이 도전성 기공 내에 강하게 부착되어 있으므로 고율방전특성이 우수하고 수명이 긴 장점이 있다. 그러나 이 방법은 제조공정이 복잡하고 가격이 비싸며, 고용량화에 문제점을 나타내고 있다.

상기의 문제점을 보완한 발포상 니켈을 사용한 페이스트식 니켈전극은 고다공도(95% 정도)를 가진 발포상 니켈판을 기지로 하여 활물질인 수산화니켈분말과 도전성분말을 페이스트화 하여 직접 충진하는 방법에 의하여 제조되는 것으로 높은 에너지 밀도를 나타내고 있다. 이 전극에서는 발포상 니켈판의 두께, 다공도, 기공크기, 페이스트조성 및 충진방식 등이 중요하다. 근래에는 고온에서의 니켈전극특성을 향상시키기 위하여 수산화코발트와 수산화카드뮴을 공침시켜 제조한 수산화니켈로 니켈전극을 제조하는 방법이 보고되었다.

실제 충방전시 니켈의 산화상태는 +2.3에서 +3.0~+3.7 사이로 변화하게 되는데 따라서 용량은 200~400mAh/g(이론 용량의 70~140%)가 될 수 있다. 그러나 높은 산화 상태에서는 자기방전이 심하고 가역성이 떨어져서 전극수명이 저하되므로 실제 이용 가능한 용량은 250mAh/g 정도이다. 수산화니켈은 밀도가 작으므로 단위체적당 용량이 매우 낮아서 실제 전지의 전체 용적의 많은 부분을 차지하게 되어 소형 전지에서는 니켈양극의 용량에 의해서 전체 전지의 용량이 결정되는 실정이다.

(마) 연구개발방향

Ni-MH 2차전지는 여러가지 장점을 가지고 있지만 아직까지 해결해야 할 문제점들이 있어 최근에는 이러한 문제점들을 해결하는 방향으로 연구가 진행되고 있다. Ni-MH전지의 실용화를 위해 해결해야 할 문제점 및 연구개발방향은 다음과 같다.

1) 단위무게당, 단위부피당 방전용량을 증가시켜야 한다. 현재 MH전극의 방전용량을 증가시키기 위해 새로운 종류의 수소저장합금을 개발하고 있다. 현재 400mAh/g 이상 고용량의 MH전극이 개발되고 있는데 용량의 한계가 있는 AB5계의 합금보다는 AB2계열의 전극으로의 개량이 이루어지고 있다.

2) 전지의 자기방전율을 감소시켜야 한다. 실제로 현재 개발된 전지의 자기방전율이 일반적으로 20%/week 이상으로 크다. 따라서 이와 같이 높은 자기방전율 때문에 전지를 사용하지 않고 오래 방치하는 경우 전극이 퇴화되어 전지를 사용할 수 없게 된다. 금속수소전극으로부터 발생한 수소에 의해 일어나는 자기방전인 경우는 자연적인 현상으로 이를 해결하기 위해서는 금속수소화물의 수소평형압력을 개선시키던가 금속수소전극을 표면처리함으로써 금속수소화물의 격자 내에 있는 수소가 외부로 방출되지 않도록 하는 연구가 수행되어야 한다.

3) 전지의 내부압력을 감소시켜야 한다. 전지의 내부압력의 증가는 전극에서의 가스 발생속도가 소비속도에 비해 높을 때 나타나는 것으로 일반적으로 활성화초기 및 충전 중에 MH전극의 충전효율 저하로 인해 생기는 수소와 과충전시 니켈 전극에서의 산소발생반응이 Ni-MH전지의 내부압력증가의 원인으로 알려져있다. 저충전효율에 의한 수소발생은 MH전극의 충전효율을 높이는 합금을 개발하면 해결할 수 있으며 과충전시 발생하는 가스발생을 억제하기 위해서는 적절한 충전알고리즘을 찾는 것이 필요하다. 또한 전기자동차용으로 전지를 사용하는 경우 충전시간을 단축하기 위해 급속충전을 할 필요가 있으므로 급속충전시에도 가스 발생을 최소화하는 충전방법을

찾아야만 한다.

4) 전지의 수명을 향상시켜야 한다. 전지의 수명이 감소하는 원인은 여러 가지가 있으나 그 가운데 충전말기 니켈전극에서 발생하는 산소에 의해 금속수소 전극이 산화되어 전지의 수명이 감소하게 되거나 금속수소전극 내에 있는 수소와 반응하여 물을 형성하여 금속수소전극의 용량을 감소시킬 수 있다. 따라서 전지의 수명을 증대시키기 위해서는 가스의 발생을 억제하거나 발생된 가스를 재결합하는 방법에 관한 연구를 수행하는 것이 필요하다. 실제로 MH합금에 구리와 같이 미세전류를 흐를 수 있도록 하는 물질을 코팅하여 충전효율을 향상시켰으며, 최근에는 발생된 가스를 재결합시키기 위한 연구도 진행되고 있다.

5) 전지의 가격을 낮추어야 한다. 현재 Ni-MH전지는 Ni-Cd전지보다 다소 고가이며 전기자동차용 납축전지에 비해 가격이 세배이상 높다. 따라서 전지의 가격을 낮추기 위해서는 저가의 전극재료를 사용한 전지를 개발해야 하며 또한 전지를 재사용하는 기술을 개발하여야 할 것으로 사료된다.

니켈-수소전지는 니켈-금속수소화물 전지(MH는 metal hydride의 약자임)의 약칭으로 기존의 니켈-카드뮴(Ni-Cd) 전지에 카드뮴 음극을 수소저장합금으로 대체한 전지이다. 최근 전자기기들의 소형, 경량화 추세에 따라서 이들 전자기기의 전원으로 사용되는 전지에도 고에너지 밀도화, 소형경량화, 장수명화 등이 강하게 요구되고 있으나, 기존의 Ni-Cd 전지나 납축전지로는 요구 수준에 도달하기 어려우며 유해 중금속 등에 의한 환경오염이 사회문제로 대두됨에 따라서 카드뮴과 같은 공해 유발 물질의 사용이 규제되고 있다.

또한 자동차 배기가스에 의한 대기 오염을 줄일 목적으로 무공해 자동차의 하나로 전기자동차의 개발이 활발히 진행되고 있는데, Ni-MH 전지는 Ni-Cd 전지에 비해 에너지 밀도가 크고 공해물질이 없어서 하이브리드 자동차용과 전기자동차용 전원 그리고 전기스쿠터용과 장애자스쿠터용 등으로 개발되고 있다.

이와 같은 전극반응으로 나타나는 Ni-MH rechargeable battery 의 특성은 다음과 같다.

① 에너지의 용량이 크다.(Ni-Cd 전지 또는 lead-acid 전지의 약 1.5~2배)

② 독성물질 (heavy metal)을 함유하고 있지 않다.

③ 충전, 방전 속도가 빠르다.

④ 저온, 고충전 속도에서도 에너지 효율이 높다.

⑤ 충전, 방전시 전해질의 농도 변화가 없다.

⑥ 밀폐형 전지의 제조가 용이하다.

⑦ 원하는 특성에 따라 수소저장합금을 선택할 수 있다.

이러한 장점을 가진 Ni-MH 전지에 대한 연구는 고용량의 전극개발과 전지 설계 및 제조기술의 최적화 방향 으로 진행되고 있다. 반면에 수소저장합금 전극의 방전용량은 합금의 수소저장용량에 비례하기 때문에 이론적인 방전용량이 Ni양극처럼 제한되지 않고 개발의 여지가 충분히 있는것으로 평가된다. 또한 현 상태에서 음극의 내부저항이 전지에서 가장 큰 비중을 차지하고 있어 고출력을 요하는 전기자동차 용 Ni-MH 2차전지의 성능 개선은 MH 음극의 개발 여부에 좌우된다고 할 수 있다.

(6) 니켈 - 아연 전지(Ni - Zn)

Zn/Ni 전지는 상당히 오래 전인 1901년경 소련인 Mikhailouski가 특허를 출원한 이후 독일에서는 1930년대 접어들면서 이를 전기자동차용으로 사용하기 위한 연구 개발이 행해졌다.

$$2Ni\,(OH)_2(s) + Zn\,(OH)_2(s) \leftrightarrow 2Ni\,(OH)_3(s) + Zn$$

그러나 1950년대에 이르기까지 실용화된 기록이 없다가 1960년대에 접어들면서 유럽이나 미국에서 성행리에 연구가 진행되었다.

이 전지의 특징으로는

1) 에너지 밀도가 45~65Wh/kg으로 납축전지보다 높고,

2) 가격은 Ni/Cd 전지보다 저렴하며,

3) 충전량은 방전량의 110% 이내에서 충분하고,

4) 충전 상태나 방전 상태에서도 장시간의 보존이 가능하여 부수가 간단하며,

5) 내진동성, 내충격성 등이 우수하다.

그러나 에너지 밀도가 높더라고 납축전지와의 차이가 적기 때문에 1충전 주행 거리를 획기적으로 확장하기에는 현실적으로 어렵고, 아연 전극의 수명이 짧다는 단점도 있다. 따라서 미래의 전기자동차 전원으로 이 전지가 활용되기 위해서는 대폭적이 수명 성능 향상을 위한 적극적인 연구 개발 노력이 없어서는 안 될 것이다.

(가) 차세대 전지, 니켈-아연 전지

높은 에너지 밀도와 높은 비율의 방전이 가능한 우수한 성능으로 인해 많은 종류의 알칼리 전지에서 아연이 애용되는데, 그 중에서도 전기 자동차용 2차 전지로서 니켈-아연 전지의 활용 가능성이 제일 크다. 그러나 충전 반응시 일어나는 아연 전극에서의 불균일한 조직 형성 때문에 누전과 수차례 충·방전을 반복하면서 발생하는 전극변형에 의한 전지용량 감소가 초래되어 전지의 수명이 200~300회 정도에 불과해 아직까지 실용화되지 못하는 문제점을 안고 있다.

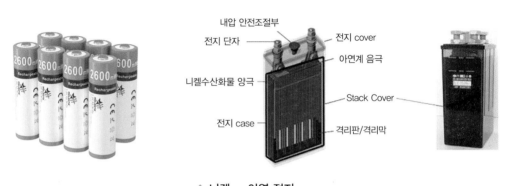

❖ 니켈 - 아연 전지
출처 : https://www.google.com/search?q=NI-아연전지

니켈-아연 전지는 전극에 따라 다소 제조과정이 다르다. 먼저, 양극에 해당하는 니켈 전극은 일반적으로 소결식으로 제조되는데, 이 방법은 니켈 집전체 위에 부피비로 75~80%에 달하는 기공을 갖는 Ni 소형판을 소결방법으로 제조한 후, $Ni(NO_3)_2$를 함침하여 $Ni(OH)_2$ 활물질을 생성시키고 나서 충방전을 통한 화성공정을 거쳐 전극으로 제조한다.

음극 전극의 경우에는, 아연산화물 분말을 주성분으로 하여 아연금속 분말과 몇 가지 첨가제를 혼합하여 집전체에 도포하는데, 도포하는 방법으로는 건식법으로 해야 전극에서 발생하는 산소의 발생전위를 높일 수 있다. 다음, 내알칼리성을 갖는 금속이 전착도금된 구리 집전체 위에 활성물질과 첨가제가 혼합된 분말을 가압 성형함으로써 전극이 제조된다.

전지의 수명에 영향을 미치는 요인 중의 하나인 분리판은 각종 재질과 구조가 이용되는데, 알칼리에 강한 종이, 유기질다공성박막 등 3중 구조로 이루어져 있다. 수명에 중대한 또 한가지 요인인 전해액은 일반적으로 25~35% 수산화칼륨 용액이나, 여기에 수산화리튬용액을 혼합하여 사용한다.

니켈-아연 전지는 전기자동차용으로서 많은 가능성을 갖고 있다. 아울러 높은 출력과 에너지 밀도, 낮은 가격, 안정성, 원료 및 제조 공정의 무공해성 등 전기자동차용 전지가 갖추어야 할 성능을 갖추고 있으므로 그 수명 특성을 개선할 경우 전지의 가격과 동시에, 그 성능을 비교하면 니켈-금속수소화합물, 나트륨-황 등의 여타 전지들과 경쟁이 가능할 것이다. 결국 니켈-아연 전지의 실용화를 앞당김으로써 가까운 장래에 환경오염 및 에너지고갈 문제를 완전 해결한 전기자동차가 일반화되어 거리를 활주할 수 있을 것이다.

(7) 리튬 이온 캐피시터 전지 (LiC)

(가) 전지의 개요

리튬이온 캐패시터(LIC : Lithium-ion Capacitors)는 전기이중층 캐패시터(EDLC : Electric Double Layer Capacitor)와 리튬이온 2차전지(LIB)의 특징을 겸비하는 하이브리드 캐패시터(Hybrid Capacitors)이며, 고 에너지밀도, 신뢰성, 긴수명, 안전성의 이점에서부터 개발이 활발해지고 있다.

리튬이온 캐패시터란 음극에 리튬 첨가 가능한 탄소계 재료를 이용하고, 양극에는 통상의 전기이중층 콘덴서에 이용되고 있는 활성탄, 혹은 폴리머계 유기 반도체등의 캐패시터 재료를 이용한 하이브리드 캐패시터이다. 음극에 전기적으로 접속된 금속 리튬이, 전해액의 주액과 동시에 국부 전지를 형성해, 음극의 탄소계 재료에 리튬이온으로서 첨가가 시작한다. 첨가가 완료되면 음극의 전위는 개략 리튬의 전위가 되므로, 리튬이온 캐패시터는 충전 전의 초기전압으로서 3V미만의 전압을 가진다. 따라서 통상의 전기이중층 콘덴서와의 충방전 전위를 비교하면, 양극의 전위를 너무 높게 설정하지 않아도, 고전압을 얻을수 있어 이것이 결과적으로 신뢰성 향상의 한 요인으로 되고 있다.

❖ Lithium-ion Capacitors

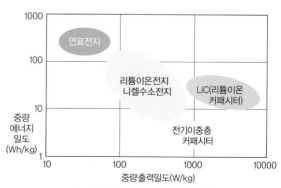

❖ 중량출력밀도 및 에너지 밀도

출처 : https://www.google.com/search?q=리튬이온+캐패시티

리튬이온 전지는 값이 비싸고, 충방전 속도(출력밀도)가 충분하지 않으며, 충방전 반복에 의한 열화가 문제이다. 특히 충전에 시간이 많이 걸리는 문제는 가장 큰 난제이다. 이를 획기적으로 개선할 수 있을 것으로 기대되는 새로운 전지가 최근 급속히 부상하고 있다. 지금까지 무정전 비상전원장치에 사용되어 온 리튬이온 캐패시터이며, 부품기술이나 재료 기술의 발전에 따른 것이다.

리튬이온 캐패시터는 전기이중층 캐패시터라고 하는 축전부품과 리튬이온 2차전지를 조합한 하이브리드 구조의 전지이다. 전기이중층 캐패시터의 정극(+)과 리튬이온 2차전지의 부극(-)을 연결한 것이다.

전기이중층 캐패시터는 전극 표면에 이온이 접근해서 만들어지는 전기 2중층을 캐패시터(콘덴서)로서 이용하는 것이며, 충방전이 아주 빠르지만(출력 밀도가 높지만), 에너지 밀도는 낮다. 그래서 부극(-)을 치환함으로써 출력밀도와 충방전 반복 가능횟수를 리튬이온 2차전지에 비해 한자릿수 이상 개선하고, 에너지 밀도를 전기이중층 캐패시터의 몇 배 이상으로 높여서 리튬이온 전지를 따라잡는다는 것이다.

유망한 전지로는 리튬이온 전지가 있다. 이 리튬이온 전지에 비해 리튬이온 캐패시터는 순간적으로 커다란 에너지를 얻을 수 있기 때문에 순간 전압저하 보상장치 등 산업용 장비에 사용되고 있다.

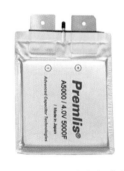

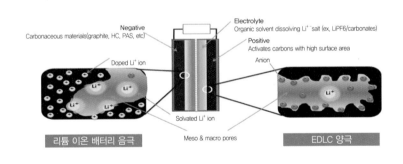

❖ 리튬이온 캐패시터 전지　　　　　　　❖ LIC의 구조

출처 : https://www.google.com/search?q=리튬이온캐패시티

(나) 리튬이온 및 리튬이온 캐패시터 전지의 장단점

1) 리튬이온 단점

- 값이 비싸고

- 충·방전 속도(출력밀도)가 충분하지 않으며

- 충·방전 반복에 의한 열화가 문제

- 특히 충전에 시간이 많이 걸리는 문제는 가장 큰 난제

- 충·방전 횟수는 1000~2000번이 한계

- 매일 충·방전을 반복하는 경우 3년 정도면 수명이 끝난다는 계산

- 리튬은 철이나 알루미늄에 비해 채굴량이 많지 않은 희귀금속
  (희토류금속)에 속한다. 게다가 생산의 대부분을 중국에 의존하고 있으며, 장래에도 안
  정적으로 확보하는 것이 불안하다.

2) 리튬이온 캐패시터 장점

- 전기이중층 캐패시터라고 하는 축전부품과 리튬이온 2차전지를 조합한 하이브리드 구
  조의 전지

- 무정전 비상전원장치에 사용

- 100만~200만 번 충방전이 가능하므로 수명은 반영구적

- 단자간의 전압으로부터 에너지 잔량을 정확히 측정할 수 있는 이점

- 50센티미터~1미터의 거리를 송수신 안테나가 상당히 떨어져 있어도
  송전할 수 있다

3) 리튬이온 캐패시터 단점

- 캐패시터에는 결정적인 단점이 있는데, 에너지밀도가 낮다는 점

- 1회 충전하고 시속 40킬로미터로 주행하면 10~20분 정도에 전기에너지가 다 소진된
  다. 유력한 방법은 "무선급전"이다

(다) LIC의 응용분야

리튬이온 캐패시터는 특징을 살려서 태양광 발전 등의 자연 에너지와 조합으로 생태계
및 장수명화에서 환경 부하 저감으로의 공헌을 기대할 수 있는 장치라고 생각할 수 있다.

또한 박형은 비접촉 충전 등의 급속 간이충전 시스템과 조합 및 자연 에너지충전에 의한 소형 모바일기기, 통신기기 등에 적용할 수 있다.

응용분야로서는

① 급속 충전, 경량, 저자기 방전의 특징을 살린 민생 기기용 전원

② 미터 통신&검침 System

③ 태양전지, 풍력발전과 조합한 축전 장치(가로등, 소형 LED조명등)

④ 에너지 절약 기기의 보조 전원(복사기 급속가열, 프로젝트 등)

⑤ 자동차 전자 제어 관련(idling-stop devices, drive recorders, brakes-by wire 등) 등에 검토되어 일부 실용화가 시작되고 있다.

(8) 리튬이온 전지(Lithium ion battery)

(가) 전지의 특성

리튬이온 전지(Lithium-ion battery)는 이차 전지의 일종으로서, 방전 과정에서 리튬이온이 음극에서 양극으로 이동하는 전지이다.

이차전지 시장은 어떤 종류의 차종이 시장을 주도하느냐에 따라 결정된다.

HEV(Hybrid Electric Vehicle): 니켈수소전지, PHEV(Plug In Hybrid Electric Vehicle), EV등 : 리튬이온전지 대세 대세이며 HEV의 경우는 가솔린 엔진을 주동력원으로 사용하지만 PHEV와 EV는 전기모터를 주동력으로 사용하기 때문에 에너지밀도가 크고 용량이 큰 리튬이온 이차전지가 반드시 사용되어야 한다.

리튬이온 전지 : 휴대용 전자기기

- 많이 사용

- 에너지 밀도가 높고

- 기억 효과가 없으며,

- 자연방전이 일어나는 정도가 작다.

일반적인 리튬이온 전지는 잘못 사용하게 되면 폭발할 염려가 있지만 무게가 가벼운데다 고용량의 전지를 만드는 데 유리해 휴대폰, 노트북, 디지털 카메라 등에 많이 사용되고 있다. 리튬은 본래 불안정한 원소여서 공기 중의 수분과 급격히 반응해 폭발하기 쉬우며 전해액은 과열에 따른 화재 위험성이 있다. 이런 이유 때문에 리튬이온 전지에는 안전 보호회로(PCM)가 들어가며, 내부를 단단한 플라스틱으로 둘러싸게 된다.

- 양극: Lithium oxide계(예: $LiCoO_2$)

- 음극: carbon계(예: graphite) 사용

- 전해질로 수용액대신 유기용매를 사용한다.

$$LiCoO_2 + Cn \quad \Leftrightarrow \quad Li1 - xCoO_2 + CnLix$$

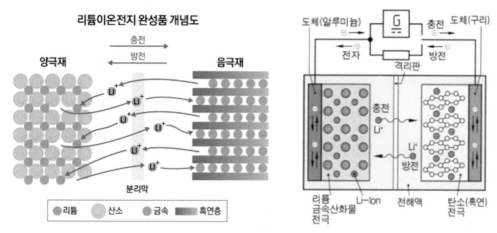

❖ 리튬 이온 전지의 충 · 방전 작용   출처 : https://www.google.com/search?q=리튬이온전지

(나) 전지의 구성도

구성

- 양극 : LiCoO2(리튬 코발트 산화금속)

- 음극 : 흑연화 탄소, 흑연(그라파이트) / 하드카본의 두 가지

　　　사이클 특성은 하드카본 쪽이 흑연보다 우수

- 전해액 : $LiPF_6$ (리튬염)이 용해된 유기용매

1) 리튬이온전지의 개방전압은 4.2V로 높아, 물은 분해되어버리기 때문에 수용액 전해액을 사용
할 수가 없다.

　- 유기용매계 전해액은 수용액계와 비교하여 이온전도율이 낮은 결점

　- 가연성이기 때문에 안전성에 대하여 특별한 배려필요

　- 전해액 : $LiPF_6$ (리튬염)이 용해된 유기용매

2) 전해액의 구비조건 :

　- 이온전도율이 높을 것, 이를 위하여 가급적 많은 리튬이온을 해리할 수 있고, 안정적
으로 존재할 수 있을 것.

- 넓은 전위창을 가질 것. 즉 넓은 전위범위에서 안정할 것.
- 양극과 음극물질과 반응하지 않을 것.

3) 유기전해액을 폴리머의 가소제로 사용 → 폴리머 겔 전해질
- 전해액을 고체로 취급하기 하기 때문에 전해액의 누설 문제로부터 해방될 수 있는 커다란 장점

4) 소형전지에서 겔 전해질을 사용할 경우 :
- 전지의 외장을 금속 켄이 아닌 고분자필름을 사용할 수 있기 때문에 전지의 경량화에 유리

5) 폴리머 겔 전해질 :
- 고체이기 때문에 이온전도율은 유기용매보다 낮음
- 이를 극복하기 위해 어느 정도 높은 온도에서 사용

• 리튬, 고온 · 공기 접촉하면 발화 / 과충전 · 심한 충격 피해야 안전

휴대폰 전지의 대부분은 각형의 리튬이온전지 또는 리튬이온폴리머 전지를 사용하고 있다. 리튬은 지구상에 존재하는 어떤 원소보다 '전위차'가 커 높은 효율의 충방전을 가능하게 하기 때문에 최상의 전지 물질로 알려져 있다. 하지만 리튬은 폭발이나 화재의 위험이 큰 물질이기도 하다.

• 리튬이온폴리머 – 겔 형태의 전해질, 특수필름 재질로 위험성 적어

리튬이온폴리머 전지의 내부 구조는 리튬이온 전지와 유사하다. 다만 리튬이온전지의 액체의 전해액 대신에 말랑말랑한 겔 형태의 전해물질(폴리머 전해질)을 사용하며, 리튬이온전지의 외부금속 캔 대신에 플라스틱 필름재질의 파우치로 싸여있다는 것이 큰 차이이다. 리튬이온폴리머 전지는 금속 캔 대신 내부 압력에 잘 찢어지는 특수필름 재질로 되어 있으며, 전해질이 겔 형태여서 외부로 잘 흘러나오지 않기 때문에 폭발할 가능성이 거의 없어 안전하다.

(다) 리튬 이온 전지 구조
- 안전벤트(safety vent) : 가혹한 조건하에서 내부압 방출
- CID (Current Interrupt Device) : 외부 단락에 의한 급격한 전류를 정상적인 방전 전

류로 낮추어주는 역할을 한다.

(라) 리튬 – 이온전지의 특성

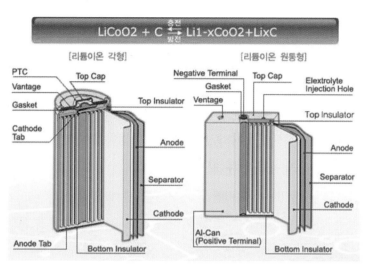

❖ **리튬이온 각형, 원통형 구조**
출처 : https://www.google.com/search?q=리튬이온전지

구분	특성
고에너지 밀도	리튬이온 전지는 같은 용량의 니카드(Ni-Cd:니켈카드뮴), 혹은 니켈수소 전지에 비해 질량이 절반에 지나지 않는다. 부피는 니카드 전지에 비해 40~50% 작을 뿐 아니라 니켈수소 전지에 비해서도 20~30% 작다.
고전압	하나의 리튬이온 전지의 평균 전압은 3.7V로서 니카드나 니켈수소 전지 3개를 직렬로 연결해 놓은 것과 같은 전압이다.
고출력	리튬이온 전지는 1.5CmA까지 연속적으로 방전이 가능하다. (1CmA란 전지의 용량을 1시간 동안 모두 충전 또는 방전하는 전류를 말한다)
무공해	리튬이온 전지는 카드뮴, 납 또는 수은과 같은 오염물질을 사용하지 않는다.
금속 리튬 아님	리튬이온 전지는 리튬 금속을 사용하지 않아 더욱 안전하다.
우수한 수명	정상적인 조건하에서 리튬이온 전지는 500회 이상의 충전 / 방전 수명을 지닌다.
메모리 효과 없음	리튬이온 전지에는 메모리 효과가 없다. 반면에 니카드 전지는 불완전한 충전과 방전이 반복적으로 이루어질 때 전지의 용량이 감소하는 메모리 효과를 보인다.
고속 충전	리튬이온 전지는 정전류/정전압(CC/CV) 방식의 전용 충전기를 이용하여 4.2V의 전압으로 1~2시간 안에 완전하게 충전할 수 있다.

(마) 리튬이온전지의 역사

리튬이온 전지는 빙엄턴 대학의 위팅엄 교수와 엑슨 사(社)에 의해 1970년대에 처음 제안되었다. 위팅엄 교수는 이황화티탄을 양극으로, 금속 리튬을 음극으로 사용하였다. 이후 1980년에 야자미(Rachid Yazami)를 필두로 하는 그르노블 공과대학(INPG)과 프랑스 국립 과학 연구센터의 연구진에 의해 흑연 내에 삽입된 리튬 원소의 전기화학적 성질이 밝혀졌다. 그들은 리튬과 폴리머 전해질, 흑연으로 이루어진 반쪽 전지 구조에 대한 실험을 통하여 흑연에 리튬 원소가 가역적으로 삽입됨을 밝혀냈고, 1982년과 1983년에 해당 연구 내용이 출판되었다. 이 연구는 리튬의 흑연 내 가역적 삽입에 관해 열역학적인 내용과 이온 확산에 관련된 동역학적인 내용을 모두 포함하고 있다.

기존의 리튬 전지는 음극이 금속 리튬으로 이루어져 있었고, 그 때문에 안전성이 낮았다. 따라서 리튬이온 전지는 금속의 리튬 덩어리가 아니라 리튬 이온을 포함하는 물질을 음극과 양극으로 사용하는 방향으로 개발되었다. 1981년 벨 연구소에서는 리튬 전지에 금속 리튬 대신 사용 가능한 흑연 음극을 개발하여 특허를 획득하였다. 그 후 굿이너프(John B. Goodenough)가 이끄는 연구팀이 새로운 양극을 개발함으로써 비로소 1991년 소니에 의해 최초의 상업적 리튬이온 전지가 출시되었다. 당시의 전지는 층상 구조의 산화물(리튬코발트산화물)을 이용하였으며, 당시 가전제품 분야에 혁명을 일으켰다.

1983년 새커리와 굿이너프, 그리고 그 협력자들이 망간으로 이루어진 스피넬을 양극 물질로 사용할 수 있음을 발견하였다. 스피넬은 가격이 싸고 전기전도도와 리튬 이온 전도도가 우수하며 구조적으로 안정적이기 때문에 매우 각광 받았다. 비록 순수한 망간으로 이루어진 스피넬은 반복되는 사용으로 인해 성능이 저하되지만, 이러한 점은 스피넬을 구성하는 화학 원소에 변화를 줌으로써 해결할 수 있다. 망간 스피넬은 오늘날 상업적인 리튬이온 전지들에 사용되고 있다.

(바) 리튬 - 이온전지의 특징

리튬이온전지는 중량 에너지밀도가 크기 때문에 차량 총 중량을 가급적 가볍게 하기를 바라는 전기자동차용 전원에 적합하다.

리튬이온 이차전지의 커다란 특징 : 충방전 효율이 높고, 에너지의 효율적인 이용이 가능한 점 과 전지시스템을 사용한 경우와 비교하여 리튬이온 이차전지를 사용하면 종합적인 에너지효율이 높아진다.

1) 기억효과 :
  - 니켈-카드뮴이차전지나 니켈-수소 이차전지용의 충전기에서는 충전 전에 전지가 완전히 방전되도록 강제 방전회로(refresh회로)를 장착
  - 리튬이온 이차전지는 이 기억효과가 전혀 존재하지 않아 이러한 불필요한 충전방법은 필요로 하지 않는다.

2) 리튬이온 이차전지의 특징 :
  ⓐ 높은 동작 전압
    - 전지 하나당 평균 동작전압이 3.6~3.8V (충전전압은 4.2V)
    - 니켈-카드뮴 전지나 Ni-MH 전지의 약 3배인 고전압
  ⓑ 작고 가볍고 긴 수명
    - 다른 2차전지들과 비교했을 때 경량이면서 수명이 긴 전지
  ⓒ 작은 자기 방전
    - 리튬 이차전지의 자기방전은 10%/월 이하로, 니켈 카드뮴 전지나 Ni-MH 전지의 절반 이하로 우수
  ⓓ 우수한 충 방전 사이클
    - 500회 이상의 충방전 반복이 가능
  ⓔ 메모리 효과가 적다
    - 리튬 이차전지의 경우는 다른 전지들에 비해 메모리 효과가 적다. 비싼 가격에도 불구하고 전기자동차의 배터리로 사용
    - 리튬 이차전지의 성능은 전기자동차의 생존과 직결된다고 볼 수 있기 때문에 그 중요성이 갈수록 커지고 있다.

(9) 리튬 폴리머 전지

리튬폴리머 전지 : 액체 전해질형 리튬이온 전지의 단점해결
- 안전성 문제
- 제조비용의 고가
- 대형 전지제조의 어려움
- 고용량화의 어려움 등의 문제를 해결

(가) 리튬 폴리머 전지의 개요

전해액을 고분자물질로 대체하여 안정성을 높인 것은 전해질이 고체이기 때문에 전해질의 누수염려가 없어 안전성이 확보용도에 따라 다양한 크기와 모양으로 전지 팩을 제조 하여 전지와 전지 사이에 전지용량과 무관한 쓸데없는 공간이 생기는 문제를 해결함으로써 에너지밀도가 높은 전지를 제조할 수 있다. 또한 자기방전율 문제, 환경오염문제, 메모리효과 문제가 거의 없는 차세대 전지라 할 수 있으며 전지제조공정이 리튬이온 전지에 비하여 비교적 용이할 것으로 예상되어 대량생산 및 대형전지 제조가 가능 하다.

전지제조비용의 저렴화 및 전기자동차 전지로의 활용 가능성 높음

리튬폴리머 전지가 기술적으로 실현 가능하게 하기 위해서는 아래와 같은 문제가 선결되어야 한다.

- 전기화학적으로 안정해야 함.

　(과충방전에 견디기 위해 넓은 전압범위에서 안정)

- 전기전도도가 높아야 함. (상온에서 1 mS/cm 이상)

- 전극물질이나 전지내의 다른 조성들과 화학적, 전기화학 적 호환성이 요구됨.

- 열안정성이 우수하여야 함.

　(+)극과 (-)극 사이에 무엇이 있을까?

리튬이온 전지는 액체로 된 전해액이 들어 있다. 이 전해액은 유기성인데 휘발유보다 잘 타는 물질이다. 그래서 폭발의 위험이 있다. 리튬폴리머는 바로 이점을 개선한 것이다. 전해액 대신에 고분자물질로 채워서 안정성을 높인 것이다. 리튬 이온 중합체 전지(리튬이온 폴리머전지, 폴리머전지)는 중합체(폴리머)를 사용한 리튬이온전지이다.

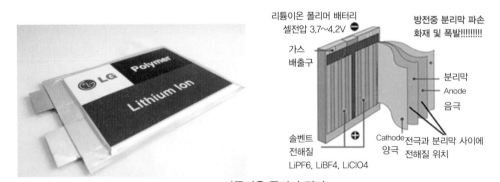

❖ **리튬이온 폴리머 전지**
출처https://www.google.com/search?q=리튬이온폴리머배터리

폴리머 전지는 폴리머를 전해질로 사용한 것이며 고체나 젤 상태의 중합체를 전해질로 사용하기 때문에 안정성이 높고 무게도 가벼우며 제조과정도 간단하여 컴퓨터를 비롯한 핸드폰 등에서 주로 사용되고 있다. 앞으로 그 사용영역이 더욱 확장될 것으로 보인다.

리튬폴리머 전지는 리튬이온 전지와 동작원리는 같으나 전해액에 유기 용매와 겔상의 고분자를 사용하는 것으로 누액의 위험이 적고, 안전성이 뛰어나며 필름 형태의 재료를 중첩시켜 구성하므로 형상의 자유도가 높아 다양한 모양이 가능하다. 반면에 리튬이온 전지에 비해 체적 에너지 밀도가 떨어지며 제조공정이 비교적 복잡하여 아직까지 가격이 높다.

현재 휴대기기용(디지털 카메라 등)으로 사용되고 있는 폴리머 전지는 교질화(겔화)한 것으로, 본질적으로는 리튬이온 전지와 큰 차이가 없다. 하지만 전해질이 준고체상태이기 때문에, 용액이 잘 새어나오지 않는다는 장점이 있다.

다른 방식의 2차전지에 비해 상당히 가볍고, 메모리 효과도 매우 적다. 모양도 비교적 자유롭게 만들 수 있기 때문에 이용이 증가하고 있다. 애플의 노트북인 맥북, 맥북프로에서 사용되기도 한다.

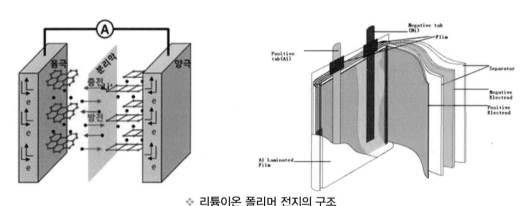

❖ **리튬이온 폴리머 전지의 구조**
출처 https://www.google.com/search?q=리튬이온폴리머배터리

(나) 전기 화학적 원리

음극과 양극의 활물질(active material)이 리튬이온 전지와 유사하기 때문에 전기화학적 원리는 같다.

- 전지작동에 의한 전극의 변화는 없기 때문에 안정적인 충·방전이 가능하다.

Anode: $LiCoO_2(s) = LI_{1-n}CoO_2(s) + ne^-$

Cathode: $C(s) + nLi^+ + ne^- = CLi_x$

$LiCoO_2(s) + C(s) = LI_{1-n}CoO_2(s) + CLi_x$

(다) 고분자 분리막

고분자 분리막은 리튬의 결정성장에 의한 양 전극의 단락을 방지함과 동시에 리튬이온 이동의 통로를 제공하는 역할을 한다. 고분자 전해질의 이온전도도는 과거 S/cm에서 최근 ~S /cm 정도로 향상되고 있으나 실용화하기 위한 값인 S/cm에는 못 미치고 있다. 이를 개선하기 위해 전해액을 고분자에 함침된 상태에서 전지를 구동하는 젤형 리튬폴리머 전지의 개발에 주력하는 추세이다.

젤형 고분자 전해질의 장점은 향상된 이온전도도 외에 우수한 전극과의 접합성, 기계적 물성, 그리고 제조의 용이함 등을 들 수 있다.

전해질에 의한 전지의 구분은 다음과 같다.

❖ 전해질에 의한 전지의 구분

(라) 리튬폴리머 전지의 종류

리튬폴리머 전지는 기존 리튬이온 전지의 양극, 전해액, 음극 중 하나에 폴리머 성분을 이용한 것을 말하며 아래의 4종류가 있다.

- 폴리머 전해질 전지 진성 폴리머 전해질 전지
- 폴리머 전해질 전지 젤 폴리머 전해질 전지
- 폴리머 양극 전지 도전성 고분자 양극 전지
- 폴리머 양극 전지 황산 폴리머계 양극 전지

양산되는 폴리머 전지는 B. 젤(GEL) 폴리머 전해질 전지/ 두 종류로 분류

- 가교 폴리머형(진정한 의미의 폴리머전지. 고온에서도 안정된 겔 구조 유지 가능)
- 비가교 폴리머형(폴리머사이의 결합이 물리적인 얽힘이거나 약한 수소 결합으로 겔 구조가 붕괴되기 쉬움)
- 가교 폴리머형는 곤약에 비유 : 끓은 물에 넣어도 아무런 반응도 하지 않고 겔 구조를 유지
- 비가교형 폴리머는 한천에 비유 : 상온에서는 견고한 겔이지만 80도씨 이상에서는 녹아 버린다. / 고온에 쉽게 부풀거나 하는 것이 이런 특성때문 리튬 폴리머 전지의 공통적인 특징은 얇은 외장재에 있다.

실제로 폴리머가 들어가서 내부물질의 무게는 기존의 리튬이온 전지보다 무겁지만 외장재가 월등히 가벼워서 전체적으로 더 가볍다. 그러나 실제 용량은 리튬이온 보다 훨씬 떨어진다. 리튬이온 전지는 부피당 에너지 밀도가 300~350mAh/L, 폴리머전지는 250~300mAh/L 이다(에너지밀도 낮다). 같은 외형크기-부피일 때 리튬이온이 훨씬 오래 쓸 수 있다. 그 이유는 폴리머 전지에 첨가된 폴리머 전해질의 이온전도도가 액체 전해질보다 훨씬 낮고 반응성이 떨어지기 때문이다.

폴리머전지는 온도가 낮아지면 반응성이 더 나빠져서 전지로서의 기능을 발휘하지 못한다. 반대로 고온에서는 리튬이온 전지에 쓰인 액체 전해질의 이온전도도가 폴리머 전해질보다 높기 때문에 반응속도가 빨라져 폴리머 전지가 조금 더 안전하다. 고온에서는(90℃ 이상) 어떤 전지든 내부 단락 현상이 일어나는데
- 폴리머전지는 외장재가 약해 보다 일찍 옆구리가 터져 피식하고 새는 식으로 폭발
- 리튬이온 전지는 외장재가 두꺼워 견딜 수 있는 압력까지 견디다 보다 크게 폭발할 위험이 있다.

(마) 리튬폴리머 전지의 특성

[리튬이온 전지와 리튬폴리머 전지와의 차이점]

1) 구조상의 특징에서 판상 구조이기 때문에 리튬이온전지의 공정에서 나오는 구불구불한 작업이 필요 없으며, 각형의 구조에 매우 알맞은 형태를 얻을 수 있다.
2) 전해액이 모두 일체화된 셀 내부에 주입되어 있기 때문에 외부에 노출되는 전해액은 존재하지 않는다.

3) 자체가 판상 구조로 되어 있기 때문에 각형을 만들 때 압력이 필요 없다. 그래서 캔(can)을 사용한 것 보다 팩을 사용하는 것이 용이 하다.

리튬폴리머 전지의 장단점

단 점	장 점
리튬이온보다 용량이 작다	리튬이온보다 안전하다
리튬이온보다 수명이 짧다	리튬이온보다 가볍다.

* 리튬이온 전지는 액체로 된 전해액으로 유기성, 휘발유보다 더 잘 타는 물질을 사용. 그래서 폭발의 위험이 있다. (이것을 가슴에 품고 다니고 있음) 전지 뒤에 안전관련 문장이 있다.
* 리튬폴리머 전지는 이점을 개선한다. 전해액 대신에 고분자물질로 채워서 안정성을 높이다.

리튬폴리머 전지의 특징

특징	비 고
초경량. 고에너지 밀도	무게 당 에너지 밀도가 기존전지에 비해 월등하여 초경량 전지를 구현
안전성	고분자 전해질을 사용하여 Hard Case가 별도로 필요치 않아 1mm이하의 초 Slim 전지를 만들 수 있으며 어떠한 크기 및 모양도 가능한 유연성
고출력 전압	셀당 평균 전압은 3.6V 니카드전지나 니켈수소전지의 평균전압이 1.2V이므로 3배의 Compact 효과
낮은 자가 방전율	자가방전율은 20℃에서 한달에 약 5%미만 니카드전지나 니켈수소전지보다 약 1/3 수준
환경 친화적 Battery	카드뮴이나 수은 같은 환경을 오염시키는 중금속을 사용하지 않음
긴수명	정상적인 상태에서 1000회 이상의 충.방전을 거듭할 수 있음

종류	장점	단점
리튬이온 전지	· 고용량/ 고에너지밀도 · 좋은 저온 성능 · 외장재의 견고함-기계적 충격 등에 강하다.	· 폴리머전지보다 무겁다. · 금속 외장재의 특성상 일반적으로 4~5mm 이하의 박형 얇은 전지와 광면적 전지를 제조하기가 어렵다
리튬폴리머 전지	· 고온에서의 안전성. · 얇은 외장재에 따른 무게의 경량화	· 얇은 외장재 – 기계적 충격에 약하다. · 저온에서 성능저하 · 용량/에너지 밀도가 매우 낮다

(바) 리튬폴리머 전지의 이용분야

- 휴대용 전자기기인 핸드폰, hand held PC, 스마트 카드 등
- 향후 고출력 전지로 설계하여 전기 자전거, 전기자동차용으로 응용 개발
- 산업-군사용 MAV(micro air vehicle), 의료처치용 분야에서 마이크로 수술 시스템과 진단시스템,
- 초미세 자동 투약 시스템과 같은 마이크로 로보틱스 분야

(사) 리튬폴리머 전지의 개선점

리튬폴리머 전지는 전지 제조공정이 리튬이온전지에 비하여 비교적 용이할 것으로 예상되어 대량생산 및 대형전지 제조가 가능할 것으로 보이므로 전지제조비용의 저렴화 및 전기자동차 전지로의 활용 가능성이 매우 높은 전지라 할 수 있다.

리튬폴리머 전지가 기술적으로 완벽한 실현이 가능하려면 아래와 같은 문제가 선결되어야 한다.

1) 과 충·방전에 견디기 위해 넓은 전압 범위에서 안정해야 한다.

2) 전지전도도가 높아야 한다.

3) 전극물질이나 전지내의 다른 조성들과 화학적, 전기화학적 호환성이 요구된다.

4) 열 안정성이 우수해야 한다.(특히 리튬전극과 접촉할 때 중요)

전 고체형 전지에서 기계적 성질은 가끔 무시되어지나 역시 중요한 인자이다. 이러한 것은 실험실 수준에서 양산 수준으로 이전될 때 더욱 중요하다. 또한 원재료는 쉽고 값싸게 구입할 수 있어야 한다.

근래 대부분의 연구는 상온에서 높은 이온전도도를 나타내는 고체 고분자 전해질의 개발에 초점이 맞추어져 있으며, 젤-고분자전해질 및 Hybrid 고분자전해질의 개발로 이것이 실현화되었다.

(아) 리튬폴리머 전지의 향후 연구개발 방향

Hybrid 고분자 전해질과 젤-고분자 전해질을 이용한 리튬폴리머 전지가 상용화 단계에 와 있으나 이러한 전지시스템은 전해질로 액체 전해질과 고체고분자 전해질의 중간형태를 사용하는 것으로 진정한 의미의 전 고체형 전지가 아니라는 것이다.

따라서 앞으로는 복합 고분자형태의 고체고분자 전해질에 대한 연구가 많이 이루어질 것

으로 전망되는데, 예를 들면 "고분자-합금"개념의 고체고분자 전해질이다.

"고분자-합금" 개념은 각 성분들이 서로 화학적으로 작용하는 다성분계 고분자를 의미하는 것으로 이러한 상호작용은 상분리 및 결정화가 일어나지 않도록 충분히 강하여야 한다.

더구나 고분자합금은 고 이온전도도를 유지하면서 전해질 내에 있는 이온종들의 이동도를 더 잘 조절할 가능성이 있다. 이외에도 고분자 전해질의 제조공정 및 전지 제조 공정상에서 더욱 많은 진전이 요구되며, 이와 아울러 계면 특성에 대한 보다 체계적인 연구가 이루어져야 할 것으로 사료된다.

연구수행 방법론적으로 보면 리튬폴리머전지 개발에 있어서는 전기화학, 화학, 화공, 고분자, 재료, 금속 등 다방면의 전문가가 요구되는 분야로 국가 차원의 집중적 지원이 지속적으로 이루어져야 할 것이다.

05 고전압 배터리 관리 요소

1. 개요

고전압 배터리 컨트롤 시스템은 컨트롤 모듈인 BMU, 파워 릴레이 어셈블리(PRA ; Power Relay Assembly)로 구성되어 있으며, 고전압 배터리의 SOC(State Of Charge), 출력, 고장 진단, 배터리 셀밸런싱(Cell Balancing), 시스템 냉각, 전원 공급 및 차단을 제어한다.

파워 릴레이 어셈블리는 메인 릴레이(+, -), 프리차지 릴레이, 프리차지 레지스터, 배터리 전류 센서, 고전압 배터리 히터 릴레이로 구성되어 있으며, 부스바(Busbar)를 통해서 배터리 팩과 연결되어 있다.

SOC(배터리 충전율)는 배터리의 사용 가능한 에너지를 표시한다.

SOC = 방전 가능한 전류량 ÷ 배터리 정격 용량 × 100%

2. 주요기능

셀 모니터링 유닛(CMU; Cell Monitoring Unit)은 각 고전압 배터리 모듈의 측면에 장착되어 있으며, 각 고전압 배터리 모듈의 온도, 전압, 화학적 상태(VDP, Voronoi-irichlet partitioning)를 측정하여 BMU(Battery Management Unit)에 전달하는 기능을 한다.

3. 구조

(1) 리튬이온 폴리머(Lithium Polymer) 고전압 배터리 팩 어셈블리

1) **셀**: 전기적 에너지를 화학적 에너지로 변환하여 저장하거나 화학적 에너지를 전기적 에너지로 전환하는 장치의 최소 구성단위

2) **모듈**: 직렬 연결된 다수의 셀을 총칭하는 단위

3) **팩**: 직렬 연결된 다수의 모듈을 총칭하는 단위

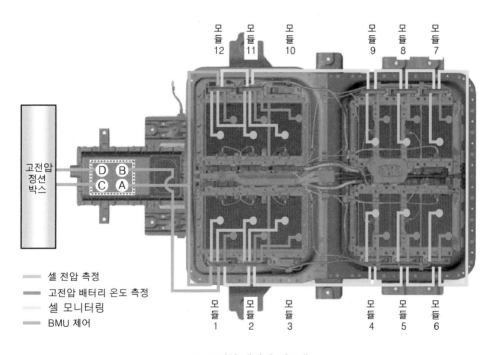

❖ **고전압 배터리 시스템**

출처 : ㈜ 골든벨(2021), [전기자동차매뉴얼 이론&실무]

(2) 고전압 배터리 팩 어셈블리의 기능

1) 전기 모터에 직류 360V의 고전압 전기 에너지를 공급한다.

2) 회생 제동 시 발생된 전기 에너지를 저장한다.

3) 급속 충전 또는 완속 충전 시 전기 에너지를 저장한다.

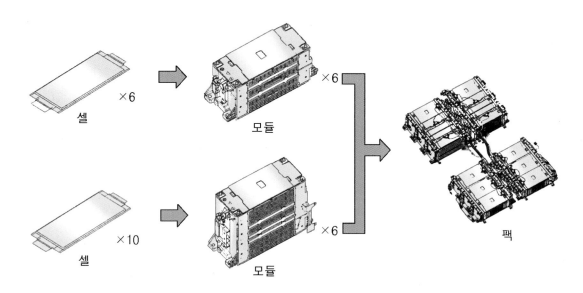

❖ 고전압 배터리팩 구성

출처 : ㈜ 골든벨(2021), [전기자동차매뉴얼 이론&실무]

4. BMU 입·출력 요소

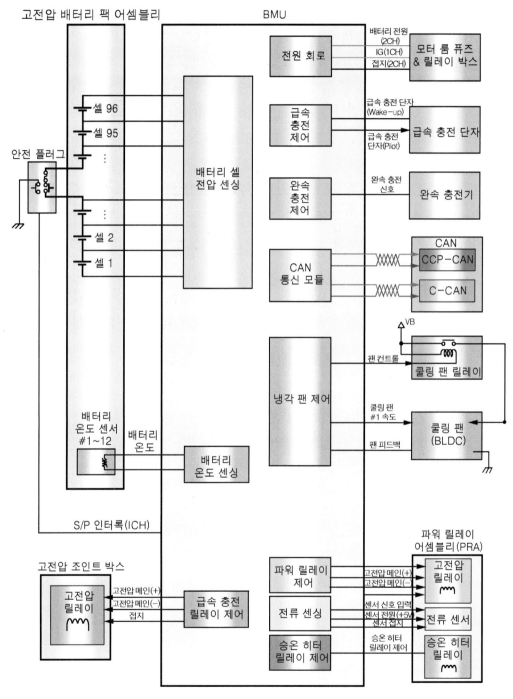

❖ **고전압 배터리 컨트롤 시스템 등가회로**
출처 : ㈜ 골든벨(2021), [전기자동차매뉴얼 이론&실무]

5. 고전압 배터리 컨트롤 시스템의 주요 기능

(1) 배터리 충전율 (SOC)제어

- 전압·전류·온도 측정을 통해 SOC를 계산하여 적정 SOC 영역으로 제어함 배터리 출력 제어
- 시스템 상태에 따른 입·출력 에너지 값을 산출하여 배터리 보호, 가용 파워예측, 과충전·과방전 방지, 내구 확보 및 충·방전 에너지를 극대화함

(2) 파워 릴레이 제어

- IG ON·OFF 시, 고전압 배터리와 관련 시스템으로의 전원 공급 및 차단 고전압 시스템 고장으로 인한 안전사고 방지

(3) 냉각 제어

- 쿨링팬 제어를 통한 최적의 배터리 동작 온도 유지 (배터리 최대 온도 및 모듈간 온도 편차량에 따라 팬 속도를 가변 제어함)

(4) 고장 진단

- 시스템 고장 진단, 데이터 모니터링 및 소프트웨어 관리 및 페일-세이프(Fail-Safe) 레벨을 분류하여 출력 제한치를 규정 하고 릴레이 제어를 통하여 관련 시스템 제어 이상 및 열화에 의한 배터리 관련 안전사고 방지한다.

6. 고전압 배터리 컨트롤 시스템의 주요 구성

(1) 안전 플러그

1) 개요

안전 플러그는 리어 시트 하단에 장착되어 있으며, 기계적인 분리를 통하여 고전압 배터리 내부의 회로 연결을 차단하는 장치이다. 안전 플러그는 리어시트 하단에 장착되어 있으며, 기계적인 분리를 통하여 고전압 배터리 내부의 회로 연결을 차단하는 장치이다. 구성부품으로는 메인퓨즈, 인터록스위치, 안전스위치(플러그) 등이 있다.

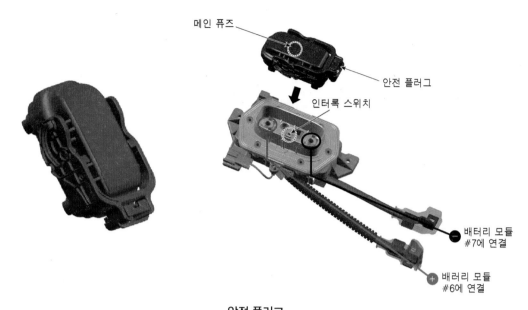

안전 플러그

출처 : ㈜ 골든벨(2021), [전기자동차매뉴얼 이론&실무]

2) 회로 구성

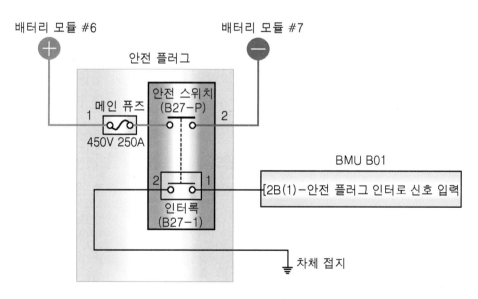

❖ **안전 플러그 회로도**

출처 : ㈜ 골든벨(2021), [전기자동차매뉴얼 이론&실무]

(2) 고전압 배터리 모듈

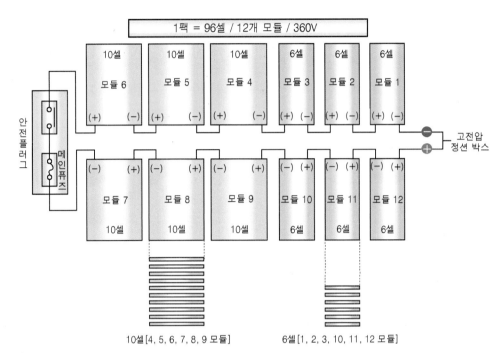

1팩 = 96셀 / 12개 모듈 / 360V

10셀 [4, 5, 6, 7, 8, 9 모듈]   6셀 [1, 2, 3, 10, 11, 12 모듈]

❖ 고전압 배터리 모듈 구성
출처 : ㈜ 골든벨(2021), [전기자동차매뉴얼 이론&실무]

(가) 배터리 모듈 번호

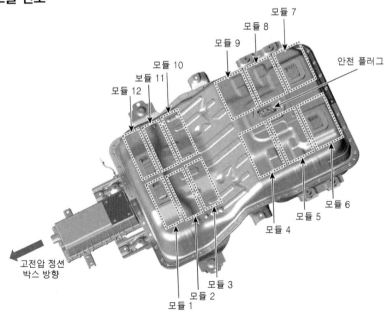

❖ 고전압 배터리 장착 위치별 모듈번호
출처 : ㈜ 골든벨(2021), [전기자동차매뉴얼 이론&실무]

(나) 고전압 배터리 시스템별 위치

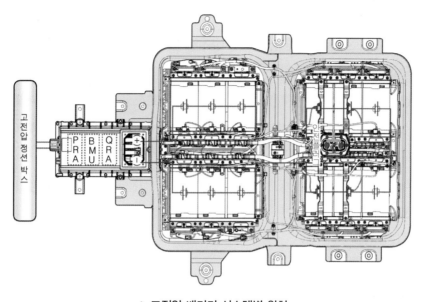

❖ 고전압 배터리 시스템별 위치
출처 : ㈜ 골든벨(2021), [전기자동차매뉴얼 이론&실무]

(다) 고전압 배터리 컨트롤 시스템 구성품

| ❖ BMU | ❖ 안전 플러그 |

출처 : ㈜ 골든벨(2021), [전기자동차매뉴얼 이론&실무]

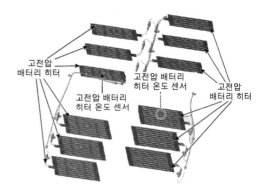

❖ 고전압 배터리 온도 센서

❖ 고전압 배터리 히터 및 온도 센서

출처 : ㈜ 골든벨(2021), [전기자동차매뉴얼 이론&실무]

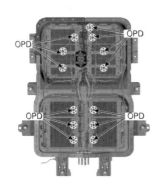

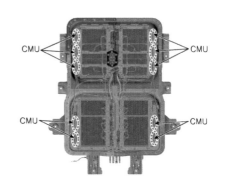

❖ 고전압 차단 릴레이

❖ 배터리 셀 모니터링 유닛

출처 : ㈜ 골든벨(2021), [전기자동차매뉴얼 이론&실무]

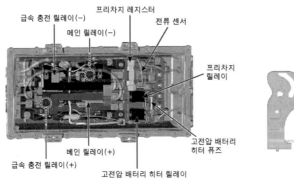

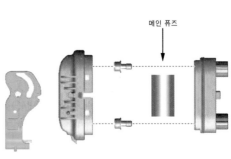

❖ 파워 릴레이 어셈블리

❖ 메인 퓨즈

출처 : ㈜ 골든벨(2021), [전기자동차매뉴얼 이론&실무]

(3) 파워 릴레이 어셈블리

(가) 개요

파워 릴레이 어셈블리(P R A)는 고전압 배터리 시스템 어셈블리 내에 장착되어 있으며 (+) 고전압 제어 메인 릴레이, (-) 고전압 제어 메인 릴레이, 프리차지 릴레이, 프리차지 레지스터, 배터리 전류 센서로 구성되어 있다. 그리고 BMU의 제어 신호에 의해 고전압 배터리 팩과 고전압 조인트 박스 사이의 DC 360V 고전압을 ON, OFF 및 제어하는 역할을 한다.

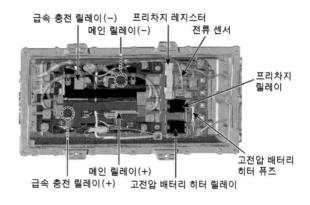

❖ **파워 릴레이 어셈블리 구성**
출처 : ㈜ 골든벨(2021), [전기자동차매뉴얼 이론&실무]

(나) 차량 사양에 따른 분류

1) 배터리 히팅 시스템 미적용

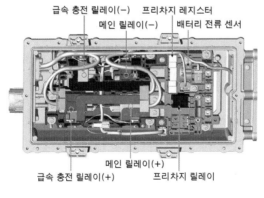

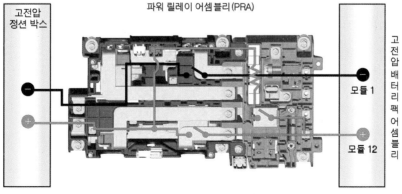

출처 : ㈜ 골든벨(2021), [전기자동차매뉴얼 이론&실무]

2) 배터리 히팅 시스템 적용

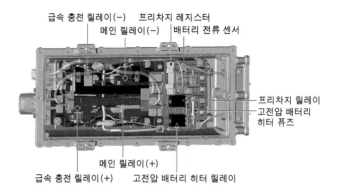

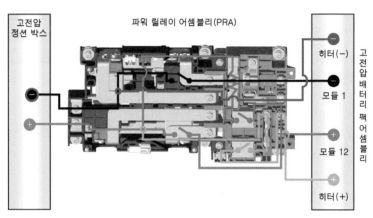

출처 : ㈜ 골든벨(2021), [전기자동차매뉴얼 이론&실무]

(4) 고전압 배터리 히터 릴레이 및 히터 온도 센서

(가) 개요

　DC 고전압 배터리 히터 릴레이는 파워 릴레이 어셈블리(PRA) 내부에 장착 되어 있다. 고전압 배터리에 히터 기능을 작동해야 하는 조건이 되면 제어 신호를 받은 히터 릴레이는 히터 내부에 고전압을 흐르게 함으로써 고전압 배터리의 온도가 조건에 맞추어서 정상적으로 작동할 수 있도록 작동된다.

(나) 히터 릴레이 제원

항목		제 원
작 동 시	정격 전압(V)	450
	정격 전류(A)	10
	전압 강하(V)	0.5이하(10A)
여자 코일	작동 전압(V)	12
	저항(Ω)	54~66(20℃)

(다) 히터 작동 시스템 회로

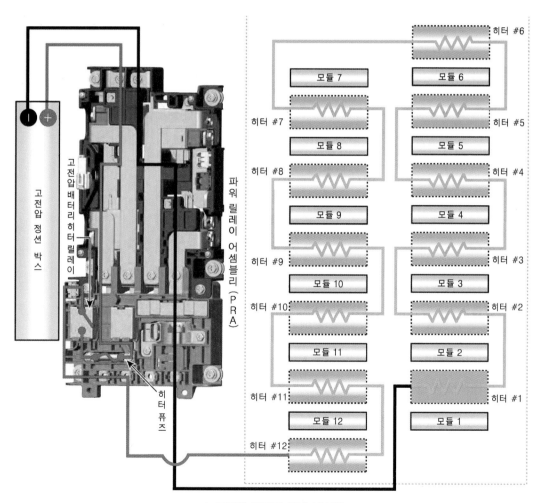

❖ **고전압 배터리 히터 시스템**
출처 : ㈜ 골든벨(2021), [전기자동차매뉴얼 이론&실무]

(5) 고전압 배터리 인렛 온도 센서

(가) 개요

인렛 온도 센서는 고전압 배터리 1번 모듈 상단에 장착되어 있으며, 배터리 시스템 어셈블리 내부의 공기 온도를 감지하는 역할을 한다. 인렛 온도 센서 값에 따라 쿨링팬의 작동 유무가 결정 된다.

(나) 배터리 인렛 온도센서 장착 위치

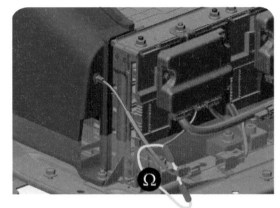

❖ 인렛 온도센서
출처 : ㈜ 골든벨(2021), [전기자동차매뉴얼 이론&실무]

(6) 프리차지 릴레이(Pre-Charge Relay)

(가) 개요

인프리차지 릴레이(Pre-Charge Relay)는 파워 릴레이 어셈블리에 장착되어 있으며, 인버터의 커패시터를 초기 충전할 때 고전압 배터리와 고전압 회로를 연결하는 기능을 한다. IG ON을 하면 프리차지 릴레이와 레지스터를 통해 흐른 전류가 인버터 내에 커패시터에 충전이 되고, 충전이 완료되면 프리차지 릴레이는 OFF 된다.

(나) 프리차지 릴레이 제원

항목		제 원
작 동 시	정격 전압(V)	450
	정격 전류(A)	20
	전압 강하(V)	0.5이하(10A)
여자 코일	작동 전압(V)	12
	저항(Ω)	54~66(20℃)

(다) 작동 프로세스

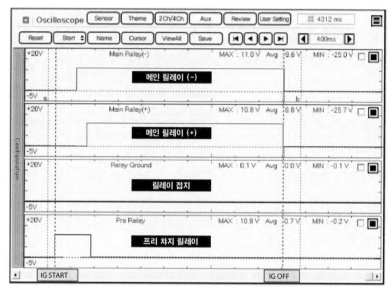

❖ 파워릴레이 작동

출처 : ㈜ 골든벨(2021), [전기자동차매뉴얼 이론&실무]

(7) 프리차지 레지스터

(가) 개요

프리차지 레지스터(Pre-Charge Resistor)는 파워 릴레이 어셈블리에 장착되어 있으며, 인버터의 커패시터를 초기 충전할 때 충전 전류를 제한하여 고전압 회로를 보호하는 기능을 한다. 프리차지 레지스터는 정격용량 60W, 저항 40Ω으로 되어 있다.

(나) 작동 원리

(8) 메인 퓨즈

(가) 개요

메인 퓨즈(250A 퓨즈)는 안전 플러그 내에 장착되어 있으며, 고전압 배터리 및 고전압 회로를 과전류로부터 보호하는 기능을 한다.

(나) 메인 퓨즈 제원

항목	제원
정격 전압(V)	450 (DC)
정격 전류(A)	420 (DC)
안전 플러그 케이블 측 저항(Ω)	1 이하 (20℃)
메인 퓨즈 저항(Ω)	1 이하 (20℃)

(다) 메인 퓨즈 회로도

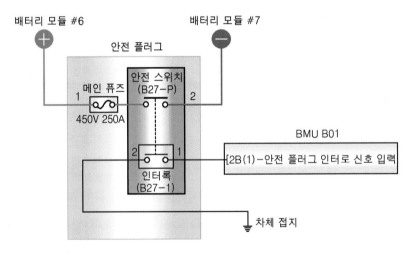

❖ 메인 퓨즈회로
출처 : ㈜ 골든벨(2021), [전기자동차매뉴얼 이론&실무]

(9) 급속충전 릴레이 어셈블리

(가) 개요

급속 충전 릴레이 어셈블리(QRA)는 파워 릴레이 어셈블리 내에 장착되어 있으며, (+) 고전압 제어 메인 릴레이, (-) 고전압 제어 메인 릴레이로 구성되어 있다. 그리고 BMU 제어 신호에 의해 고전압 배터리 팩과 고압 조인트 박스 사이에서 DC 360V 고전압을 ON, OFF

및 제어한다. 급속 충전 릴레이 어셈블리(QRA) 작동 시 에는 파워 릴레이 어셈블리(PRA) 는 작동한다.

(나) 작동 원리

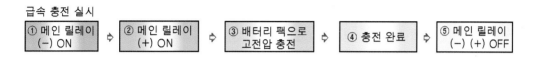

(10) 메인 릴레이
(가) 개요
메인 릴레이(Main Relay)는 파워 릴레이 어셈블리에 장착되어 있으며, 고전압 (+) 라인을 제어하는 메인 릴레이와 고전압 (-) 라인을 제어하는 메인 릴레이, 이렇게 2개의 메인 릴레이로 구성되어 있다. 그리고 BMU의 제어 신호에 의해 고전압 조인트 박스와 고전압 배터리 팩 간의 고전압 전원, 고전압 접지 라인을 연결시켜 주는 역할을 한다.

단, 고전압 배터리 셀이 과충전에 의해 부풀어 오르는 상황이 되면 고전압 보호 장치인 OPD(Overvoltage Protection Device)에 의해 메인 릴레이 (+), 메인 릴레이(-), 프리차지 릴레이 코일 접지 라인을 차단함으로써 과충전 시엔 메인 릴레이 및 프리차지 릴레이의 작동을 금지시킨다. 고전압 배터리가 정상적인 상태일 경우에는 VPD는 작동하지 않고 항상 연결되어 있다. OPD 장착 위치는 12개 배터리 모듈 상단에 장착되어 있다.

(나) 메인 릴레이 제원

항목		제원
작동 시	정격 전압(V)	450
	정격 전류(A)	150
	전압 강하(V)	0.1이하(150A)
여자 코일	작동 전압(V)	12
	저항(Ω)	21.6~26.4(20℃)

(11) 고전압 배터리 온도 센서

(가) 개요

배터리 온도 센서는 각 고전압 배터리 모듈에 장착되어 있으며, 각 배터리 모듈의 온도를 측정하여 CMU에 전달하는 역할을 한다.

(나) 고전압 배터리 온도 센서 장착 위치

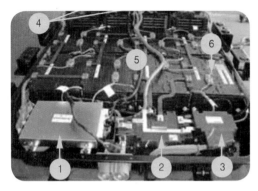

❖ 고전압 배터리 온도센서 장착 위치 ❖ 고전압 배터리 온도 센서

출처 : ㈜ 골든벨(2021), [전기자동차매뉴얼 이론&실무]

(12) 고전압 배터리 전류 센서

(가) 개요

배터리 전류 센서는 파워 릴레이 어셈블리에 장착되어 있으며, 고전압 배터리의 충전·방전 시 전류를 측정하는 역할을 한다.

(나) 고전압 배터리 전류 센서 제원

항목		제 원
대 전류(A)	−350(충전)	0.5
	−200(충전)	1.375
	0	2.5
	+200(방전)	3.643
	+350(방전)	4.5
소 전류(A)	−30	0.5
	−15	1.5
	0	2.5
	+12	3.5
	+30	4.5
전류 센서 출력 단자 전압값(V)		약 2.5 ± 0.1
전류 센서 전원 단자 전압값(V)		약 5 ± 0.1

(13) 과 충전 방지 스위치 (VPD voltage Protect Device)

(가) 개요

고전압 릴레이 차단 스위치(VPD)는 각 모듈 상단에 장착되어 있으며, 고전압 배터리 셀이 과충전에 의해 부풀어 오르는 상황이 되면 VPD에 의해 메인 릴레이 (+), 메인 릴레이 (-), 프리차지 릴레이 코일의 접지 라인을 차단함으로써 과충전 시 메인 릴레이 및 프리차지 릴레이의 작동을 금지 시킨다. 고전압 배터리가 정상일 경우에는 항상 스위치는 붙어 있으며, 셀이 과충전이 될 때 스위치는 차단되면서 차량은 주행이 불가능 하다.

(나) 과충전 방지 스위치 제원

항목	제 원
VPD 단자간 합성 저항 (Ω)	3 이하 (20℃)
VPD 단자 저항 (Ω)	0.375 이하 (20℃)
VPD 스위치 단자 위치	아래 방향

(다) 과충전 방지 스위치 단품 및 장착 위치

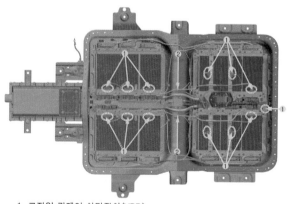

1. 고전압 릴레이 차단장치(VPD)

❖ VPD 단품　　　　　　　　　　　　　❖ VPD 장착 위치

출처 : ㈜ 골든벨(2021), [전기자동차매뉴얼 이론&실무]

(라) 과충전 방지 스위치(VPD) 작동원리

배터리 모듈 상태	정 상	과 충전
전류 흐름	ON(연결)	OFF(차단)
VPD	스위치 미작동	스위치 상승
고전압 상태	정상	흐르지 않음
현상	정상	프리차징 실패에의한 시동불가 및 경고등 점등

1) 작동

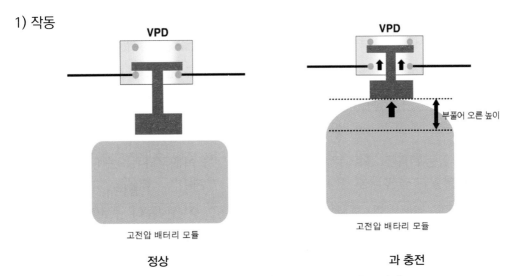

출처 : ㈜ 골든벨(2021), [전기자동차매뉴얼 이론&실무]

2) 회로도

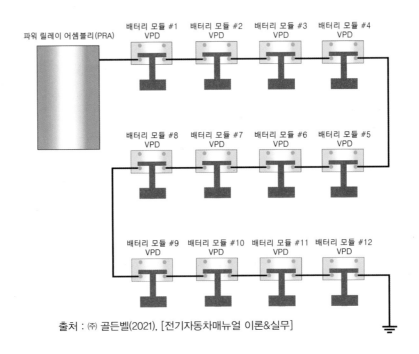

출처 : ㈜ 골든벨(2021), [전기자동차매뉴얼 이론&실무]

7. 고전압 배터리 히팅 시스템

(1) 개요

고전압 배터리 팩 어셈블리의 내부 온도가 급격히 감소하게 되면 배터리 동결 및 출력 전압의 감소로 이어질 수 있으므로 이를 보호하기 위해 배터리 내부의 온도 조건에 따라 모듈 측면에 장착된 고전압 배터리 히터가 자동제어 된다.

고전압 배터리 히터 릴레이가 ON이 되면 각 고전압 배터리 히터에 고전압이 공급된다. 릴레이의 제어는 BMU에 의해서 제어가 되며, 점화 스위치가 OFF되더라도 VCU는 고전압 배터리의 동결을 방지하기 위해 BMU를 정기적으로 작동시킨다.

고전압 배터리 히터가 작동하지 않아도 될 정도로 온도가 정상적으로 되면 BMU 는 다음 작동의 시점을 준비하게 되며, 그 시점은 VCU의 CAN 통신을 통해서 전달 받는다.

출처 : ㈜ 골든벨(2021), [전기자동차매뉴얼 이론&실무]

고전압 배터리 히터가 작동하는 동안 고전압 배터리의 충전 상태가 낮아지면, BMU의 제어를 통해서 고전압 배터리 히터 시스템을 정지 시킨다. 고전압 배터리의 온도가 낮더라도 고전압 배터리충전상태가 낮은 상태에서는 히터 시스템은 작동하지 않는다.

출처 : ㈜ 골든벨(2021), [전기자동차매뉴얼 이론&실무]

(2) 고전압 배터리 히터 제원

구분	항목	제원
10셀 LH / RH	저항(Ω)	34 ~ 38
6셀 LH / RH	저항(Ω)	20 ~ 22.4

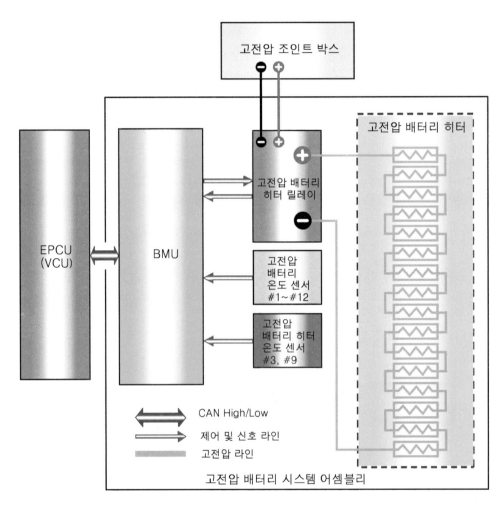

❖ **고전압 배터리 히팅 시스템 구성 회로**
출처 : ㈜ 골든벨(2021), [전기자동차매뉴얼 이론&실무]

(3) 고전압 배터리 히팅 시스템 구성 부품

1) 고전압 배터리 히터

2) 고전압 배터리 히터 릴레이

3) 고전압 배터리 히터 퓨즈

4) 고전압 배터리 히터 온도 센서

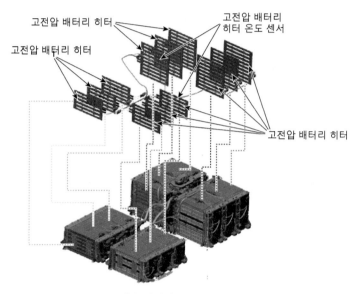

❖ **고전압 배터리 시스템 구성**
출처 : ㈜ 골든벨(2021), [전기자동차매뉴얼 이론&실무]

(4) 고전압 배터리 히팅 시스템 작동 원리

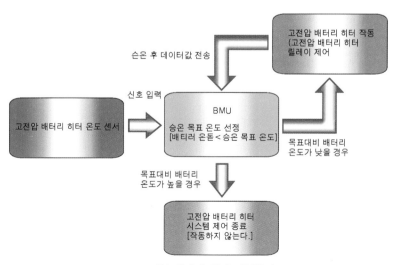

❖ **고전압 배터리 히터 작동원리**
출처 : ㈜ 골든벨(2021), [전기자동차매뉴얼 이론&실무]

8. 고전압 배터리 쿨링 시스템

(1) 개요

고전압 배터리 쿨링 시스템은 공냉식과 수냉식을 적용하고 있으며, 공냉식은 실내의 공기를 쿨링팬을 통하여 흡입한 후 고전압 배터리 팩 어셈블리를 냉각을 시키고 수냉식은 별도의 냉각수를 이용하여 고전압 배터리 팩 아래 냉각 쿨러를 만들고 쿨러에 냉각수를 주입하여 배터리 모듈을 냉각하는 역할을 한다.

공냉식의 경우 쿨링팬, 쿨링 덕트, 인렛온도 센서로 구성되어 있으며, 시스템 온도는 1번 ~12번 모듈에 장착된 12개의 온도 센서 신호를 바탕으로 BMU에 의해 계산되며, 고전압 배터리 시스템이 항상 정상의 작동 온도를 유지할 수 있도록 제어한다. 또한 쿨링팬은 차량의 상태와 소음·진동 상태에 따라 9단으로 제어한다. 수냉식에서는 배터리의 온도가 높으면 에어컨 라인을 가동하여 배터리 칠러와 열교환 후 냉각하고 배터리 온도가 낮으면 승온 히터를 이용하여 냉각수를 가열하여 배터리의 온도를 높인다.

(2) 작동 원리

(가) 전기적 제어 흐름도

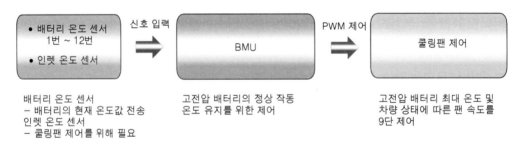

출처 : ㈜ 골든벨(2021), [전기자동차매뉴얼 이론&실무]

(나) 냉각공기 흐름도

1) 쿨링팬이 작동한다.

2) 차량 실내 공기가 쿨링 덕트(인렛)로 유입된다.

3) 화살표로 표기한 냉각 순환 경로를 통해서 고전압 배터리를 냉각시킨다.

4) 쿨링 덕트(아웃렛)를 통해서 차량의 외부로 공기를 배출한다.

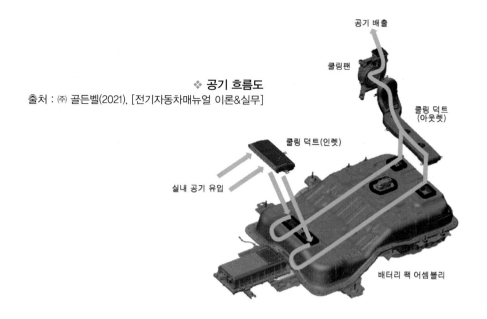

❖ **공기 흐름도**
출처 : ㈜ 골든벨(2021), [전기자동차매뉴얼 이론&실무]

(3) 고전압 배터리 컨트롤 시스템 및 작동 원리

1) 셀 전압, 온도, 전류, 저항값을 측정한다.

2) BMS 제어를 통해 데이터 값을 VCU에 전달하거나 구동부를 제어한다.

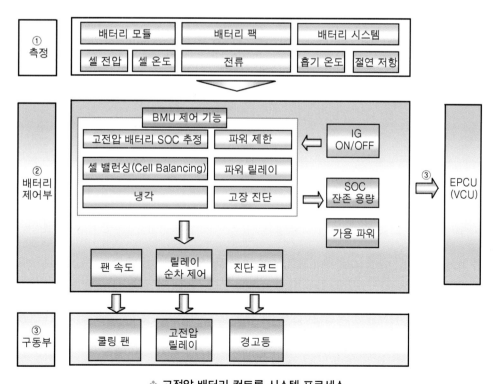

❖ **고전압 배터리 컨트롤 시스템 프로세스**
출처 : ㈜ 골든벨(2021), [전기자동차매뉴얼 이론&실무]

06 배터리 팩 어셈블리 점검

1. 고전압 배터리 점검 전 조치 사항

고전압 배터리 시스템 관련 작업 시 반드시 "안전사항 및 주의, 경고" 내용을 숙지하고 준수해야 한다. 미준수시 감전 또는 누전 등으로 인한 심각한 사고를 초래할 수 있다.

고전압 배터리 관련 시스템을 점검하기 위해 고전압 배터리 팩 어셈블리를 탈착한 경우는 장착 작업 이전에 플로우 잭을 이용하여 가장착 후 고전압 배터리의 이상 유무를 판단한 후 조치가 완료되면 고전압 배터리 팩 어셈블리를 차량에 장착한다.

점검 사항		규정값	점검 방법
단선			육안
녹			
변색			
장착 상태			
배터리 균열 및 누유 흔적			
BMU 관련 DCT		DCT 가이드 참조	DCT 진단 수행
SOC		5 ~ 95%	Current Data값 확인
전압	셀	2.5 ~ 4.3V	Current Data값 확인
	팩	240 ~ 413V	
	셀간 전압편차	40mV이하	
절연저항		300 ~ 1000kΩ	실차 측정(메가 옴 테스터기 이용)
		2MΩ 이상	
		2MΩ 이상	

(1) 안전사항을 확인한다.

　가) 전압 시스템 관련 작업 시 "안전사항 및 주의, 경고" 내용 미준수시 감전 또는 누전 등으로 인한 심각한 사고를 초래할 수 있으므로 주의 한다.

　나) 고전압 시스템 관련 작업 시 "고전압 차단절차"에 따라 반드시 고전압을 먼저 차단해야 한다.

(2) 외관 점검 후 일반 고장수리 또는 사고 차량 수리 해당 여부를 판단한다.

(3) 일반적인 고장수리 시 DTC 코드 별 수리 절차를 준수하여 고장수리를 진행한다.

(4) 사고로 인한 차량수리 시 아래와 같이 사고 유형을 판단하여 차량 수리를 진행한다.

2. 고전압 배터리 점검

(1) 과충전·과방전: 서비스 데이터 및 자기진단을 실시하여 " 배터리 과전압(P0DE7)·저전압 (P0DE6)" 코드 표출 등을 확인한다.

(2) 단락: 서비스 데이터 및 자기진단을 실시하여 "고전압 퓨즈의 단선 관련 진단(P1B77, P1B25) 코드"를 확인한다.

3. 사고 차량의 점검

(1) 화재 차량 점검

구분	점검 방법	점검 결과		조치 사항
고전압 배터리 탑재 부위 외 화재 ※예) 차량 모터 룸 화재	1. 외관 점검 (변형, 부식, 와이어링 피복상태, 냄새, 커넥터) 2. 고전압 차단 후 메인 퓨즈 단선 유무 점검 ("고전압 차단 절차" 참조) 3. 고전압 메인 릴레이 융착 유무 점검 4. 고전압 배터리·섀시 절연 저항 측정 5. 기타 부품 고장 확인 6. BMU의 DTC 코드 확인	고전압 배터리 절연파괴 및 손상		고전압 배터리 탈착 후 절연 처리·절연 포장
		고전압 배터리 미손상	DTC 발생	DTC 코드 발생시 DTC 진단가이드 수리 절차 준수
			DTC 미발생 및 배터리 외관 정상	고전압 배터리 미교체(단, 차량 폐차 필요 수준으로 파손 시 필요에 따라 고전압 배터리 폐기 절차 수행)
고전압 배터리 탑재 부위 화재 ※예) 트렁크 룸 화재	1. 외관 점검 (변형, 부식, 와이어링 피복상태, 냄새, 커넥터) 2. 고전압 배터리 외관 손상 유무 점검 3. 고전압 배터리 외관 미손상 시 고전압 차단 후 고전압 메인 릴레이 융착 유무 점검("고전압 차단 절차" 참조) 4. 고전압 배터리·섀시 절연저항 측정 5. 기타부품 고장 확인 6. BMU의 DTC 코드 확인	고전압 배터리 외관 손상 (열흔, 그을음 등)		안전 플러그 탈착 후 염수 침전하여 고전압 배터리 폐기절차 수행
		고전압 배터리 절연 파괴		고전압 배터리 탈착 후 절연처리/절연포장
		고전압 배터리 미손상	DTC 발생	DTC 코드 발생시 DTC 진단가이드 수리절차 준수
			DTC 미발생 및 배터리 외관 정상	고전압 배터리 미교체(단, 차량 폐차필요 수준으로 파손 시, 필요에 따라 고전압 배터리 폐기 절차수행)

출처 : ㈜ 골든벨(2021), [전기자동차매뉴얼 이론&실무]

(2) 충돌 사고 차량 점검

구분	점검 방법	점검 결과		조치 사항
고전압 배터리 탑재 부위 외 충돌 ※예) 정면·측면 충돌	1. 외관 점검 (변형, 부식, 와이어링 피복상태, 냄새, 커넥터) 2. 고전압 차단 후 메인 퓨즈 단선 유무 점검("고전압 차단 절차" 참조) 3. 고전압 메인 릴레이 융착 유무 점검 4. 고전압 배터리·섀시 절연 저항 측정 5. 기타 부품 고장 확인 6. BMU의 DTC 코드 확인	고전압 배터리 절연 파괴 및 손상		고전압 배터리 탈착 후 절연 처리·절연 포장
		고전압 배터리 미손상	DTC 발생	DTC 코드 발생시 DTC 진단가이드 수리 절차 준수
			DTC 미발생 및 배터리 외관 정상	고전압 배터리 미교제(단, 차량 폐차 필요 수준으로 파손 시 필요에 따라 고전압 배터리 폐기 절차 수행)
고전압 배터리 탑재부위 충돌 ※예) 후방 충돌	1. 외관 점검 (변형, 부식, 와이어링 피복상태, 냄새, 커넥터) 2. 고전압 차단 후, 메인 퓨즈 단선 유무 점검 ("고전압 차단 절차" 참조) 3. 고전압 메인 릴레이 융착 유무 점검 4. 고전압 배터리/섀시 절연저항 측정 5. 기타부품 고장 확인 6. BMU의 DTC 코드 확인	고전압 배터리 절연파괴 및 손상		
		고전압 배터리 미손상	DTC 발생	
			DTC 미발생 및 배터리 외관 정상	● 위와 동일한 기준으로 조치 ※ 단, 트렁크 및 차량 도어 손상으로 고전압 배터리 탑재부위로 접근 불가 시 고전압 시스템이 손상 되지 않도록 차량 외부를 변형 및 절단하여 점검 및 수리 절차 수행

출처 : ㈜ 골든벨(2021), [전기자동차매뉴얼 이론&실무] 174p

(3) 침수 사고 차량 점검

구분	점검 방법	점검 결과		조치사항
고전압 배터리 미포함	1. 외관 점검(변형, 부식, 와이어링 피복 상태, 냄새, 커넥터) 2. 고전압 차단 후 메인 퓨즈 단선 유무 점검("고전압 차단 절차" 참조) 3. 고전압 메인 릴레이 융착 유무 점검 4. 고전압 배터리·섀시 절연 저항 측정 5. 기타부품 고장 확인 6. BMU의 DTC 코드 확인	고전압 배터리 절연파괴 및 손상		고전압 배터리 절연파괴 및 손상
		고전압 배터리 미손상	DTC 발생	DTC 코드 발생 시 DTC 진단가이드 수리 절차 준수
			DTC 미발생 및 배터리 외관 정상	고전압 배터리 미교체(단, 차량 폐차 필요 수준으로 파손 시 필요에 따라 고전압 배터리 폐기 절차 수행)
고전압 배터리 포함	1. 고전압 차단 후 메인 퓨즈 단선 유무 점검 ("고전압 차단 절차" 참조) 2. 고전압 메인 릴레이 융착 유무 점검 3. 배터리·섀시 절연저항 측정 4. BMU의 DTC 코드 확인	점검 결과와 무관하게 조치사항 수행		고전압 배터리 탈착 후 절연 처리·절연 포장

출처 : ㈜ 골든벨(2021), [전기자동차매뉴얼 이론&실무]　174p

4. 고전압 배터리 육안 점검

　1) **점검 항목** – 전장 부품, 냉각 부품, 고전압 배터리 팩 어셈블리

　2) **점검 내용** – 단선, 녹, 변색, 장착 상태, 균열에 의한 누유 상태

5. 배터리의 SOC 점검

　배터리 팩의 만충전 용량 대비 배터리 사용 가능 에너지를 백분율로 표시한 양 즉, 배터리 충전 상태를 SOC(State Of Charge)라고 하며, 다음과 같이 점검한다.

　1) 점화 스위치를 "OFF"시킨다.

　2) GDS를 자기진단 커넥터(DLC)에 연결한다.

　3) 점화 스위치를 ON시킨다.

4) GDS 서비스 데이터의 SOC 항목을 확인하며, SOC 값이 5~95% 내에 있는지 확인한다.

❖ 배터리 SOC 상태 확인

출처 : ㈜ 골든벨(2021), [전기자동차매뉴얼 이론&실무]

6. 배터리 전압 점검

1) 점화 스위치를 "OFF"시킨다.

2) GDS를 자기진단 커넥터(DLC)에 연결한다.

3) 점화 스위치를 ON시킨다.

4) GDS 서비스 데이터의 "셀 전압" 및 "팩 전압"을 점검한다.

　　가) 셀 전압 : 2.5 ~ 4.3V

　　나) 팩 전압 : 240 ~ 413V

　　다) 셀간 전압편차 : 40mV이하

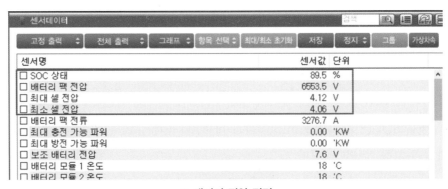

❖ 배터리 전압 점검

출처 : ㈜ 골든벨(2021), [전기자동차매뉴얼 이론&실무]

7. 전압 센싱 회로 점검

1) 고전압 배터리 팩 어셈블리를 탈착한다.

2) 고전압 배터리 전압 & 온도 센서 와이어링 하니스를 탈착한다.

3) 고전압 배터리 모듈과 BMU 하니스 커넥터의 와이어링 통전 상태를 확인하여 규정값
   인 1Ω 이하(20°C) 여부를 확인한다.

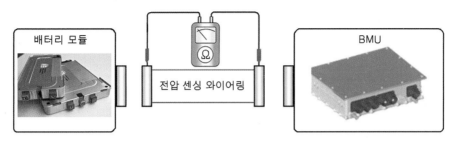

❖ **고전압 센싱 회로 점검**
출처 : ㈜ 골든벨(2021), [전기자동차매뉴얼 이론&실무]

4) BMU를 하부 케이스에 장착한다.

5) 고전압 배터리 전압 & 온도 센서 와이어링 하니스를 BMU에 연결한다.

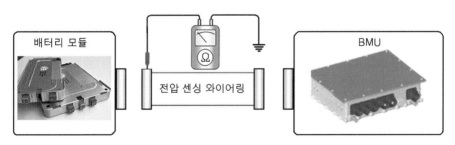

❖ **커넥터와 케이스의 절연 저항 점검**
출처 : ㈜ 골든벨(2021), [전기자동차매뉴얼 이론&실무]

8. 메인 퓨즈 점검

1) 안전 플러그를 탈착한다.

2) 안전 플러그 레버(A)를 탈착하고 메인 퓨즈와 연결되는 안전 플러그 저항을 멀티 테스
   터기를 이용하여 저항값이 규정값 범위인1Ω 이하(20℃) 여부를 점검한다.

3) 안전 플러그 커버(B)를 탈착한 후 메인 퓨즈(C)를 탈착한다.

4) 메인 퓨즈 양 끝단 사이의 저항이 규정 값인 1Ω 이하 (20°C)인지를 점검한다.

5) 탈착 절차의 역순으로 메인 퓨즈를 장착한다.

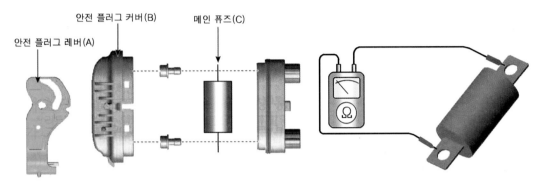

❖ **안전 플러그와 메인 퓨즈 저항 점검**
출처 : ㈜ 골든벨(2021), [전기자동차매뉴얼 이론&실무]

9. 고전압 메인 릴레이 점검(융착 상태 점검)

1) GDS 장비를 이용한 점검

가) GDS를 자기진단 커넥터(DLC)에 연결한다.

나) 점화 스위치를 ON시킨다.

다) GDS 서비스 데이터의 [BMU 융착 상태 'NO'] 인지를 확인한다.

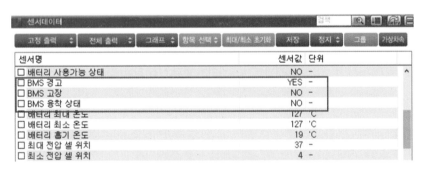

❖ **BMU 융착 상태 점검**
출처 : ㈜ 골든벨(2021), [전기자동차매뉴얼 이론&실무]

2) GDS를 이용한 메인 릴레이 점검

가) 고전압 회로를 차단한다.

나) 고전압 배터리 상부 케이스를 탈착한다.

다) 고전압 배터리 팩을 플로우 잭을 이용하여 차량에 가장착 한다.

라) GDS 장비를 자기진단 커넥터(DLC)에 연결한다.

마) 점화 스위치를 ON시킨다.

바) GDS 강제 구동 기능을 이용하여, 고전압 배터리를 제어하는 메인 릴레이 (-)를 ON 하면서 릴레이 ON 시 "틱" 또는 "톡"하는 릴레이 작동 음을 확인한다.

3) 멀티미터를 이용한 점검

가) 고전압 차단 절차를 수행한다.

나) 리프트를 이용하여 차량을 들어올린다.

다) 장착 너트를 푼 후 고전압 배터리 하부 커버 를 탈착한다.

라) 장착 볼트를 푼 후 PRA 및 BMU 고전압 정션 박스 어셈블리 브래킷 및 커버를 탈착 한다.

사) 그림과 같이 고전압 메인 릴레이의 저항이 $\infty\Omega(20℃)$이 검출되는지 여부를 점검한다.

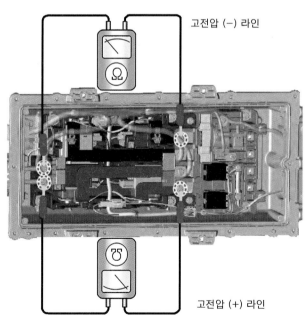

❖ **고전압 메인 릴레이 저항 점검**
출처 : ㈜ 골든벨(2021), [전기자동차매뉴얼 이론&실무]

10. 고전압 배터리 절연 저항 점검

1) GDS 장비를 이용한 점검

가) GDS를 자기진단 커넥터(DLC)에 연결한다.

나) 점화 스위치를 ON시킨다.

다) GDS 서비스 데이터의 "절연 저항 규정값: 300~1000 kΩ" 여부를 확인한다.

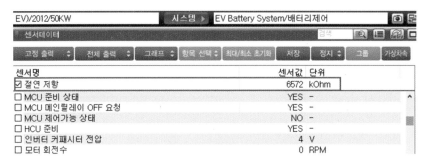

❖ **장비를 이용한 고전압 배터리 절연 저항 점검**
출처 : ㈜ 골든벨(2021), [전기자동차매뉴얼 이론&실무]

2) 메가 옴 테스터기를 이용한 점검

가) 고전압 차단 절차를 수행한다.

나) 절연 저항계의 (-) 단자 (A)를 차량측 차체 접지 부분에 연결한다.

다) 절연 저항계의 (+) 단자를 고전압 배터리 (+)에 각각 연결한 후 저항 값을 측정한다.

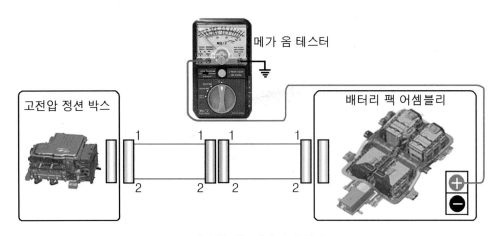

❖ **메가 옴 테스터기 접지 점검**
출처 : ㈜ 골든벨(2021), [전기자동차매뉴얼 이론&실무]

ⓐ 절연 저항계의 (+) 단자를 고전압 배터리 팩 (+)측에 연결한다.

ⓑ 절연 저항계를 통해 500V 전압을 인가한 후 안정된 저항 값을 측정하기 위해 약 1분 간 대기한다.

ⓒ 절연 저항값이 규정 값인 2MΩ 이상(20℃)인지 확인한다.

라) 절연 저항계의 (+) 단자를 고전압 배터리 (-)에 각각 연결한 후 저항 값을 측정한다.

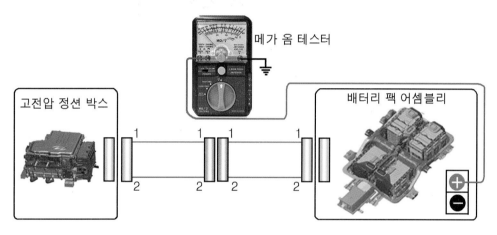

❖ **고전압 배터리 (-) 단자 절연 저항 점검**
출처 : ㈜ 골든벨(2021), [전기자동차매뉴얼 이론&실무]

ⓐ 절연 저항계의 (+) 단자를 고전압 배터리 팩(-)측에 연결한다.

ⓑ 절연 저항계를 통해 500V 전압을 인가한 후 안정된 저항 값을 측정하기 위해 약 1분 간 대기한다.

ⓒ 절연 저항 값이 규정 값인 2MΩ 이상 (20℃)인지 확인한다.

11. 고전압 배터리 팩 어셈블리 절연 저항 점검

1) 절연 저항계(메가 옴 테스터) 이용

가) 고전압 차단 절차를 수행한다.

나) 절연 저항계의 (-) 단자 (A)를 하부 배터리 케이스 또는 접지부에 연결한다.

다) 절연 저항계의 (+) 단자를 고전압 배터리 (+), (-)에 각각 연결한 후 저항 값을 측정한다.

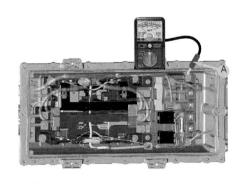

❖ 고전압 배터리 케이스 절연 저항 점검
출처 : ㈜ 골든벨(2021), [전기자동차매뉴얼 이론&실무]

12. 파워 릴레이 어셈블리 고전압 파워 단자 (+) 측 절연 저항 점검

1) PRA 고전압 파워 단자 (+) 측에 절연 저항계의 (+)단자(A)를 연결한다.

2) 절연 저항계를 통해 500V 전압을 인가한 후 안정된 저항 값을 측정하기 위해 약 1분 간 대기한다.

3) 절연 저항 값이 규정 값인 2MΩ 이상 (20℃)인지를 확인한다.

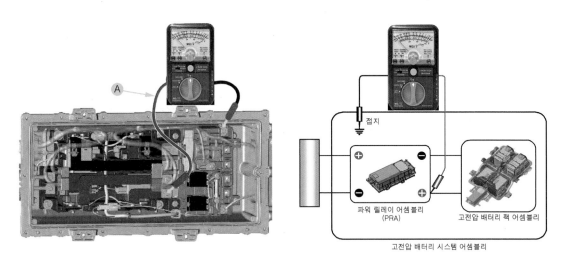

❖ 고전압 배터리 케이스 절연 저항 점검   출처 : ㈜ 골든벨(2021), [전기자동차매뉴얼 이론&실무]

13. 파워 릴레이 어셈블리 고전압 파워 단자 (–) 측 절연 저항 점검

1) PRA 고전압 파워 단자 (–) 측에 절연 저항계의 (+)단자(A)를 연결한다.

2) 절연 저항계를 통해 500V 전압을 인가한 후 안정된 저항 값을 측정하기 위해 약 1분 간 대기한다.

3) 절연 저항 값이 규정 값인 2MΩ 이상 (20℃)인지를 확인한다.

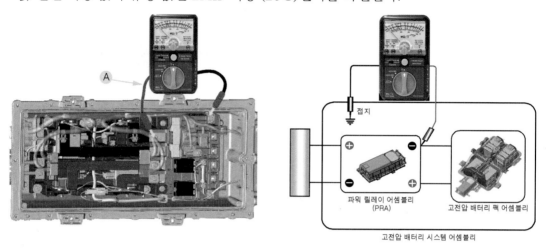

❖ **고전압 파워 (–) 단자 절연 저항 점검**   출처 : ㈜ 골든벨(2021), [전기자동차매뉴얼 이론&실무]

14. 파워 릴레이 어셈블리 인버터 파워 단자 (+) 측 절연 저항 점검

1) PRA 인버터 파워 단자 (+) 측에 절연 저항계의 (+)단자 (A)를 연결한다.

2) 절연 저항계를 통해 500V 전압을 인가한 후 안정된 저항 값을 측정하기 위해 약 1분 간 대기한다.

3) 절연 저항 값이 규정 값인 2MΩ 이상 (20℃)인지를 확인한다.

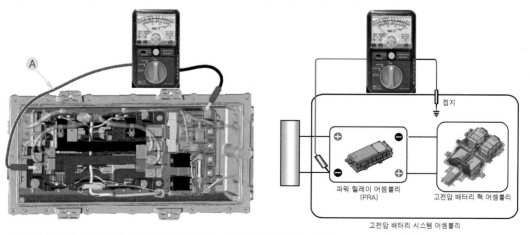

❖ **파워 릴레이 어셈블리 인버터 파워 (+) 단자 절연 저항 점검**   출처 : ㈜ 골든벨(2021), [전기자동차매뉴얼 이론&실무]

15. 파워 릴레이 어셈블리 인버터 파워 단자 (−) 측 절연 저항 값 점검

1) PRA 인버터 파워 단자 (-) 측에 절연 저항계의 (+)단자(A)를 연결한다.

2) 절연 저항계를 통해 500V 전압을 인가한 후 안정된 저항 값을 측정하기 위해 약 1분 간 대기한다.

3) 절연 저항 값이 규정 값인 2MΩ 이상 (20℃)인지를 확인한다.

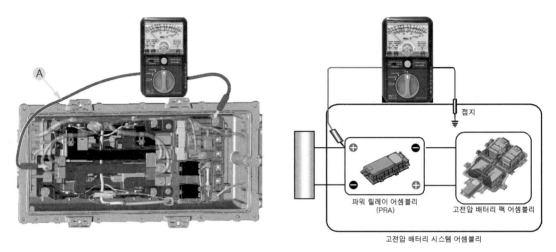

❖ **파워 릴레이 어셈블리 인버터 파워 (−) 단자 절연 저항 점검**
출처 : ㈜ 골든벨(2021), [전기자동차매뉴얼 이론&실무]

16. 고전압 메인 릴레이 (−) 스위치 저항 점검

1) 멀티미터 이용 (릴레이 OFF)

멀티 테스터를 이용하여 고전압 (-) 릴레이 OFF 상태에서 실시하는 점검 방법이며, 고전압 배터리 관련 시스템을 점검하기 위해 고전압 배터리 팩 어셈블리를 탈착한 경우는 장착하기 전에 플로우 잭을 이용하여 가장착 후 고전압 배터리의 이상 유무를 판단한 후 조치가 완료되면 고전압 배터리 팩 어셈블리를 차량에 장착한다.

가) 장착 스크루를 푼 후 PRA 톱 커버(A)를 탈착한다.

나) 그림과 같이 고전압 메인 릴레이의 저항을 측정하여 ∞Ω(20℃)의 규정 값 범주 내에 있는지 확인한다.

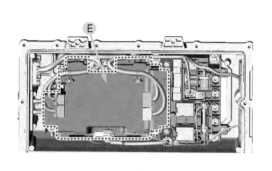
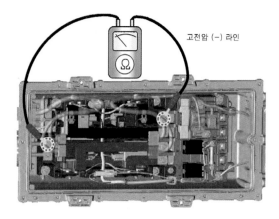

고전압 (−) 라인

❖ 메인 릴레이 (−) 단자 저항 점검

출처 : ㈜ 골든벨(2021), [전기자동차매뉴얼 이론&실무]

2) GDS 이용 (릴레이 ON)

가) 고전압 회로를 차단한다.

나) 고전압 배터리 상부 케이스를 탈착한다.

다) 고전압 배터리 팩을 플로우 잭을 이용하여 차량에 가장착 한다.

라) GDS 장비를 자기진단 커넥터(DLC)에 연결한다.

마) 점화 스위치를 ON시킨다.

바) GDS의 강제 구동 기능을 이용하여, 메인 릴레이 (-)를 ON시킨다.

사) 릴레이 ON 시 "틱" 또는 "톡" 하는 릴레이 작동음을 확인한다.

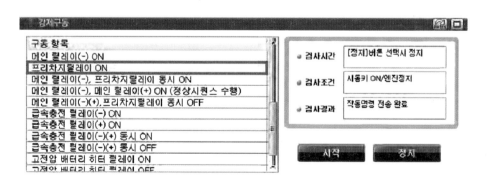

❖ GDS 장비를 이용 프리차지 릴레이 ON

출처 : ㈜ 골든벨(2021), [전기자동차매뉴얼 이론&실무]

17. 배터리 온도 센서 점검

배터리 온도 센서는 1~8번 모듈에 내장되어 있으며, 분해가 불가능하다.

1) 점화 스위치를 OFF 시킨다.

2) 고전압 회로를 차단한다.

3) 고전압 배터리 시스템 어셈블리를 탈착한다.

4) 고전압 배터리 팩 상부 케이스를 탈착한다.

5) 고전압 배터리 팩을 플로우 잭을 이용하여 차량에 가장착 한다.

6) GDS 장비를 자기진단 커넥터(DLC)에 연결한다.

7) 점화 스위치를 ON 시킨다.

8) GDS 서비스 데이터의 "배터리 모듈 온도"를 점검한다.

9) 점화 스위치를 OFF 시킨다.

10) 고전압 배터리 케이블 및 BMU 점검 단자를 분리한다.

11) 온도 센서별 저항 값을 정비지침서를 참조하여 확인한다.

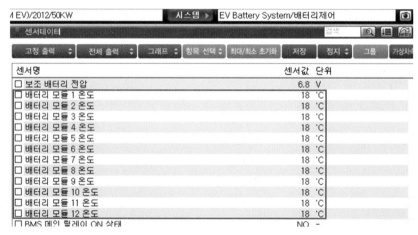

❖ GDS 장비를 이용 프리차지 릴레이 ON

출처 : ㈜ 골든벨(2021), [전기자동차매뉴얼 이론&실무]

18. 고전압 프리 차지 릴레이 코일 저항 점검

1) 고전압 차단 절차를 수행한다.

2) 리프트를 이용하여 차량을 들어올린다.

3) 장착 볼트 및 너트를 푼 후 고전압 배터리 프런트 언더 커버(A)를 탈착한다.

4) BMU 익스텐션 커넥터(B)를 분리한다.

5) 파워 릴레이 어셈블리 커넥터 8번과 9번 단자 사이의 저항을 측정하여 규정 값인 104.4~127.6Ω(20℃)의 범주 내에 있는지 점검한다.

19. 배터리 전류 센서 점검

1) 점화 스위치를 OFF시킨다.

2) 고전압 회로를 차단한다.

3) 고전압 배터리 시스템 어셈블리를 탈착한다.

4) 고전압 배터리 팩 상부 케이스를 탈착한다.

5) 고전압 배터리 팩을 플로우 잭을 이용하여 차량에 가장착 한다.

6) GDS 장비를 자기진단 커넥터(DLC)에 연결한다.

7) 점화 스위치를 ON 시킨다.

8) GDS 서비스 데이터의 "배터리 팩 전류"를 확인한다.

9) 전류별 출력 전압 값을 확인한다

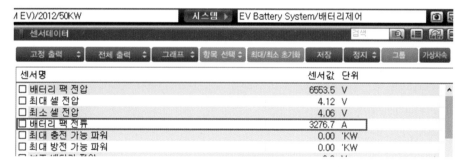

❖ **배터리 팩 전류 점검**
출처 : ㈜ 골든벨(2021), [전기자동차매뉴얼 이론&실무]

186p

10) 배터리 센서 출력 전압

전 류 (A)	출력 전압 (V)
-400(충전)	0.5
-200(충전)	1.5
0	2.5
+200	3.5
+400	4.5

11) BMU 측 B01-1A 커넥터 1번 단자(센서 출력)와 18번(센서 접지) 사이의 전압 값이 정상 값의 범위인 약 2.5V ± 0.1V에 있는지 점검한다.

12) BMU 측 B01-1A 커넥터 17번 단자(센서 전원)와 18번(센서 접지) 사이의 전압 값이 정상 값의 범위인 약 5V ± 0.1V에 있는지 점검한다.

20. 안전 플러그 점검

고전압 시스템 관련 작업 안전사항 미준수시 감전 또는 누전 등으로 인한 심각한 사고를 초래할 수 있으므로 반드시 "안전사항 및 주의, 경고" 내용을 숙지하고 준수해야 한다.

1) 점화 스위치를 OFF시키고 보조 배터리 (-) 케이블을 분리한다.

2) 트렁크 러기지 보드를 탈착한다.

3) 안전 플러그 서비스 커버 를 탈착한다.

4) 안전 플러그를 탈착한다.

5) 육안 점검 및 통전 시험을 통하여 인터록 스위치 단자 상태 및 고전압으로 연결되는 단자의 이상 유무를 확인한다.

21. 안전 플러그 케이블 점검

1) 점화 스위치를 OFF시키고 보조 배터리(-) 터미널을 분리한다.

2) 고전압 회로를 차단한다.

3) 상부 케이스를 탈착한다.

4) 안전 플러그 케이블 커넥터를 분리한다.

5) 고정 너트를 풀고 안전 플러그 케이블 어셈블리를 탈착한다.

6) 탈착 절차의 역순으로 안전 플러그를 장착한다.

22. 고전압 과충전 스위치(VPD) 점검

1) 점화 스위치를 OFF시키고 보조 배터리 (-)터미널을 분리한다.

2) 고전압 회로를 차단한다.

3) 상부 케이스를 탈착한다.

4) VPD 단자 간의 통전 상태를 각 단품별로 저항 값이 규정 값인 0.375Ω 이하 (20℃)

인지를 점검한다.

5) 통전되지 않는다는 것은 과충전에 의해서 스위치 접점이 열려진 상태이거나 VPD 단품 자체에 이상이므로 배터리 팩 어셈블리를 모두 교환하여야 한다.

6) VPD 하니스 장착 시 오조립이 되면 프리차징 실패 또는 VPD 이상 (고전압 배터리가 부푼 것으로 잘못 인식됨)으로 인식되므로 커넥터가 올바른 위치에 장착되어 있는지 꼭 확인하여야 한다.

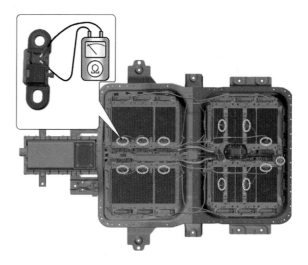

❖ 과충전 차단 스위치 점검
출처 : ㈜ 골든벨(2021), [전기자동차매뉴얼 이론&실무]

23. 고전압 배터리 히터 시스템 점검

고전압 배터리 히터, 고전압 배터리 히터 온도 센서, 인렛 온도 센서는 고전압 배터리 팩 어셈블리 통합형이므로 각 부품들은 별도 분리가 불가능하므로 각각의 부품 수리 시는 "고전압 배터리 팩 어셈블리" 탈부착 절차를 참조하여 점검한다.

가) 점화스위치를 OFF시킨다.

나) 고전압 회로를 차단한다.

다) 고전압 배터리 시스템 어셈블리를 탈착한다.

라) 고전압 배터리 팩 상부 케이스를 탈착한다.

마) 제원 값을 참조하여 저항이 제원 값과 상이한지 확인한다.

24. 고전압 배터리 히터 릴레이, 퓨즈 및 온도 센서 점검

고전압 배터리 히터, 고전압 배터리 히터 온도 센서, 인렛 온도 센서는 고전압 배터리 팩 어셈블리 통합형이므로 각 부품들은 별도 분리가 불가능하다.

1) GDS를 이용한 릴레이 ON 상태 점검

가) 고전압 회로를 차단한다.

나) 고전압 배터리 상부 케이스를 탈착한다.

다) 고전압 배터리 팩을 플로우 잭을 이용하여 차량에 가장착 한다.

라) GDS 장비를 자기진단 커넥터(DLC)에 연결한다.

마) 점화 스위치를 ON시킨다.

바) GDS 강제 구동 기능을 이용하여 고전압 배터리 히터를 제어하는 고전압 배터리 히터 릴레이를 ON 시킨다.

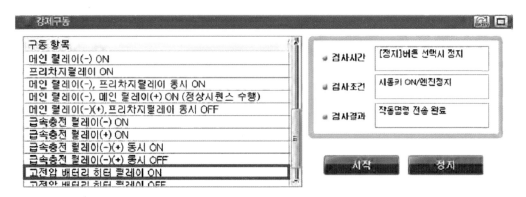

배터리 히터 릴레이 점검
출처 : ㈜ 골든벨(2021), [전기자동차매뉴얼 이론&실무]

2) 멀티 테스터기를 이용한 릴레이 OFF상태 점검

가) 고전압 회로를 차단한다.

나) 파워 릴레이 어셈블리를 탈착한다.

다) 파워 릴레이 어셈블리 커넥터 5번과 10번 단자 사이의 저항이 규정값인 54~66Ω 범위 내에 있는지 확인한다.

라) 고전압 배터리 히터 릴레이 퓨즈 A의 단선 여부를 점검 한다.

마) 탈착 절차의 역순으로 고전압 배터리 히터 릴레이를 장착한다.

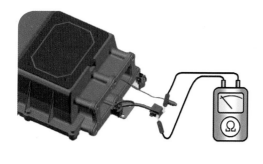

❖ 파워 릴레이 코일 저항 점검

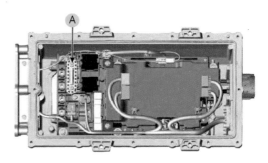

❖ 배터리 히터 릴레이 퓨즈 점검

출처 : ㈜ 골든벨(2021), [전기자동차매뉴얼 이론&실무]

3) 히터 온도 센서 점검

센서데이터	114/145	검색	
고정 출력 ↕	전체 출력 ↕	그래프 ↕	항목 선택 ↕	최대/최소 초기화	저장	정지 ↕	그룹	가상지속

센서명	센서값	단위
☐ 배터리 셀 전압 88	3.92	V
☐ 배터리 셀 전압 89	3.92	V
☐ 배터리 셀 전압 90	3.92	V
☐ 배터리 셀 전압 91	3.92	V
☐ 배터리 셀 전압 92	3.92	V
☐ 배터리 셀 전압 93	3.92	V
☐ 배터리 셀 전압 94	3.92	V
☐ 배터리 셀 전압 95	3.92	V
☐ 배터리 셀 전압 96	3.92	V
☐ 배터리 모듈 6 온도	19	℃
☐ 배터리 모듈 7 온도	19	℃
☐ 배터리 모듈 8 온도	19	℃
☐ 최대 충전 가능 파워	90.00	'KW
☐ 최대 방전 가능 파워	90.00	'KW
☐ 배터리 셀간 전압편차	0.00	V
☐ 급속충전 정상 진행 상태	OK	-
☐ 에어백 하네스 와이어 듀티	80	%
☐ 히터 1 온도	0	℃
☐ 히터 2 온도	0	℃
☐ 최소 열화	0.0	%
☐ 최대 열화 셀 번호	0	-
☐ 최소 열화	0.0	%
☐ 최소 열화 셀 번호	0	-

❖ 배터리 히터 온도 센서 점검

출처 : ㈜ 골든벨(2021), [전기자동차매뉴얼 이론&실무]

가) 고전압 회로를 차단한다.

나) 고전압 배터리 상부 케이스를 탈착한다.

다) 고전압 배터리 팩을 플로우 잭을 이용하여 차량에 가장착 한다.

라) GDS 장비를 자기진단 커넥터(DLC)에 연결한다.

마) 점화 스위치를 ON시킨다.

바) GDS 서비스 데이터의 "히터 온도"를 확인한다.

사) 점화 스위치를 OFF시킨다.

아) 특수공구(고전압 배터리 케이블 및 BMU 점검 단자)를 분리한다.

자) 정비 지침서를 참조하여 온도별 저항 값을 확인한다.

25. 배터리 흡기 온도 센서(인렛 온도 센서) 점검

고전압 배터리 히터, 고전압 배터리 히터 온도 센서, 인렛 온도 센서는 고전압 배터리 팩 어셈블리 통합형이므로 각 부품들은 별도 분리가 불가능하다.

❖ **배터리 흡기 온도 센서 점검**
출처 : ㈜ 골든벨(2021), [전기자동차매뉴얼 이론&실무]

1) 점화 스위치를 OFF 시킨다.

2) 고전압 회로를 차단한다.

3) 고전압 배터리 시스템 어셈블리를 탈착한다.

4) 고전압 배터리 팩 상부 케이스를 탈착한다.

5) 고전압 배터리 팩을 플로우 잭을 이용하여 차량에 가장착 한다.

6) GDS 장비를 자기진단 커넥터(DLC)에 연결한다.

7) 점화 스위치를 ON시킨다.

8) GDS 서비스 데이터의 "배터리 흡기 온도"를 확인한다.

9) 점화 스위치를 OFF시킨다.

10) 정비지침서를 참조하여 온도별 저항 값을 확인한다.

26. 고전압 배터리 쿨링 시스템 점검

1) 점화 스위치를 OFF 시키고 보조 배터리(12V)의 (-) 케이블을 분리한다.

2) GDS를 자기진단 커넥터(DLC)에 연결한다.

3) 점화 스위치를 ON시킨다.

4) GDS 장비를 이용하여 강제 구동을 실시하여 "팬 구동 단수에 따른 듀티값 및 파형"을
   점검한다.

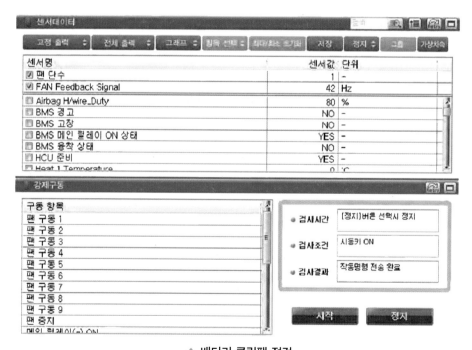

❖ **배터리 쿨링팬 점검**
출처 : ㈜ 골든벨(2021), [전기자동차매뉴얼 이론&실무]

07 배터리 검사

고전압 배터리의 탑재 장소는 차량에 따라 약간의 차이는 있으나 보편적으로 차량의 후미 트렁크 부위에 배치한다.

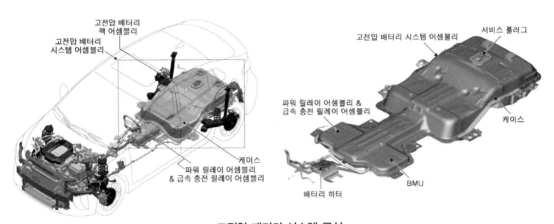

❖ **고전압 배터리 시스템 구성**
출처 : ㈜ 골든벨(2021), [전기자동차매뉴얼 이론&실무]

1. 고전압 배터리 검사 준비

고전압 배터리 관련 시스템을 점검하기 위해 고전압 배터리 팩 어셈블리를 탈착하여 점검하며, 적합한 공구를 준비한다. 또한 차종에 적합한 특수 공구를 사용하여 고전압 배터리의 이상 유무를 검사 및 판단한 후 조치가 완료되면 고전압 배터리 시스템 어셈블리를 차량에 장착한다.

❖ **고전압 배터리 검사 전 조치**
출처 : ㈜ 골든벨(2021), [전기자동차매뉴얼 이론&실무]

2. 고전압 메인 릴레이 융착 상태 검사(BMU 융착 상태 점검)

전기회로에서 접촉 부분이 용융되어 접점이 달라붙는 현상을 융착이라고 하며, 고전압 릴레이가 융착되어 정상적인 ON·OFF 제어가 불가능한 상태가 되면 충전과 방전을 제한하며, 경고등이 점등되고 고장 코드가 발생한다. 이때 센서 데이터 진단을 통하여 BMU의 융착 상태를 점검한다.

(1) 점검 시 주의 사항

1) 고전압 메인 릴레이의 융착 유무는 GDS 장비의 서비스 데이터와 직접 측정 방식으로 확인이 가능하다.
2) 점검을 위하여 배터리 팩 어셈블리를 안전하게 탈착하기 위해서는 작업 전에 고전압 메인 릴레이 융착 상태 점검을 실시한다.
3) 고전압 배터리 관련 시스템을 점검하기 위해 고전압 배터리 팩 어셈블리를 탈착한 경우는 장착하기 전에 플로우 잭을 이용하여 가장착한 후 전기 자동차 전용 점검 도구를 사용하여 고전압 배터리의 이상 유무를 검사한다.
4) 점검 검사 후 정상일 경우에 고전압 배터리팩 어셈블리를 차량에 장착한다.
(2) GDS 장비를 이용한 서비스 데이터 점검
1) GDS를 자기진단 커넥터(DLC)에 연결한다.
2) 점화 스위치를 ON 시킨다.
3) GDS 서비스 데이터의 BMU 융착 상태를 확인한다.

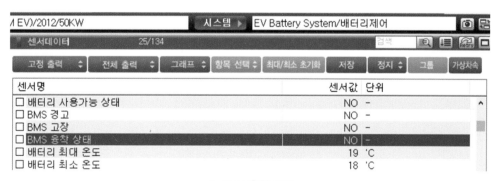

❖ BMU 융착 점검
출처 : ㈜ 골든벨(2021), [전기자동차매뉴얼 이론&실무]

(2) 멀티미터를 이용한 직접 측정

1) 고전압 차단 절차를 수행한다.

2) 리프트를 이용하여 차량을 들어올린다.

3) 장착 너트를 푼 후 고전압 배터리 하부 커버를 탈착한다.

4) 장착 볼트를 푼 후 PRA 및 BMU 고전압 정선박스 어셈블리 브래킷을 탈착한다.

5) 장착 볼트를 푼 후 PRA 및 BMS 고전압 정선박스 어셈블리 커버를 탈착한다.

6) BMU 커넥터를 분리한다.

7) 장착 스크루를 푼 후 PRA 톱 커버를 탈착한다.

8) 그림과 같이 고전압 메인 릴레이의 융착 상태는 측정 저항값이 ∞ Ω(20℃) 규정범위 이내에 있는지 여부를 점검한다.

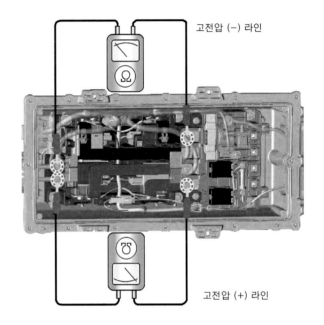

고전압 (−) 라인

고전압 (+) 라인

❖ **고전압 메인 릴레이 융착 점검**
출처 : ㈜ 골든벨(2021), [전기자동차매뉴얼 이론&실무]

3. 고전압 메인 릴레이 코일 저항 측정

1) BMU 익스텐션 커넥터를 분리한다.

2) 파워 릴레이 어셈블리 커넥터 7번과 8번단자[메인 릴레이 (+)], 3번과 8번 단자[메인 릴레이 (−)]사이의 저항을 측정하여 규정 값인 21.6~26.4Ω(20℃) 범위인지를 확인한다.

제6장

모터 제어기술

모터 제어기술

01 모터의 개요

1. 개요

(가) 모터의 개요

복잡한 기계도 구동원은 모터(motor) 혹은 솔레노이드(solenoid)이다. 모터는 전기적 에너지를 기계적 에너지로 변환시키는 유일한 동력원이며 모터의 발명은 영국 물리학자 마이켈 파라데이(1791~1876)인데 "전자기유도"의 발견이 그 계기로서 전자기 유도에 의하여 변압기를 만들고 더 발전하여 발전기를 만들었으며, 발전기의 반대개념이 모터로서 유도전동기가 모터의 원형이며 모터는 '전기적 에너지를 기계적 에너지로 변환하는 장치'이다.

(나) 전자기유도(발전기의 원리)

전기적으로 자석의 기운을 유도하여 전기자기장을 유도 하면 전자석이 된다. 전자석이 된다는 것은 전류가 흐른다는 것이며 전류가 흘러야 전자석이 되며 회로를 관통하는 자기력선이 변화하면 그 회로에 전류를 흐르게 하려는 기전력이 생기는 현상이 발전기의 원리이다. 전자기유도에 따라 생기는 기전력의 방향과 크기에 대해서는 다음과 같은 법칙이 있다.

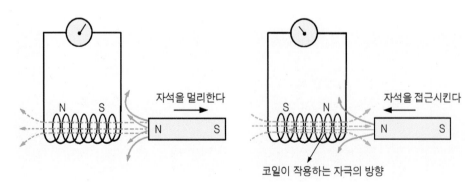

❖ **전자기 유도** 출처 : ㈜ 골든벨(2014), [정석자동차정비교본] 자동차전기

☞ **전자기유도란?**

• 전자유도를 발생시키는 방법

• 도체와 자력선과의 상대운동에 의한 방법(발전기, 전동기)

• 도체에 영향을 미치는 자력선을 변화시키는 방법(변압기, 점화코일)

(다) 렌츠의 법칙

유도기전력은 유도전류가 만드는 자기장에 의해 전자기유도를 일으키는 원인이 된 자기력선의 변화가 지워지는 방향으로 발생한다. 또 그것이 회로와 회로, 또는 자석과 회로의 상대운동에 의해 생긴 것이라면 유도전류에 따라 생기는 전기적 힘은 그 운동을 저지하는 방향으로 작용한다.

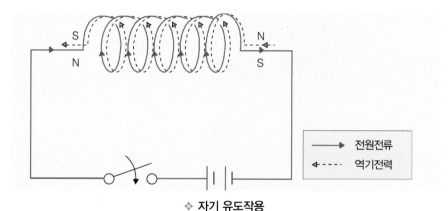

❖ **자기 유도작용**
출처 : ㈜ 골든벨(2014), [정석자동차정비교본] 자동차전기

(라) 패러데이의 법칙

유도기전력의 크기는 단위시간에 자기력선이 변화하는 비율에 비례한다. 어떤 회로에 대하여 자석을 가까이 하면 회로를 관통하는 자기력선이 증가하므로 그것에 따라 회로 내에 유기되는 유도전류는 자기력선의 증가를 막으려는 방향으로 흐른다.

02 모터의 종류

1. 모터의 종류

1. 모터는 사용에너지에 따라 다음과 같이 분류한다.

- 유압식 모터

- 공기압식 모터

- 수압식 모터

- 전기식 모터 등으로 구분

- 메카트로닉스 시스템 : 전기식 모터를 일반적으로 사용

| 전기적 에너지 | ⇨ | 모터(변환기) | ⇨ | 기계적에너지(동력) |

❖ 모터의 개념

2. 사용에너지에 따른 구분

1) 유압 시스템(hydraulic system) : 작은 관성과 작은 중량으로 큰 힘 제공, 속도가 빠름

2) 공압 시스템(pneumatic system) : 공기의 압축성으로 인해 시간지연

3) 전기 시스템(electric system) : 응답속도 느리나 제어용이

구분	장 점	단 점
전기식	-소형이다. -신호변환의 속도성이 좋다. -위치결정 정밀도가 좋다. -배선처리가 용이하다	-외부의 노이즈 등 외란에 취약하다 -전원고장이 직접적으로 영향을 준다.
유압식	-힘과 토크가 크다. -외부의 노이즈가 강하다 -전원고장 시 어큐뮬레이터(축전지)로 대용가능	-온도에 의한 특성변화가 크다. -환경오염의 문제가 된다. -가격이 높다. -소음이 크다. -배관이 복잡하고 대형이다.
공압식	-구조가 간단하다. -보수성이 좋다.	-부하에 대한 특성변화가 크다. -배관이 복잡하다. -원격조정이 곤란하다.

2. 모터의 구분

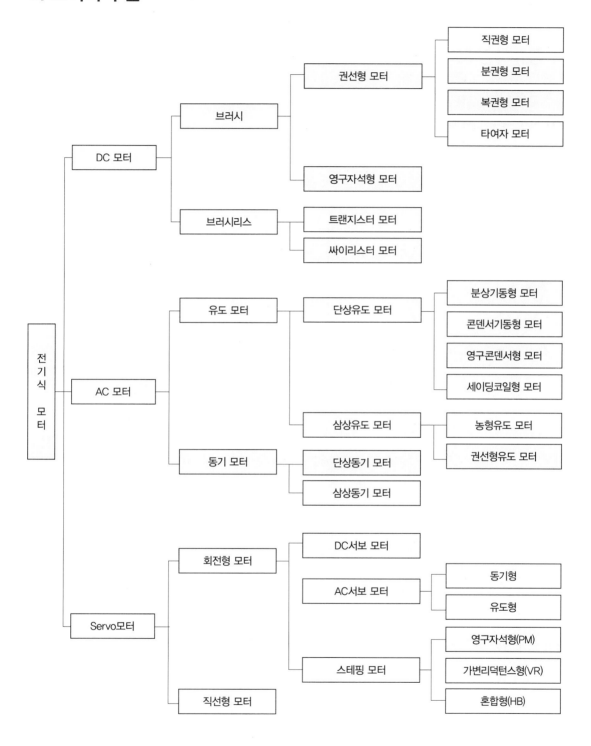

1. 정류자형 모터의 구조 및 작동원리

(1) 작동원리

(가) 자계 속의 전류에 작용하는 힘

〈전자력을 받는 방향〉

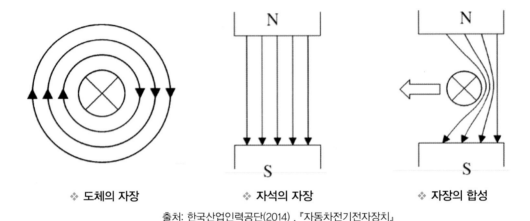

| ❖ 도체의 자장 | ❖ 자석의 자장 | ❖ 자장의 합성 |

출처: 한국산업인력공단(2014) . 『자동차전기전자장치』

〈전자석의 특징〉

- 전자석은 전류를 인가했을 때만 자력을 띠게 된다. 따라서 전류를 차단하면 자력선은 사라진다.
- 전자석은 전류의 방향을 바꾸면 자극도 반대로 된다.
- 전자석의 자력은 코일권선의 횟수와 공급전류의 크기에 영향을 받는다.

(나) 플레밍의 왼손법칙

자석의 N극과 S극 사이 자력선과 도선의 전류방향에 따라 작용하는 전자력의 관계를 왼손의 손가락 3개를 펴서 그림의 플레밍의 왼손 법칙과 같이 집게손가락을 자계 방향 가운데 손가락을 전류방향을 하면 엄지손가락이 전자력 방향이 된다.

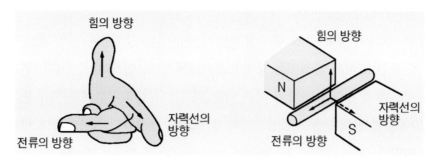

❖ **플레밍의 왼손법칙**
출처 : ㈜ 골든벨(2014), [정석자동차정비교본] 자동차전기

1) 플레밍의 왼손법칙에 의한 모터의 원리

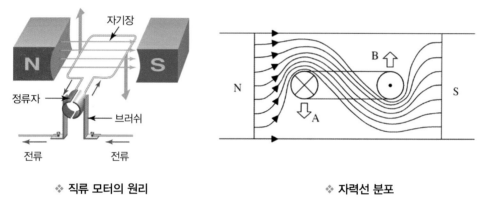

❖ **직류 모터의 원리**   ❖ **자력선 분포**

출처 : https://www.bing.com/images/search?view=detailV2&ccid=gvxyegjZ&id

(다) 모터의 기본 법칙

1) 오른나사법칙(=앙페르의 법칙)

전류에 의해서 발생되는 자력선은 언제나 오른나사가 진행하는 방향으로 전류가 흐르면 자력선은 오른나사가 회전하는 방향과 일치하는 자력선이 발생되어 나오는 것을 자력선의 오른나사법칙 또는 앙페르의법칙이라 한다.

2) 오른손 엄지손가락 법칙

코일이나 전자석의 자력선 방향을 알려고 할 때 이용하는 법칙으로 오른손의 엄지손가락을 제외한 네 손가락을 전류의 방향에 맞추어 잡았을 때 엄지손가락의 방향으로 자력선이 나온다.

3) 플레밍의 왼손법칙(모터의 법칙)

자계의 방향, 전류의 방향 및 도체가 움직이는 방향에는 일정한 관계가 있으며 이것을 왼손을 이용하여보면 도체의 움직이는 방향으로 정확하고도 쉽게 알 수 있다. 왼손의 엄지손가락, 인지, 가운데 손가락을 직각이 되게 펴고 인지는 자력선방향에 가운데 손가락은 전류의 방향에 일치시키면 도체에는 엄지손가락 방향으로 전자력이 작용하는데 이것을 플레밍의 왼손법칙이라 한다.

(2) 구조 및 동작

(가) 정류자형 모터

1) 모터 및 발전기의 구성도

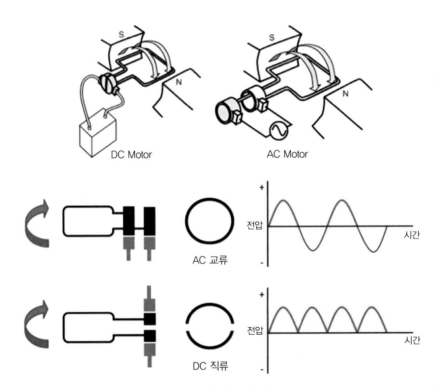

출처 : https://gisullab.com/files/attach/images/219/047/031/80b284086b37bfca645133f72a7bf3d3.jpg

2) 정류자형 모터의 특징

- 큰 기동 토크

- 입력전압에 비례하는 회전속도

- 입력전류에 비례하는 출력 토크

- 높은 출력효율

- 가격 저렴

- 반면에 브러시, 커뮤테이터 등 기계적 접점으로 소음/수명 문제 발생

3) 정류자형 모터의 구조

계자(스테이터)와 전기자(로터)로 분류

- 스테이터 : 자력선을 통과하는 요크(계철)와 마그넷으로 구성

- 로터 : 연속적으로 회전해야 하므로 정류기(커뮤테이터)가 부착되어있다.

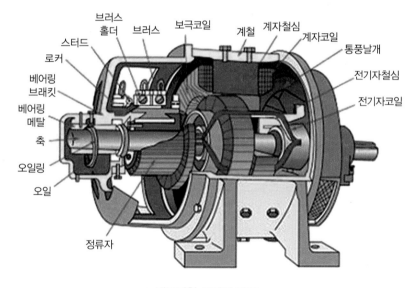

❖ 정류자형 모터의 구조

출처 : https://www.bing.com/images/search?view=detailV2&ccid=0BNiYKFq&id

정류기의 역할은 브러시를 통하여 공급되는 전류를 차례로 전환시켜 로터가 어디에 있을지라도 일정한 방향으로 회전을 계속하는 것이다. 자속을 발생시키는 부분을 계자(field)라고 한다.

- 영구자석을 이용해 자속을 발생(permanent magnet DC 모터)

- 코일 권선을 감아서 전자석형태로 자속을 발생: (wound-field 모터)

4) 정류자형 모터의 구동원리

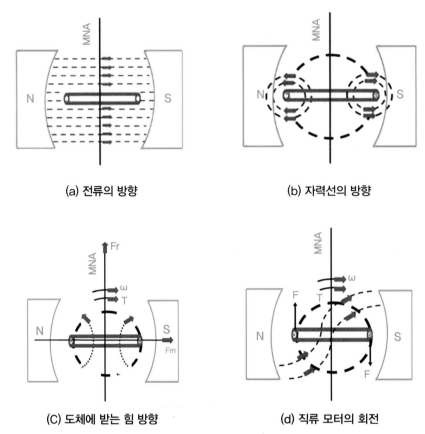

(a) 전류의 방향 (b) 자력선의 방향

(C) 도체에 받는 힘 방향 (d) 직류 모터의 회전

출처 : https://www.bing.com/search?q=dc%EB%AA%A8%ED%84%B0%EC%9D%98+%EC%9B%90%EB%A6%AC&form=ANSPH1&refig

(3) DC 모터의 분류

(가) DC 모터

1) DC모터의 개요

일반적인 DC모터로서 플레밍의 왼손법칙을 이용한 모터이며 정류자의 전류를 흘렸다 끊었다 하는 일련의 과정마다 전류의 방향을 반대로 해주어야하기 때문에, 필연적으로 브러시라는 기계적인 요소가 필요하다.

이 브러시는 정류자편에 전류를 공급 해주는 역할을 한다.

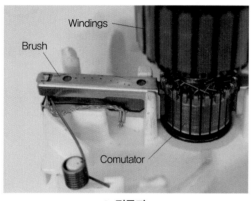

❖ 정류자

❖ 부러쉬

출처 : https://blog.naver.com/PostView.nhn?isHttpsRedirect=true&blogId=motor_bank&logNo

- 단점 : 기계적인 요소라, 브러시가 닳아 없어짐 따라서 브러시가 닳아가면서 모터의 성능이 저하하고 분진이 발생하는 등 환경문제가 대두되고 있다.
- 장점 : 제어가 간편, 토크가 전류에 비례 ➜ 전류제어로 토크 직접제어

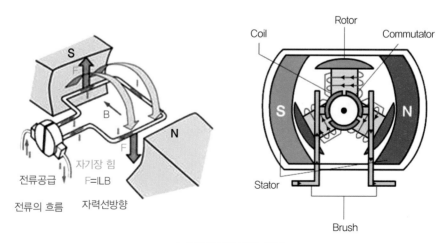

❖ DC모터의 회전 원리

출처 : http://www.motioncontrol.co.kr/UPDATA/fileimg/news/1562911403_0.jpg

2) DC 모터의 종류와 특성

구분	구성특성	특 성	사용장치
직류직권식	전기자 코일과 계자코일 이 전원에 대해 직렬로 접속	토크는 전기자 전류의 제곱에 비례. 즉 전기자 전류가 클수록 발생하는 토크도 크다. 전기자 전류는 속도에 반비례하여 증감	기동모터
직류분권식	전기자 코일과 계자코일 이 전원에 대해 병렬로 접속	가해진 전원 전압이 일정하면 계자 전류도 일정 하며 자장의 세기도 일정 전기자 전류가 커지면 축전지 전압이 조금 낮아 지나, 속도는 거의 일정	팬모터
직류복권식	두 개의 계자 코일이 하 나는 전기자 코일과 직·병렬로 접속	복권식 전동기는 직권과 분권의 중간 특성을 갖 음. 즉 시동할 때에는 직권식과 같은 큰 토크 특 성을 나타내고, 시동이 된 뒤에는 분권식과 같이 정속도 특성을 나타냄.	윈도우 와이퍼 모터

2. 회전자계형 모터의 구조 및 작동원리

(가) 브러시리스 (Brushless) 모터

브러시를 사용하지 않고, 비접촉의 위치 검출기와 반도체 소자로서 통전시키는 기능을 사용하여 브러시가 없기 때문에, 브러시의 마모가 없는 것이 가장 큰 장점과 구동 토크를 직접제어가 가능하고, 속도제어, 위치제어 등에서 탁월한 성능을 발위 하여 BLDC는 고 토 크 및 고속도제어에 많이 이용하고 있다.

1) Brushless 모터의 구조

Inner Rotor형 모터   Outer Rotor 형 모터

출처 : https://www.nidec.com/en/technology/capability/brushless/

2) Brushless 모터의 종류 및 특징

종류	구조	특징
Outer Rotor형	– 외측으로 회전자를 배치	– 회전자의 관성모멘트가 크므로 정속도 주행에 유리하다. – 마그네트를 비교적 크게 할 수 있으므로 고효율, 고 토크 화하기 쉽다. – 권선의 1코일 평균길이가 짧게 되어 손실절감, 고 효율 화하기 쉽다. – 회전자 지지기구가 복잡하다. 밀폐구조로 하기 어렵다.
Inner Rotor형	– 내측으로 회전자를 배치	– 회전자의 관성모멘트가 Outer motor에 비하여 작다. – 모터구조를 비교적 간단하게 구성할 수 있다.

브러쉬리스 모터의 구조와 특성상 높은 토크, 고효율 및 낮은 소음으로 일반 브러쉬 모터보다 상대적으로 사용범위가 넓어짐.

❖ 브러쉬 모터   ❖ 브러쉬리스 모터

출처 : https://www.bing.com/images/search?view=detailV2&ccid=mOa2qkml&id

브러쉬리스 모터와 브러쉬 모터와 가장 큰 차이점은 브러쉬와 커뮤테이터가 없다는 것
- 브러쉬 모터의 일반적인 구조 : 회전자, 고정자, 브러쉬와 커뮤테이터
- 브러쉬와 커뮤테이터 : 아마튜어 코일에 공급되는 전류방향을 회전각도에 따라 전환시켜줌으로써 회전자를 회전시킬 수 있는 자극의 변화를 만들어 주는 중요한 장치.

3) 브러시리스 모터의 장·단점

① 장점

- 기계적 정류기구를 전자화(무접점화)한 것에 대해 전기적노이즈(불꽃), 기계적 노이즈 가 작다.
- 신뢰성이 높고 수명이 길고 고속화가 용이하다.
- 기기의 고밀도화에 따른 요청에 용이하게 대응된다. (형상, 구조의 자유도화 → 경박단 소화 → 기전일체화)
- 기기의 다기능화에 쉽게 대응된다.(일정 속도제어, 가변 속도제어 등)

② 단점

- 로터에 영구자석을 사용하므로 저관성화에는 제한이 있다.
- 일반적으로 페라이트 자석을 사용할 경우가 많으므로 체적당 토크가 작다.(이 결점을 개 선하기 위해 예를 들면 에너지곱이 높은 회토류자석을 사용하는데 비용이 높아진다.)
- 정류기구를 전산화하기 위해 반도체회로를 필요로 하여 비용이 높아진다.(이 결점은 최근의 반도체 기술의 진보에 의해 개선되어 가고 있다)

(나) AC 유도 모터

1) AC 유도 모터의 구분

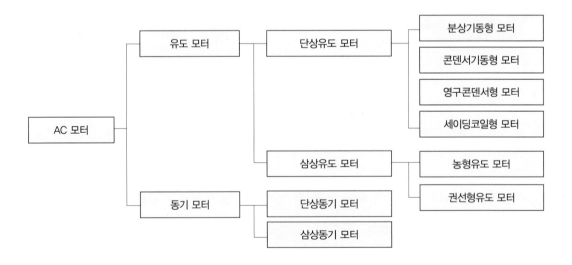

① 리버서블 모터(Reversible Motor)

리버서블는 인덕션 모터의 일종이며 우회전, 좌회전 어느 방향으로도 같은 특성이 얻어지는 모터이다. 특히 정회전, 역회전 전용으로 만들어진 모터를 가리킨다.

② 유니버설 모터(Universal Motor)

유니버설 모터(Universal Motor)는 직류나 교류로 회전시킬 수 있는 정류자 모터를 말한다. 유니버설이라는 말은 "여러가지 목적에 사용되는 만능"이라는 뜻이며 이 모터를 직류나 교류로 사용할 수 있기 때문에 이 명칭으로 불려지고 있다. 이 모터의 구조는 직류 직권모터와 같으며 스테이터 코일과 로터 코일에 동일 전류를 흐르게 하며 회전력을 발생시킨다.

2) 유도모터(Induction Motor)

유도모터는 변압기의 구조와 완전히 동일하며 1차 측과 2차 측이 분리된 형태로서 3상 유도모터가 먼저 상용화 되었고, 후에 일반 단상유도모터가 상용화되었다. 유도모터는 회전자에 전류를 유도시킨다.

회전자는 권선 또는 다람쥐 챗바퀴 처럼 생긴(농형) 형태의 회전자로 회전자에는 자석도 없고, 따로 외부에서 전원을 공급해 주지 않지만, 고정자의 자장 변화에 의하여 전류유도(전자유도작용/회전자에 역기전력 발생)작용으로 발전기와 같은 역할이 되어서, 회전자도 자성체가되어 회전력이 발생한다.

3) 유도모터의 회전 원리

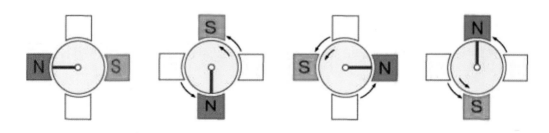

❖ **유도모터의 회전 원리**
출처 : https://www.google.com/search?q=유도모터회전

① 자석을 회전시켜 주면, 회전자도 자석과 같은 방향으로 회전(따라감) 한다.

② 자석의 회전을 정지시키면 회전자도 정지하고 자석을 역방향으로 돌리면 회전자도 역방향으로 돌게 된다.

③ 다음에 회전자에서 생긴 유도전류와 자석의 자계 사이에 이번에는 플레밍의 왼손 법칙에 따른 전자력이 발생한다. 이 전자력의 방향은 자석의 회전 방향과 일치한다.

④ 회전자도 자석의 회전에 따라가듯이 회전하며 이것이 유도모터의 원리이다.

4) 단상 유도 모터(single phase induction motor)

① 단상 교류는 쉽게 구할 수 있는 전원으로 가정용과 산업용으로 많이 사용한다.

② 자력 기동을 할 수 없으므로, 별도의 기동권선(start winding)이 필요하다. 즉 운전권선(run winding)과 기동권선이 있다.

③ 대개 1~2hp 정도의 크기

5) 삼상 유도 모터(three phase induction motor)

① 3상을 사용하는 이유(단상과 비교)

- 각상의 위상차가 120°로 벡터 합성하면 0°가 되는데, 6가닥 중 3가닥은 공통으로 묶고 3가닥으로 전원공급을 한다.

- 단상과 비교하면 발전기 모터 변압기 크기가 10% 정도 작아지고 효율은 증가한다.

② 3상 모터 장점(단상과 비교)

- 회전자계를 얻기 쉽고 구조가 간단하다.

- 같은 출력, 전압, 규격의 모터를 비교하면 크기는 작아지고 효율증가 하며 가격 저렴하고 기동력 증가 및 구조가 간단하며 정·역회전 제어가 쉽다.

- 단상모터는 2마력 이하용으로 주로 사용하고 3상 모터는 그 이상을 사용한다.

③ 삼상 유도모터의 종류 및 특징

1. 농형(쳇바퀴모양) (squirrel cage induction motor)

- 회전자는 구리나 알루미늄 환봉을 도체 철심 속에 넣어서 그 양쪽 끝을 원형 측판(shorting ring)에 의해서 단락시킨 것으로, 그 모양이 마치 다람쥐 쳇바퀴처럼 생겼다

하여 squirrel cage라고 함.

- 회전자의 구조가 간단하고 튼튼하며 운전 성능이 좋으므로 건축설비에 쓰이는 대부분의 삼상 모터는 농형이다.
- 기동시에 큰 기동전류(전부하 전류의 500~650%)가 흐르는 것이 단점이며, 이 단점 때문에 권선이 타기 쉽고 공급전원에 나쁜 영향을 끼친다.
- 기동 토크는 전부하 토크의 100~150% 정도이다.

2. 권선형 (wound-rotor induction motor)

- 회전자에도 3상의 권선을 감고(대개 wye 결선), 각각의 단자를 Slip Ring을 통해서 저항기에 연결한다. 저항기의 저항치를 가감하여 광범위하게 기동특성을 바꿀 수 있다.
- 회전자 권선으로 인하여 농형보다 구조가 복잡하다.
- 기동전류는 전부하 전류의 100~150% 정도이고, 기동토크는 전부하 토크의 100~150% 정도이므로, 상대적으로 적은 전원 용량에서 큰 기동 토크를 얻을 수 있다.
- 기동이 빈번하여 농형으로는 열적으로 부적합한 경우 및 대용량에 많이 사용한다.

3. 동기모터의 구조 및 작동원리

(1) 작동 원리

- BLDC모터와 동일구조이다.
- 고정자에 전류가 공급, 회전자는 영구자석을 사용한다.
- 구동 시스템이 복잡하나 큰 힘을 낼 수 있기에 세탁기 등에 사용
- 브러시와 정류자가 없기 때문에 수명이 길다

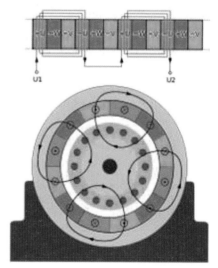

❖ 유도전동기
출처 : https://ko.wikipedia.org/wiki/%EC%9C%A0%EB%8F%84%EC%A0%84%EB%8F%99%EA%B8%B0

발전기 및 제철소의 압연기 등의 일정한 속도를 요구하는데 많이 사용하며 영구자석 동기 모터(PMSM: Permanent Magnetic Synchronous Motor)는 부하 또는 회선 전압의 변동에 관계없이 전원의 주파수와 동기화된 상태에서 고정 속도로 회전하므로 PMSM은 고정밀 고정 속도 드라이브에 이상적인 제품이다.

❖ 3-Phase Motor Principles
출처 : https://functionbay.com/documentation/onlinehelp/default.htm

PMSM에는 여자권선이 필요하지 않으며, 로터가 고정자 자계와 같은 속도로 회전한다. 영구자석형 동기모터(PMSM)는 눈부시게 발전되어 종래의 소용량분야 뿐만 아니라 철도 차량용 등의 대용량의 분야에도 범위가 확대 사용되며 동기모터는 3상 대형 모터에 널리 사용된다. 고정자 쪽은 3상 유도모터와 동일한 구조로 보아도 되지만, 회전자는 직류에 여자 된 자극을 둔다.

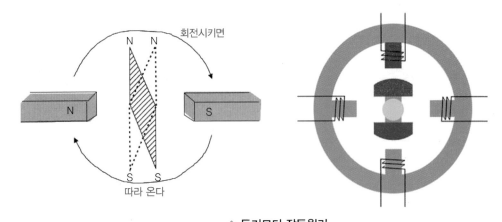

❖ 동기모터 작동원리
출처 : https://drufelcnc.com/?c=blog&p=Stepper_motors

04 | 모터제어 시스템

1. 인버터(Inverter)

DC(직류) 전원을 가변 주파수(㎐) 및 가변 전압의 AC(교류) 전원으로 변환시키는 장치를 말하며, 그 반대의 개념으로 AC를 DC로 변환시키는 장치를 통상적으로 컨버터(Converter)라고 한다.

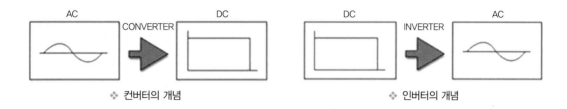

❖ 컨버터의 개념   ❖ 인버터의 개념

2. 인버터(Inverter)의 제어원리

(1) 인버터란?

산업체에서 속도제어를 필요하는 동력원으로는 주로 직류전동기가 이용되어 왔으며 유도전동기는 정속도 운전에 많이 사용되어 왔다. 그러나 1057년 Thyristor (SCR)이 개발되고 1960년대에 전력전자분야의 발전과 함께 유도전동기 속도제어계통에 이용할 수 있게 되었다.

Solid State Devices을 이용한 유도전동기의 속도제어 방식에는 여러 가지 있으나, 대표적인 방법은 1차 전압제어방식과 주파수 변환방식이다. 따라서 유도전동기의 속도를 정밀하게 제어 하려면 전압과 주파수 변환이 필요하다.

인버터는 직류전력을 교류전력으로 변환하는 장치로 직류로부터 원하는 크기의 전압 및 주파수를 갖은 교류를 얻을 수 있으므로 유도전동기의 속도제어는 물론이고 효율제어, 역률제어 등이 가능하며 예비전원, Computer용의 무정전 전원, 직류송전 등에 응용되고 있다.

인버터는 엄밀하게 말하면 직류전력을 교류전력으로 변환하는 장치이지만 우리가 쉽게 얻을 수 있는 전원이 교류이므로 교류전원으로부터 직류를 얻는 장치까지를 인버터 계통에 포함 시키고 있다.

(2) 인버터 사용 목적

공정제어(Process control), 공장자동화 및 에너지 절약에 사용되고 있다. 예로서 에어컨 송풍기 모터의 경우 제품의 종류나 생산량에 따라 인버터로 모터의 속도를 조절함으로써 풍량조절이 가능하여 에어컨의 온도를 최적으로 조절함으로서 제품의 질적 향상을 꾀할 수 있을 뿐 아니라. 이때 사용되는 동력은 풍량감소의 3승에 비례하여 감소함으로 커다란 에너지 절감 효과도 기대 할 수 있다.

(3) 인버터의 구성

인버터의 기본 구성은 다음과 같이 되어있다.

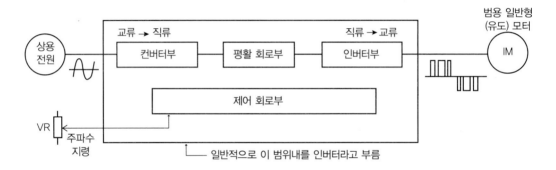

출처 : https://www.google.com/search?q=인버터구성

인버터의 각 부분은 다음과 같은 기능을 합니다.
- **컨버터부** : 상용 전원을 직류로 바꾸는 회로
- **평활 회로부** : 직류에 포함되는 맥동 분을 매끄럽게 하는 회로
- **인버터부** : 직류를 가변 주파수의 교류로 바꾸는 회로
- **제어회로부** : 주로 인버터 부를 제어하는 회로

(4) 서보의 구성

서보의 위치제어 경우의 기본 구성은 다음과 같다.

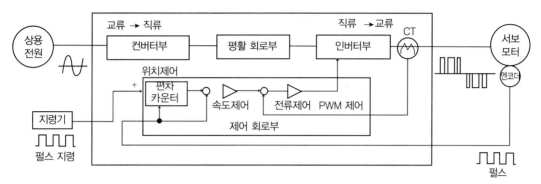

출처 : https://www.google.com/search?q=인버터구성

서보의 각 부분은 다음과 같은 기능을 한다.

- **컨버터부** : 상용 전원을 직류로 바꾸는 회로(인버터와 같음)
- **평활 회로부** : 직류에 포함되는 맥동 분을 매끄럽게 하는 회로(인버터와 같음)
- **인버터부** : 직류를 가변 주파수의 교류로 바꾸는 회로(인버터와 같음)
- **제어회로부** : 인버터와 같게 주로 인버터 부를 제어하는 회로이지만, 지령 펄스와 엔코더에서의 피드백 펄스를 카운트 하는 편차 카운터를 갖고 있다.
- **엔코더부** : 서보모터가 회전한 회전량만큼의 펄스를 출력한다.

(5) 전기자동차 인버터의 구성

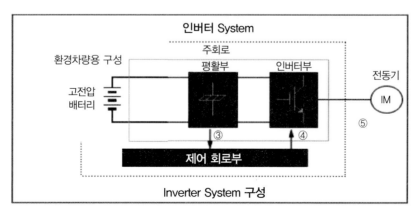

출처 : https://www.google.com/search?q=인버터구성

- **평활부(평활 회로)** : DC 전원에서 맥동 성분을 제거
- **인버터 부** : 정류된 직류 전원을 PWM 제어방식을 이용하여 가변 주파수 및 가변 AC 전압으로 변환시켜 모터 구동 전류 출력(가변 속도 제어)

3. Inverter의 동작원리

(1) 직류로부터 교류를 만드는 방법

인버터는 직류 전원으로부터 교류를 만드는 장치이다, 그 기본 원리를 가장 간단한 단상 교류로 생각해보면, 모터를 대신에 램프를 부하로 했을 경우의 예로, 직류를 교류로 변환하는 방법을 설명한다. 직류 전원에 스위치 S1~S4의 4개를 접속하여, S1과 S4를 1대, S2와 S3을 1대로서 교대로 ON - OFF하면 램프에는 교류가 발생하여 흐르게 된다.

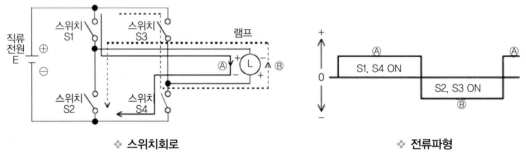

| ❖ 스위치회로 | ❖ 전류파형 |

출처 : https://www.google.com/search?q=인버터구성

- 스위치 S1과 S4를 ON하면 램프에는 A의 방향으로 전류가 흐른다.
- 스위치 S2와 S3을 ON하면 램프에는 B의 방향으로 전류가 흐른다.

이 조작을 일정 간격으로 연속하면 램프에 흐르는 전류의 방향이 교대로 반전하는 교류가 된다.

(2) 주파수를 변화시키는 방법

스위치 S1~S4의 ON - OFF 할 시간을 바꾸는 것에 의해 주파수가 변화한다. 예를 들면, 스위치 S1과 S4를 0.5초간 ON, 스위치 S2와 S3을 0.5초간 ON으로 하는 조작을 반복하면, 1초간에 1회 반전하는 교류, 즉 주파수가 1 [Hz] 의 교류가 된다.

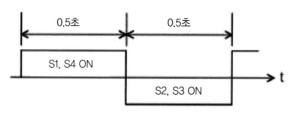

❖ **1Hz의 교류 파형**
출처 : https://www.google.com/search?q=인버터구성

일반적으로는, S1·S4와 S2·S3를 각각 같은 시간 ON하여, 1사이클의 합계를 t0초로 하면, 주파수 f 는 f=1/t0 [Hz] 가된다.

(3) 전압을 변화시키는 방법

스위치를 ON - OFF하는 시간대를 한층 더 세세하게 ON - OFF하는 것에 의해 전압을 가변한다. 예를 들면, 스위치 S1과 S4가 ON하는 시간대를 반으로 하는 동작을 실시하면, 출력전압은, 직류 전원 E의 반의전압 E/2의 교류가 된다. 전압을 높게 하려면, ON시간을 길고, 낮게 하려면 ON시간을 짧게 한다.

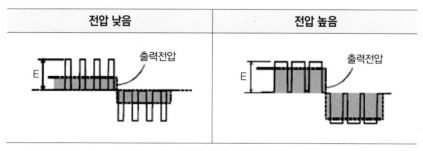

❖ **전압 변환 방법**
출처 : https://www.google.com/search?q=인버터구성

이러한 제어 방식을 펄스폭으로 제어하기 때문에, PWM(Pulse Width Modulation)이라고 부르며, 현재 일반적으로 사용되고 있으며, 펄스폭의 시간을 결정하는 기본이 되는 주파수를 캐리어 주파수라고 한다.

(4) 3상 교류의 발생 방법

  3상 인버터의 기본 회로 및 3상 교류를 만드는 방법을 그림 (a) 와 (b)에 나타낸다. 3상 교류를 얻으려면 스위치 S1~S6을 접속하여, 6개의 스위치를 동시에 그림 (b)의 타이밍에 ON/OFF 하여야 한다. 6개의 스위치의 ON/OFF 시키는 순서를 바꾸면, U - V, V - W, W - U의 상순서가 바뀌어, 모터의 회전 방향을 바꿀 수가 있다.

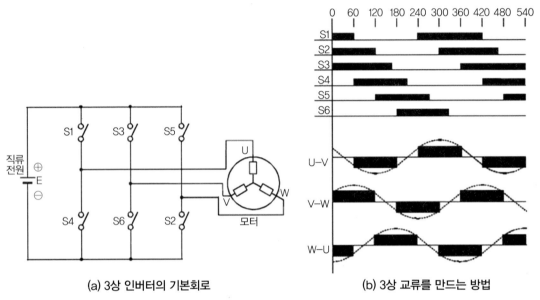

(a) 3상 인버터의 기본회로   (b) 3상 교류를 만드는 방법

출처 : https://www.google.com/search?q=인버터구성

- 반도체 스위치의 ON/OFF 시간의 폭을 조절하여 평균 전압의 크기를 조절한다.

- (+), (-) 전원에 연결된 2개의 스위치를 선택하여 극성을 결정한다.

- 반도체 스위치의ON/OFF 시간을 조절한다.

- 이 방식을 펄스 폭 변조방식(PWM: Pulse Width Modulation)이라고 한다.

  지금까지 설명해 온 스위치용 소자로서는, IGBT(Insulated Gate Bipolar Transistor)로 불리는 반도체 소자가 이용되고 있다.

4. Inverter의 구조 및 회로이론

(1) MCU의 모터 제어

(가) 제어방식

	Open loop 제어	Closed loop 제어	
	V/F 일정 제어	Slip 주파수 제어	벡터제어(Field oriented contorol)
제어 기본 블럭 선도	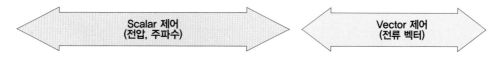		
제어 특성	– 직접적 토크제어 불가 – 저속영역에서 토크 저감 – 과전류 제한에 문제	– 평균(정상상태) 토크제어 – 가감속 특성이 V/F제어 보다 향상 – 슬립제한에 의한 과전류 제한	– 순시 토크제어(정지 토크제어 가능) – 토크분 및 지속분 전류의 분리 제어
범용성	조정요소가 적고, 전동기 선택에 제한이 없어 범용성이 높음	전동기의 Slip – 토크 특성에 따른 설정 필요성	벡터제어 연산에서 전동기 상수를 사용하므로 전용기로서의 성격이 강함
복잡도	가장 간단	비교적 간단	복잡
용도	일정부하 운전용도로 속도 균일성이 요구되지 않을 경우	정속 운전 및 일정출력 온도	일정출력 및 고속의 동적 가감속 특성이 요구되는 경우

Scalar 제어
(전압, 주파수)

Vector 제어
(전류 벡터)

(2) 인버터의 종류

(가) 전류형 인버터

전류형 인버터는 DC LINK 양단에 평활용 콘덴서 대신에 리액터L을 사용한다. 인버터 측에서 보면 고 임피던스 직류전원으로 볼 수 있으므로 전류형 인버터라 한다. (전류 일정제어)

(나) 전압형 인버터

전압형 인버터는 현재 널리 사용되고 있는 인버터로 교류전원을 사용할 경우에는 교류측 변환기 출력의 맥동을 줄이기 위하여 LC필터를 사용하는데 이를 인버터 측에서 보면 저 임피던스 직류 전압 원으로 볼 수 있으므로 전압형 인버터라 한다. 제어방식이 PWM 제어인 경우 컨버터부에서 정류된 DC 전압을 인버터부에서 전압과 주파수를 동시에 제어한다.

05 전기자동차용 모터

1. 개요

영구자석이 내장된 IPM 동기 모터(Interior Permanent Magnet Synchronous Motor)가 주로 사용되고 있으며, 희토류 자석을 이용하는 모터는 열화에 의해 자력이 감소하는 현상이 발생하므로 온도 관리가 중요하다.

2. 주요기능

전기차용 구동 모터는 높은 구동력과 고출력으로 가속과 등판 및 고속 운전에 필요한 동력을 제공하며, 소음이 거의 없는 정숙한 차량 운행을 제공하는 기능을 한다. 모터에서 발생한 동력은 회전자 축과 연결된 감속기와 드라이브 샤프트를 통해 바퀴에 전달된다.

또한 감속 시에는 발전기로 전환되어 전기를 회생 발전하여 고전압 배터리를 충전함으로써 연비를 향상 시키고 주행 거리를 증대시킨다.

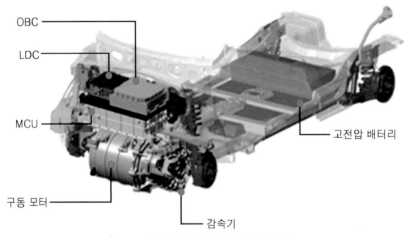

❖ 전기자동차용 구동 장치의 구성
출처 : ㈜ 골든벨(2021), [전기자동차매뉴얼 이론&실무]

(1) 구동 모터의 주요 기능

1) 동력(방전) 기능

MCU는 배터리에 저장된 전기에너지로 구동 모터를 삼상제어하여 구동력을 발생 시킨다.

2) 회생 제동(충전) 기능

감속 시에는 발생하는 운동에너지를 이용하여 구동 모터를 발전기로 전환시켜 발생된 전기 에너지를 고전압 배터리에 충전한다.

(2) 감속기의 기능

전기 자동차용 감속기는 일반 가솔린 차량의 변속기와 같은 역할을 하지만 여러 단이 있는 변속기와는 달리 일정한 감속비로 모터에서 입력되는 동력을 자동차 차축으로 전달하는 역할을 하며, 변속기 대신 감속기라고 불린다.

감속기의 역할은 모터의 고회전, 저토크 입력을 받아 적절한 감속비로 속도를 줄여 그만큼 토크를 증대시키는 역할을 한다. 감속기 내부에는 파킹 기어를 포함하여 5개의 기어가 있으며, 수동변속기 오일이 들어 있는데 오일은 무교환식이다.

❖ **전기자동차 구동모터와 감속기**
출처 : ㈜ 골든벨(2021), [전기자동차매뉴얼 이론&실무]

주요 기능으로는 모터의 동력을 받아 기어비 만큼 감속하여 출력축(휠)으로 동력을 전달하는 토크 증대의 기능과 차량 선회 시 양쪽 휠에 회전속도를 조절하는 차동 기능, 차량 정지 상태에서 기계적으로 구동 계통에 동력 전달을 단속하는 파킹 기능 등을 한다.

(3) 전기 자동차의 후진

구동 모터에 흐르는 전기의 (+)와 (-)의 극성을 변화시키면 모터는 정회전과 역회전을 할 수 있으므로 전기 자동차는 별도의 후진 장치가 필요없다.

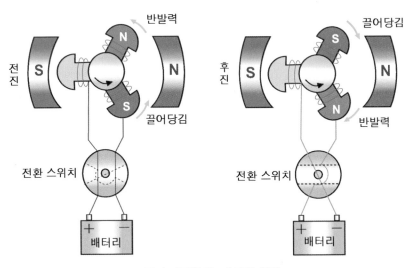

❖ **전기 자동차 전 · 후진의 원리**
출처 : ㈜ 골든벨(2021), [전기자동차매뉴얼 이론&실무]

(4) 구동모터의 작동 원리

3상 AC 전류가 스테이터 코일에 인가되면 회전 자계가 발생되어 로터 코어 내부에 영구 자석을 끌어당겨 회전력을 발생시킨다.

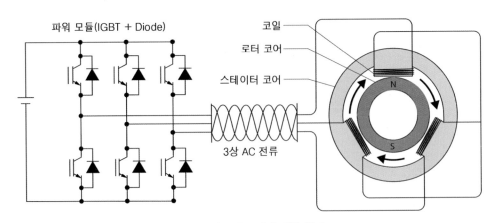

❖ **3상 구동모터의 작동 원리**
출처 : ㈜ 골든벨(2021), [전기자동차매뉴얼 이론&실무]

3. 구조

전기 모터는 전기와 자기 작용을 이용하여 전기 에너지를 운동 에너지로 변환하며, 직선적인 힘을 발생하는 리니어 모터와 토크를 발생하는 로터리 모터(회전형 모터)가 있다. 또한 모터는 엔진의경우와 마찬가지로 토크와 회전수를 곱하여 출력을 나타낸다. 모터는 코일, 철심 등의 계자(스테이터)와 전기자(로터)로 구성되어 있다.

❖ **전기자동차용 구동 모터 고정자**

❖ **전기자동차용 구동 모터 회전자**

출처 : ㈜ 골든벨(2021), [전기자동차매뉴얼 이론&실무]

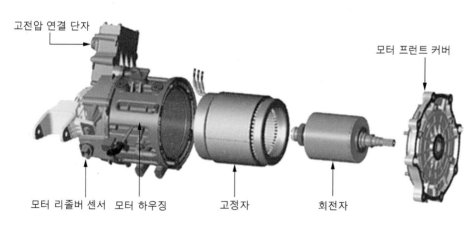

고전압 연결 단자

모터 프런트 커버

모터 리졸버 센서 모터 하우징   고정자   회전자

❖ **전기자동차용 구동 모터의 구조**
출처 : ㈜ 골든벨(2021), [전기자동차매뉴얼 이론&실무]

4. 모터 제어기 입·출력 요소

MCU 등 각종 제어기를 구동시키기 위해서 보조배터리 전원과 차체 접지가 연결되어 있다, 따라서 보조배터리가 방전되었을 경우 제어 모듈들이 작동되지 못하기 때문에 구동 모터가 정상적으로 작동될 수 없다.

MCU는 각 유닛(Unit)들과 정보공유를 위해 CAN 통신을 이용한다. VCU는 각종 차량 정보를 입력받아 모터 토크 요구 갑과 컨트롤 모드 지정정보를 CAN 통신을 이용하여 MCU에서 전달한다.

MCU는 VCU로부터 컨트롤 모드 지정정보와 요구받은 모터 토크를 만들기 위해 모터 전류제어를 시작하고 모터 및 내부의 각종 센서를 이용하여 MCU 및 모터 상태에 대한 모니터링 정보를 CAN BUS를 통해 공유한다. MCU는 섀시CAN을 통하여 고전압 시스템 냉각을 위하여 전동식 워터펌프(EWP)와 통신한다. 구동 모터와 연결된 오렌지 색상의 고전압 케이블은 주행 조건에 따라 충전과 방전이 이루어지며 각각의 케이블은 배선의 단선/단락을 감지하여 고장 코드가 지원된다. 또한 구동 모터와 회전자 위치 센서(레졸버) 및 온도 센서 관련 회로가 MCU로 연결되어 있다.

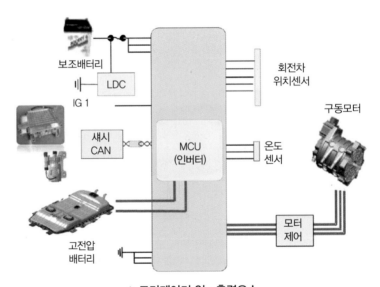

❖ **모터제어기 입 · 출력요소**
출처 : 기아자동차, [쏘울 전기자동차] EV 신차교육교재

(1) 온도 센서

모터의 온도 센서는 모터 코일의 온도를 측정하여 모터 제어에 활용된다. 모터가 과열되면 모터 내부 코일의 변형 및 성능저하가 발생하여 모터의 성능에 큰 영향을 미친다. 이를 방지하기 위하여 모터 내부에 온도 센서를 장착하여 모터 온도에 따라 모터 토크를 제어한다. 모터의 온도 센서는 내부에 장착되어 단품 확인이 불가능하며 센서는 신호선 접지선 쉴드선으로 구성된다.

(2) 회전자 센서(레졸버)

회전자 센서는 모터의 회전자의 절대위치를 검출하는 센서로 "레졸버"라고도 부른다 MCU가 구동 모터를 효율적으로 제어하기 위해서는 모터 회전자의 절대위치를 정확히 알고 있어야 한다. 엔진 시스템에서 CMP센서를 이용하여 정확한 캠축의 위치를 파악하는 것은 상사점에서 점화를 시켜 엔진으로부터 가장 큰 힘을 얻고자 함이다. MCU 도구 동 모터를 가장 큰 힘으로 제어하기 위하여 회전자의 위치를 정확히 알아야 한다.

제7장
전기자동차 충전 시스템

전기자동차 충전 시스템

01 충전시스템 개요

1. 개요

전기 자동차는 고전압 배터리에 저장된 전기 에너지를 모두 사용하면 더이상 주행을 할 수 없게 되는데 이때 고전압 배터리에 전기 에너지를 다시 충전하여 사용해야 하며, 전기 차의 충전방식은 급속, 완속, 회생 제동의 3가지 종류가 있다. 완속 충전기와 급속충전기 는 별도로 설치된 220V나 380V용 전원을 이용해 충전하는 방식이고, 회생 제동을 통한 충 전은 감속 시에 발생하는 운동 에너지를 이용하여 구동모터를 발전기로 사용하여 배터리를 충전하는 것을 말한다. 완속 충전 시에는 차량 내에 별도로 설치된 충전기 (OBC)를 거쳐서 고전압 배터리가 충전된다.

❖ 급속충전기
출처 : ㈜ 골든벨(2021), [전기자동차매뉴얼 이론&실무]

급속 충전과 완속 충전을 동시에 행할 수는 없다. 완속 충전은 AC 100, 220V 전압의 완속 충전기(OBC)를 이용하여 교류전원을 직류전원으로 변환하여 고전압 배터리를 충전하는 방법이다. 완속 충전 시에는 표준화된 충전기를 사용하여 차량의 앞쪽에 설치된 완속 충전기 인렛을 통해 충전하여야 한다. 급속 충전보다 더 많은 시간이 필요하지만 급속 충전보다 충전 효율이 높아 배터리 용량의 90%까지 충전할 수 있으며, 이를 제어하는 것이 BMU와 IG3 릴레이 # 2, 3, 5이다.

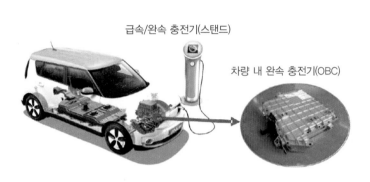

❖ 외부 충전장치　　　　　　　　❖ 회생제동 충전

출처 : 기아자동차, [쏘울 전기자동차] EV 신차교육교재

02 고전압 배터리 충전기준

1. 충전방식 구분

- 급속 충전
  별도로 설치된 급속충전스탠드를 이용하여 고전압으로 배터리를 직접 충전하는 방식
- 완속 충전기
  별도로 설치된 완속충전 스탠드를 이용하여 차량 내 OBC를 거쳐서 충전하는 방식
- 완속 충전기 (OBC)
  완속 충전 시 차량내에서 AC 교류 입력을 DC 직류 출력으로 변환해주는 충전기

(1) 급속 충전 방식

가) 외부 충전 전원 (380V)을 이용하여 고전압 배터리를 직접 충전하는 방식 (고전압 정선 블록으로 직접 공급)

나) SOC 80%까지만 충전

다) DC 380V, 전류 200A (100kW / 50kW급)

100kW급 충전기 충전 시간 약 20~25분

50kW급 충전기 충전 시간 약 30~35분

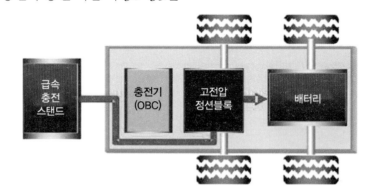

❖ **급속충전방식 블록 다이어그램**

출처 : 기아자동차, [쏘울 전기자동차] EV 신차교육교재

(2) 완속 충전 방식

가) 외부 충전 전원 (220V)을 이용하여 차량 내 OBC를 통하여 DC 360V로 변환해서 충전하는 방식.

나) SOC 95%까지 충전

다) AC 220V, 전류 35A (7.7kW급)

충전 시간 약 4~5시간

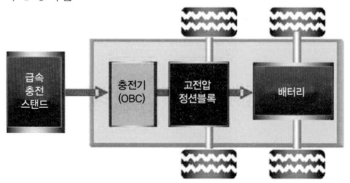

❖ **완속 충전 방식**

출처 : 기아자동차, [쏘울 전기자동차] EV 신차교육교재

2. 충전시스템 입·출력 요소

(1) PE (Power Electric) 제어기 전원 공급도

전기차의 PE 부품 제어기를 구동하기 위한 릴레이는 IG3 릴레이 라고하며 각각의전원 공급은 회로와 같다.

가) IG S/W ON 시(일반 주행 시)

일반 전장품 전원공급 IG3 RLY#3번 ON → PE 제어기 전원공급

나) 완속 충전 시

완속 충전기에서 OBC Wake-up, OBC에서 IG3 RLY#2번 ON → PE 제어기 전원공급

다) 급속충전 시

급속충전기에서 BMS Wake-up, BMS에서 IG3 RLY#5번 ON → PE 제어기 전원공급

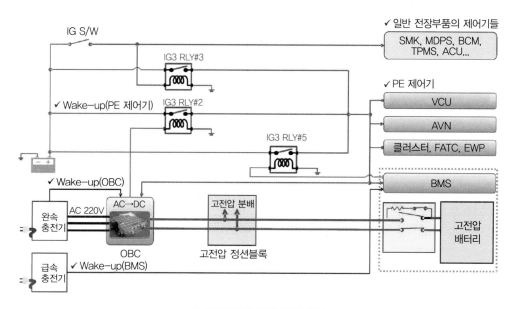

❖ PE제어기 전원 공급 회로

출처 : 기아자동차, [쏘울 전기자동차] EV 신차교육교재

1. 급속 충전기

(1) 급속 충전 전원공급도

급속 충전은 차량 외부에 별도로 설치된 차량 외부 충전스탠드의 급속충전기를 사용하여 DC 380V의 고전압으로 고전압 배터리를 빠르게 충전하는 방법이다. 급속 충전 시스템은 급속 충전 커넥터가 급속 충전 포트에 연결된 상태에서 급속 충전 릴레이와 PRA 릴레이를 통해 전류가 흐를 수 있으며, 외부 충전기에 연결하지 않았을 경우에는 급속 충전 릴레이와 PRA 릴레이를 통해 고전압이 급속 충전 포트에 흐르지 않도록 보호한다.

급속 충전 시에는 충전기 내에서 BMS로 12V 전원을 인가하고 BMS는 고전압 정선 블록의 급속 충전 전용 릴레이 (200A)를 ON 시킨다. 동시에 IG3 5번 릴레이를 ON 하면 PE 제어기에 전원이 공급되고 DC 50~500V, 200A로 충전을 시작한다. 충전 효율은 배터리 용량의 80~84%까지 충전할 수 있으며, 1차 급속 충전이 끝난 후 2차 급속 충전을 하면 배터리 용량(SOC)의 95%까지 충전할 수 있다.

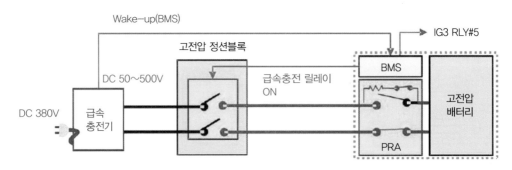

❖ **전원 공급도**
출처 : 기아자동차, [쏘울 전기자동차] EV 신차교육교재

(2) 충전 형식

가) 충전 전원

100kW 충전기는 500V 200A.

50kW 충전기는 450V 110A.

나) 충전 방식 : 직류 (DC)

다) 충전 시간 : 약 25분

라) 충전 흐름도

급속 충전스탠드 → 급속 충전 포트 → 고전압 정선 박스 → 급속 충전

릴레이(QRA) → PRA → 고전압 배터리 시스템 어셈블리

마) 충전량 : 고전압 배터리 용량(SOC)의 80~84%

(3) 충전 방법

(가) 일반 충전(80%)

1) 변속 레버 P, IG Key Off

2) 급속 충전 포트 연결(체결)

3) 급속 충전기 표시창에서 충전량 선택 후 충전 시작

4) 충전이 완료되면 충전 포트에서 고전압 커넥터 제거

(나) 추가 충전(95%)

1) 일반충전 완료 후 고전압 커넥터 일시 제거

2) 급속충전 포트에 재체결

3) 충전량 선택(만 충전 / 최대 충전 시간) 후 충전 시작

4) 충전이 완료되면 충전 포트에서 고전압 커넥터 제거

(4) 충전 유의사항

가) 일반 충전 완료 (83.5% 또는 83%) 후 추가 충전 가능함

나) 추가 충전은 상온(배터리 온도 15℃ 이상)에서만 가능

다) 충전량 설정은 급속 충전기 제조사 사양에 따라 다름

라) 만 충전을 원할경우 화면 표시 중 최대값 선택(충전 시간 or SOC or Full)

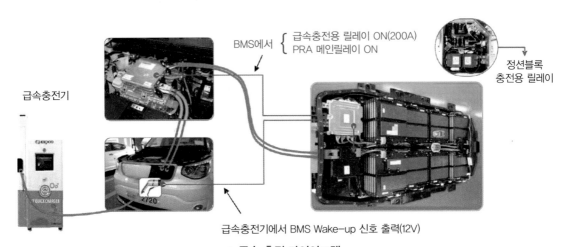

❖ **급속 충전 다이어그램**

출처 : 기아자동차, [쏘울 전기자동차] EV 신차교육교재

2. 완속 충전기

(1) 완속 충전 전원공급도

완속 충전은 AC 100, 220V 전압의 완속 충전기(OBC)를 이용하여 교류전원을 직류 전원으로 변환하여 고전압 배터리를 충전하는 방법이다. 완속 충전 시에는 표준화된 충전기를 사용하여 차량의 앞쪽에 설치된 완속 충전기 인렛을 통해 충전하여야 한다. 급속 충전보다 더 많은 시간이 필요하지만 급속 충전보다 충전 효율이 높아 배터리 용량의 90%까지 충전할 수 있다.

완속 충전 시에는 충전기 내에서 12V 전원을 OBC로 인가해 (Wake-up) OBC에서 IG3 2번 릴레이를 ON 시킨다, 동시에 PE 부품이 깨어나고 OBC를 통해서 AC 220V 전원이 DC로 변환되어 배터리를 충전한다.

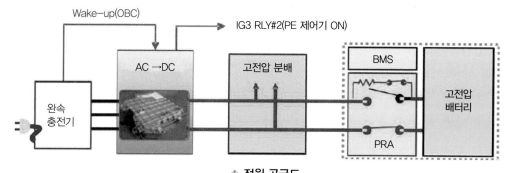

❖ 전원 공급도
출처 : 기아자동차, [쏘울 전기자동차] EV 신차교육교재

(2) 충전 형식

가) 충전 전원 : 220V, 35A

나) 충전 방식 : 교류 (AC)

다) 충전 시간 : 약 5시간

라) OBC의 최대출력(EVSE) : 6.6kW

마) 충전 흐름도

완속 충전 스탠드 → 완속 충전 포트 → 완속 충전기(OBC) → PRA → 고전압 배터리 시스템 어셈블리

바) 충전량 : 고전압 배터리 용량(SOC)의 90~95%

(3) 충전 방법

(가) 충전 스텐드를 통한 충전

1) 변속 레버 P, IG Key Off

2) 완속 충전 포트 연결(체결)

3) 완속 충전기 표시창에서 충전 시작

4) 충전이 완료되면 충전 포트에서 고전압 커넥터 제거

(나) ICCB (일반 전원)

1) 변속 레버 P, IG Key Off

2) ICCB 충전커넥터 연결(체결) 커넥터 체결 후 자동으로 충전 모드로 전환

3) 충전이 완료되면 충전 포트에서 고전압 커넥터 제거

(4) 충전 유의사항

가) 완속 충전은 충전 시작 시 만 충전(100%)을 기본으로 함.

나) 충전 시작 후 충전 예상소요시간이 클러스터에 표시됨(1분간)

다) 충전 소요 시간은 충전 전원(충전스탠드, ICCB)의 출력에 따라 상이할 수 있음

라) 충전 전원 레벨에 따른 충전 소요 시간 AVN에서 상시 표시

  (Level 1 : 110V, Level 2 : 220V)

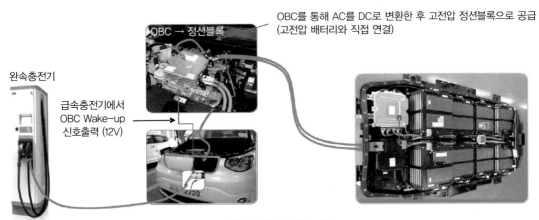

❖ **완속 충전 다이어그램**
출처 : 기아자동차, [쏘울 전기자동차] EV 신차교육교재

3. ICCB 충전기

(1) ICCB (In Cable Control Box) 충전

가) 가정용에서 충전 가능한 포터블 충전콘센트

나) 급속 / 완속 충전기 대용으로 활용 가능한 이동식 콘센트

다) AC 220V 가정용 전원과 완속 충전 포트 연결

라) 누설 전류 및 과전류 점검 기능 내장

마) AC 250V, 16A → 2.2kW (90%까지 충전 가능)

OBC에서 DC 380V 이상으로 변환

AC 220V 입력

❖ ICCB(In Cable Control Box) 충전
출처 : 기아자동차, [쏘울 전기자동차] EV 신차교육교재

4. 회생 제동 충전

전기차의 회생 제동은 구동 모터를 발전기로 하여 발생하는 전력을 통해 제동력을 얻는 방식을 말한다. 또한 제동력뿐만 아니라 인버터를 적절히 제어해 고전압 배터리를 충전해 주는 충전시스템의 또 다른 방법으로도 쓰이게 된다. 구동 모터의 코일은 회전자에 있는 자석에 반발하는 자기장을 생성하는데, 코일에 전력을 공급할 때는 모터가 구동해서 차량이 주행하지만 반대로 제동 시에는 차량의 운동력이 거꾸로 진행되어 자석이 코일에서 전기를 발생시키게 되고 이렇게 발생 된 전력을 통해 배터리를 충전할 수 있는 것이다.

회생 제동을 위한 B-레인지에서는 희생 제동을 통한 충전량을 최대로 하기 위해 구동 모터의 발전량을 증대시킨다.

D-레인지에서는 회생 제동을 통한 충전보다는 감속감을 좋게 하기 위한 통상적인 주행 상태와 유사하게 제동이 이루어진다. 충전량 또한 B- 레인지에 비해서 적게 나타난다.

04 고전압 배터리 무선 충전시스템

1. 개요

중국의 지기 자동차(Zhiji Auto)가 무선 충전시스템을 얹은 전기차 L7을 공개했다. 상하이자동차와 장지앙 하이테크, 알리바바 그룹의 합작투자회사 지기의 첫 번째 전기차 L7은 93kWh와 115kWh의 실리콘 도핑 리튬이온 배터리를 얹어 주행가능 거리가 615~1000km에 이른다. 효율이 91%인 11kW 무선충전 시스템도 갖췄는데 1시간 충전으로 주행거리를 80km까지늘릴 수 있다.

(1) 무선충전 주차장부터 도로까지

무선충전 기술을 품은 전기차는 이제 막 선을 보였지만 플러그인 하이브리드차(PHEV)의 무선충전 기술은 이미 2년 전에 양산됐다. BMW는 2019년 미국과 유럽 몇 개 도시에 PHEV 무선충전 시스템을 설치했다. 커다랗고 납작한 무선충전 패드 위에 차를 세우면 주차 면에서 발생하는 자기장이 전기를 만들어 배터리를 충전한다. 3시간 30분이면 9.2kW 배터리를 100%까지 충전할 수 있다. 충전 상황은 계기반에서 확인할 수 있는데 충전을 모두 마치면 자동으로 충전이 멈춘다. 디스플레이에 가이드라인이 표시되므로 무선충전 패드 위에 차를 세우는게 크게 어렵진 않다.

사람들이 전기차 사기를 주저하는 가장 큰 이유는 충전 때문이다. 충전만 수월해진다면 전기차 시장은 급속도로 확대될 것이다. 여러 자동차 브랜드가 무선충전 기술 개발에 열심인 것도 이런 이유에서다. 닛산은 무려 10년 전인 2011년 리프의 무선충전 테스트 영상을 공개했다. BMW처럼 납작하고 커다란 충전기 위에 차를 세우면 충전이 되는 기술이다. 당시 닛산은 2018년에 기술 개발을 마치고 2020년에 상용화하겠다고 밝혔다.

자동차 브랜드만 무선충전 기술에 열심인건 아니다. 미국 엔지니어링 기업 와이트리시티와 IT 회사 퀄컴은 송전 시스템을 주차장이나 도로 아래 매립해 주차하거나 달리는 동안 충전할 수 있는 무선충전 기술을 개발 중이다. 실제로 퀄컴은 2017년 100m 길이의 테스트 트랙에 무선충전 시스템을 깔고 최대 20kW의 급속충전을 받아 르노 전기차가 시속 100km로 달리는 데 성공했다. 이스라엘 스타트업 일렉트로 역시 자체 개발한 무선충전 시스템을 도로에 깔아 전기차에 무선으로 전기를 공급하는 시스템을 개발 중이다. 중국은 아예 정부가 나서 무선충전 도로를 만들고 있다. 영국 노팅엄 시는 전기 택시를 위한 무선충전 시스템을 설치하기 위해 정부로부터 340만 파운드(약 52억원)를 지원받았다. 우리나라도 지난 2019년 10월 '도로 기술개발 전략안(2021~2030)'을 발표하고 2030년까지 무선충전 도로를 만들겠다는 계획을 밝혔다.

(2) 상용화까진 넘어야 할 산이 많다

그렇다면 전기차 무선충전 세상의 문은 언제 활짝 열릴까? 전기차 무선충전 기술이 상용화되기까진 넘어야 할 산이 많다. 내 스마트폰에 무선충전 기술이 있어도 무선충전 패드가 없으면 소용없는 것처럼 자동차 역시 무선충전이 가능한 인프라가 우선 갖춰져야 한다. 그런데 이 작업엔 돈이 많이 든다. 새로 짓는 주차장이나 도로는 그나마 낫지만 이미 있는 도로나 주차장은 바닥을 뜯어내고 송전 코일을 깔아야 한다.

전기차 무선충전이 규격화돼 있지 않아 제조사마다 다른 방식으로 개발하거나 이용 중인 것도 문제다. 무선충전 기술은 크게 자기유도, 자기공진, 전자기파의 세 가지 방식이 있는데 도로나 주차장의 충전 기술과 차의 충전 기술이 맞지 않으면 무선충전을 할 수 없다. 아이폰을 갤럭시 충전 케이블로 충전할 수 없는 것과 같은 이치다. 전자파나 정전기로 피해를 입을 우려도 있다. 특히 전자기파 방식은 수십 km까지 전력을 보낼 수 있다는 장점이 있지만 전기장과 자기장을 한꺼번에 발생시켜 전송 도중 에너지 손실이 크고 전자파가 인체에 해로울 수 있다는 문제가 있다.

테슬라가 무선충전 기술에 관심이 없는 것도 장애물 중 하나다. 세계 곳곳에 슈퍼차저를 세운 테슬라는 사람들이 무선충전보다 슈퍼차저에서 충전하기를 원한다. 생각해보면 당연한 일이다. 그리고 테슬라는 명실상부 세계 최고의 전기차 회사다. 이런 회사가 움직이지 않는다면 발전과 개발은 더딜 수밖에 없다. 하지만 수요가 많다면 공급도 늘 것이다. 전기차 무선충전은 충분히 매력적인 기술이다. 세계 각국의 친환경 정책과 자동차 회사의 전동화 전략을 바짝 앞당기는 열쇠가 될 수 있다. 만약 전기차 무선충전 기술이 상용화되면 나 역시 다음 차로 전기차를 살 의향이 있다.

2. 주요기능

　스웨덴 고틀랜드 공공도로 1.65km에 전기자동차를 위한 무선충전 도로가 설치되었다. 이는 전기트럭과 전기버스를 위한 세계 최대 규모의 무선충전 도로다. 이 도로를 건설한 회사는 이스라엘 기반의 스타트업 '일렉트리온(ElectReon)'이다.

❖ 스웨덴 무선충전도로
출처 : https://www.electreon.com/

　현재 영국도 전기차 무선충전 고속도로의 건설을 추진 중에 있으며, 국내에서도 한국과학기술원(KAIST)이 온라인 전기 자동차(OLEV, On-Line Electric Vehicle)를 개발해 도로 위에서 무선으로 충전되는 '비접촉 충전' 기술을 개발한 바 있다.

❖ 영국의 무선충전도로
출처 : https://www.electreon.com/

무선 충전 기술은 도로 안쪽에 묻어놓은 구리 송전 코일에서 전기자동차 바닥 부분에 장착된 전자기 유도 충전 시스템에 의해 배터리에 무선으로 충전이 되는 것을 일컫는다. 따라서 전기자동차가 이 도로를 달리면 소비하는 전력을 항상 노면에서 공급받을 수 있게 되고, 주행할 수 있는 거리도 훨씬 더 길어지게 된다.

즉, 이 무선충전 기술을 통해 장거리, 장시간 이동하는 전기트럭과 전기버스는 주행거리를 혁신적으로 연장할 수 있고, 전기충전소에서 낭비되는 시간을 최소화하게 해줄 것이다.

출처 : https://www.electreon.com/

이번에 일렉트리온은 충전도로 200미터 구간에서 40톤 전기트럭이 시속 60km로 주행한 결과 전력의 평균 전송속도가 70kW를 보였으며, 이 전기트럭에는 20kW 무선충전 모듈 5개 총 100kW가 장착되어 있다.

❖ **전기트럭 무선충전 실험**
출처 : https://www.electreon.com/

또한 눈이나 우박 등 기상 악화 상황에서도 무선충전 시스템의 성능은 일반 상황과 거의 동일하고 안정적으로 나타났다. 무엇보다 이 도로의 모든 시스템은 원격으로 작동하며 자체 클라우드 기반 소프트웨어를 통해 안정적으로 관리되고 있다.

❖ 이스라엘 텔아비브에서 실험중인 르노 조이
출처 : https://www.electreon.com/

이미 일렉트리온은 2020년에 이스라엘 텔아비브에서 8.5kW의 르노 조이 전기차를 도로를 통해 무선으로 충전하는 자체 실험을 진행하였고 91% 효율을 달성한 기록을 갖고 있다. 현재 일렉트리온은 스웨덴 도로국(Trafikverket)이 계획하고 있는 30km 규모의 대규모 무선충전 도로 구축을 위해 대규모 파일럿 테스트를 진행하고 있으며, 이탈리아 북부에서도 무선충전 도로 구축을 진행하고 있다.

출처 : https://www.electreon.com/

출처 : https://www.electreon.com/

3. 무선 충전 도로 확충을 위한 해외 주요국의 노력

해외 주요국에서는 이미 무선 충전 도로를 확충하기 위한 노력을 이어 나가고 있습니다. 미국의 퀄컴은 퀄컴 헤일로(Qualcomm Halo)라는 이름의 전기자동차용 무선 충전 시스템(WEVC, Wireless Electric Vehicle Charging)을 개발하고 있습니다. 퀄컴 헤일로는 전력을 보내는 송전 패드를 도로에 삽입하고, 전력을 받는 수전 패드를 자동차 하부에 달아 충전하도록 하는 기술입니다. 실제 테스트도 이미 진행하였는데요. 100m 길이의 테스트 트랙에 무선 충전 수신기를 장착한 전기차를 주행시킨 결과 성공적인 무선 충전을 구현했습니다. 자동차를 100km/h 속도로 주행해도 20kW급의 무선 충전이 가능하다고 합니다.

중국은 정부 주도로 무선 충전 고속 도로를 구축해 나가고 있습니다. 중국 산둥성은 첨단 기업들이 모여 있는 교통과 산업의 중심지인 지난시 남부 순환도로의 2km 직선 구간을 태양광 패널로 교체하고 개통했습니다.

태양광 패널을 자동차가 달리는 도로 위에 직접 장착하면 파손이 우려되는데요. 산둥성은 태양광 패널의 위와 아래를 아스팔트와 비슷한 질감의 투명 콘크리트로 감싸서 보호하는 삼중 구조로 건설했습니다. 중국의 시도는 도로 면적을 발전 설비로 사용할 수 있다는 점과 상대적으로 친환경적인 방식으로 전기 에너지를 활용할 수 있다는 점에서 주목받고 있습니다.

이스라엘 스타트업인 일렉트로드(ElectRoad)는 자체 개발한 무선 충전 시스템(DWPT, Dynamic Wireless Power Transfer)을 공개했습니다. 최우선 목표는 이스라엘에 자동차의 석유 의존도를 낮추는 것인데요. 일렉트로드의 기술은 동으로 만든 코일을 땅속 274m

깊이에 매설하고 땅 위를 달리는 전기차에 무선으로 전기를 공급하는 방식입니다. 배터리 충전뿐만 아니라 자동차끼리 에너지를 공유할 수 있는 기술도 포함하고 있어 큰 관심을 받고 있습니다.

출처 : https://www.electreon.com/

4. 무선 충전 도로 확충을 위한 국내 주요 노력

한국도 무선 충전 도로에 대한 관심을 가지기 시작했습니다. 국토교통부는 2019년 10월 18일, 2021년부터 2030년까지의 미래 도로 계획을 담은 도로 기술개발 전략안을 발표했습니다. 이 계획안에는 고속으로 달리는 전기차에 자동으로 전력을 공급하는 무선 충전 도로에 대한 청사진도 포함되어 있습니다.

국토교통부의 계획대로 도로 기술개발 전략이 실행되어 무선 충전할 수 있는 기반이 마련된다면, 기존의 전기차에 불편함을 느껴 구매를 망설이던 잠재적인 소비자 유입에 큰 역할을 할 것으로 기대됩니다. 물론 무선 충전 도로는 단순히 전기차에만 국한되지는 않습니다. 차세대 운송수단으로 주목받고 있는 드론과 생활 곳곳에 활용할 수 있는 로봇 등 다양한 모빌리티에 핵심적인 전력 공급 인프라가 될 것입니다.

무인 배송을 하는 드론을 예로 들어 볼 수 있습니다. 드론이 먼 지역으로 배송을 하기 위해서는 여정 중간에 충전 거점이 필요할 텐데요. 배송 예정인 주거 단지 앞에 무선 충전 도로가 설치되어 있다면, 드론은 굳이 멈추지 않아도 상시로 전력을 충전할 수 있을 것입니다. 이렇듯 다양한 쓰임새와 활용도를 갖춘 무선 충전 도로에 정부도 적극적인 관심과 투자를 이어 나갈 예정입니다.

제8장

전기자동차 유지관리 및 정비

1. 작업 전 준비사항

2. 작업 중 유의사항

3. 부품 교환 및 폐기

제8장
전기자동차 유지관리 및 정비

01 작업 전 준비사항

1. 고전압 계통 부품

(1) 모든 고전압 계통 와이어링과 커넥터는 오렌지색으로 구분되어 있다.

(2) 고전압 계통의 부품에는 "고전압 경고" 라벨이 부착되어 있다.

(3) 고전압 계통의 부품: 고전압 배터리, 파워 릴레이 어셈블리(PRA), 고전압 정션 박스 어셈블리, 모터, 파워 케이블, BMU, 인버터, LDC, 완속 충전기 (OBC), 메인 릴레이, 프리 차지 릴레이, 프리 차지 레지스터, 배터리 전류 센서, 안전 플러그, 메인 퓨즈, 배터리 온도 센서, 부스바, 충전 포트, 전동식 컴프레서, 전자식 파워 컨트롤 유닛 (EPCU), 고전압 히터, 고전압 히터 릴레이 등으로 구성되어 있다.

2. 고전압 시스템의 작업 전 주의 사항

전기 자동차는 고전압 배터리를 포함하고 있어서 시스템이나 차량을 잘못 건드릴 경우 심각한 누전이나 감전 등의 사고로 이어질 수 있다. 그러므로 고전압 시스템의 작업 전에는 반드시 아래 사항을 준수하도록 한다.

(1) 고전압 시스템을 점검하거나 정비하기 전에 반드시 "고전압 차단 절차"를 참조하여 고전압의 차단을 위하여 안전 플러그를 분리한다.

(2) 분리한 안전 플러그는 타인에 의해 실수로 장착되는 것을 방지하기 위해 반드시 작업 담당자가 보관하도록 한다.

(3) 시계, 반지, 기타 금속성 제품 등 금속성 물질은 고전압 단락을 유발하여 인명과 차량을 손상시킬 수 있으므로 작업 전에 반드시 몸에서 제거한다.

(4) 고전압 시스템 관련 작업 전에는 안전사고 예방을 위해 개인 보호 장비를 착용 하도록 한다.

(5) 보호 장비를 착용한 작업 담당자 이외에는 고전압 부품과 관련된 부분을 절대 만지지 못하도록 한다. 이를 방지하기 위해 작업과 연관되지 않는 고전압 시스템은 절연 덮개로 덮어놓는다.

(6) 고전압 시스템 관련 작업 시 절연 공구를 사용한다.

(7) 탈착한 고전압 부품은 누전을 예방하기 위해 절연 매트 위에 정리하여 보관하도록 한다.

(8) 고전압 단자 간 전압이 30V 이하임을 확인한 후 작업을 진행한다.

3. 고전압 위험 차량 표시

고전압 계통의 부품 작업 시 아래와 같이 "고전압 위험 차량" 표시를 하여 타인에게 고전압 위험을 주지시킨다.

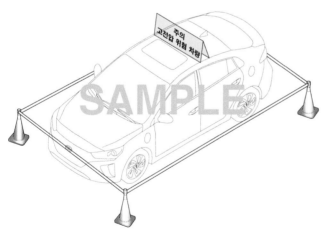

❖ 고전압 위험 차량 표시판　　　　　　❖ 표시 문구

출처 : ㈜ 골든벨(2021), [전기자동차매뉴얼 이론&실무]

4. 개인 보호 장비

개인 보호 장비를 아래와 같이 점검 확인한다.

(1) 절연화, 절연복, 절연 안전모, 안전 보호대 등도 찢어졌거나 파손되었는지 확인한다.

(2) 절연 장갑이 찢어졌거나 파손되었는지 확인한다.

(3) 절연 장갑의 물기를 완전히 제거한 후 착용한다.

❖ **절연 장갑**
출처 : ㈜ 골든벨(2021), [전기자동차매뉴얼 이론&실무]

가) 절연 장갑을 위와 같이 접는다.

나) 공기 배출을 방지하기 위해 3~4번 더 접는다.

다) 찢어지거나 손상된 곳이 있는지 확인한다.

5. 파워 케이블 작업 시 주의사항

(1) 고전압 단자를 다시 체결할 경우 체결 직후 절연 테이프를 이용하여 절연 조치를 한다.

(2) 고전압 단자 체결용 스크루는 규정 토크로 체결한다.

(3) 파워 케이블 및 부스 바 체결 또는 분해 작업 시 (+), (−) 단자 간 접촉이 발생하지 않도록 주의한다.

6. 고전압 배터리 시스템 화재 발생 시 주의사항

(1) 스타트 버튼을 OFF시킨 후 의도치 않은 시동을 방지하기 위해 스마트 키를 차량으로부터 2m이상 떨어진 위치에 보관하도록 한다.

(2) 화재 초기일 경우 "고전압 차단 절차"를 참조하여 안전 플러그를 신속히 OFF 시킨다.

(3) 실내에서 화재가 발생한 경우 수소 가스의 방출을 위하여 환기를 실시한다.

(4) 불을 끌 수 있다면 이산화탄소 소화기를 사용한다. 단, 그렇지 못할경우 물이나 다른 소화기를 사용하도록 한다.

(5) 이산화탄소는 전기에 대해 절연성이 우수하기 때문에 전기(C급) 화재에도 적합하다.

(6) 불을 끌 수 없다면 안전한 곳으로 대피한다. 그리고 소방서에 전기 자동차 화재를 알리고 불이 꺼지기 전까지 차량에 접근하지 않도록 한다.

(7) 차량 침수·충돌 사고 발생 후 정지 시 최대한 빨리 차량키를 OFF 및 외부로 대피한다.

7. 고전압 배터리 가스 및 전해질 유출 시 주의사항

(1) 스타트 버튼을 OFF 시킨 후 의도치 않은 시동을 방지하기 위해 스마트키를 차량으로부터 2m이상 떨어진 위치에 보관하도록 한다.

(2) 화재 초기일 경우, "고전압 차단 절차"에 따라 안전 플러그를 신속히 OFF 시킨다.

(3) 가스는 수소 및 알칼리성 증기이므로 실내일 경우는 즉시 환기를 실시하고 안전한 장소로 대피한다.

(4) 누출된 액체가 피부에 접촉 시 즉각 붕소 액으로 중화시키고, 흐르는 물 또는 소금물로 환부를 세척한다.

(5) 누출된 증기나 액체가 눈에 접촉 시 즉시 흐르는 물에 세척한 후 의사의 진료를 받는다.

(6 고온에 의한 가스 누출일 경우 고전압 배터리가 상온으로 완전히 냉각될 때까지 사용을 금한다.

8. 사고 차량 취급 시 주의사항

(1) 절연 장갑(또는 고무장갑), 보호 안경, 절연복 및 절연화를 착용한다.

(2) 고전압의 파워 케이블 작업 시 절연 피복이 벗겨진 파워 케이블(Bare Cable)은 절대 접촉하지 않는다.

(3) 차량 화재 시 불을 끌 수 있다면 이산화탄소 소화기를 사용한다. 단, 그렇지 못할 경우 물이나 다른 소화기를 사용하도록 한다.

(4) 차량이 절반 이상 침수 상태인 경우 안전 플러그 등 고전압 관련 부품에 절대 접근하지 않는다. 불가피한 경우라도 차량을 안전한 곳으로 완전히 이동시킨 후 조치한다.

(5) 가스는 수소 및 알칼리성 증기이므로 실내일 경우는 즉시 환기를 실시하고 안전한 장소로 대피한다.

(6) 누출된 액체가 피부에 접촉 시 즉각 붕소 액으로 중화시키고 흐르는 물 또는 소금물로 환부를 세척한다.

(7) 고전압의 차단이 필요할 경우 "고전압 차단 절차"를 참조하여 안전플러그를 탈거한다.

9. 사고 차량 작업 시 준비사항

(1) 절연 장갑, 보호 안경, 절연복 및 절연화를 착용한다.

(2) 붕소액(Boric Acid Power or Solution)을 준비한다.

(3) 이산화탄소 소화기 또는 그 외 별도의 소화기를 확인한다.

(4) 전해질용 수건을 준비한다.

(5) 터미널 절연용 비닐 테이프를 준비한다.

(6) 고전압 절연저항 확인이 가능한 메가옴 테스터를 준비한다.

10. 전기 자동차 장기 방치 시 주의사항

(1) 스타트 버튼을 OFF 시킨 후 의도치 않은 시동 방지를 위해 스마트키를 차량으로 부터 2m이상 떨어진 위치에 보관하도록 한다(암전류 등으로 인한 고전압 배터리 방전 방지).

(2) 고전압 배터리 SOC(State Of Charge, 배터리 충전율)가 30% 이하일 경우 장기 방치를 금한다.

(3) 차량을 장기 방치할 경우 고전압 배터리 SOC의 상태가 0으로 되는 것을 방지하기 위해 3개월에 한 번 보통 충전으로 만 충전하여 보관한다.

(4) 보조 배터리 방전 여부 점검 및 교체 시 고전압 배터리 SOC 초기화에 따른 문제점을 점검한다.

11. 전기 자동차 냉매 회수·충전 시 주의사항

(1) 고전압을 사용하는 전기 자동차의 전동식 컴프레서는 절연 성능이 높은 POE (Polyolester) 오일을 사용한다.

(2) 냉매 회수·충전 시 일반 차량의 PAG(Poly alkylene glycol) 오일이 혼입되지 않도록 전기 자동차 정비를 위한 별도의 전용 장비(냉매 회수·충전기)를 사용 한다.

(3) 반드시 전동식 컴프레서 전용의 냉매 회수·충전기를 이용하여 지정된 냉매(R-134a)와 냉동유(POE)를 주입한다. 일반 차량의 냉동유(PAG)가 혼입될 경우 컴프레서 손상 및 안전사고가 발생할 수 있다.

02 작업 중 유의사항

1. 작업 준비

(1) 시동을 OFF 상태로 만들고 키를 탈거 한다.

(2) 배터리의 고전압 스위치를 제거하거나 시스템의 에너지를 제거한다.

(3) 시스템 조치를 수행하기 전, 적어도 5분 이상을 기다린다. 이는 내부 커패시터에 남아 있는 전기가 모두 소진되기를 기다려야 하기 때문이다.

2. 작업 중

(1) 항상 절연 장갑 및 적절한 개인보호장비를 착용한다.

(2) 고전압 부품과 관계된 작업을 수행할 때는 항상 절연된 도구를 사용해야 한다. 이러한 사전 주의 절차가 작업자를 의도하지 않은 단락 등으로부터 보호할 수 있다.

3. 작업 후

(1) 수리나 교체 등의 작업이 모두 완료되어 다시 배터리에 전원을 인가하고자 할 때는;

(2) 모든 터미널과 단자, 커넥터가 제대로 규정된 토크에 의하여 체결되었는지 점검한다.

(3) 고전압 케이블이나 커넥터 등에 외관적인 불량요소가 있는지 확인하고 그 부품들이 차체나 차량 몸체 또는 부품 커버 등과 접촉이 되었는지 확인한다.

(4) 체결된 부품에서의 절연저항과 각각의 고전압 터미널 등에 대한 절연저항을 별개로 측정한다.

(5) 전기차나 하이브리드 차량과 관련된 작업을 수행할 때는 위에서 설명한 작업 기준 및 제작사의 서비스 안내서 등을 확실하게 참조하여 작업을 수행하여야 하며 수시로 업데이트된 내용들을 확인해야 한다.

4. 기타

(1) 작업 외 절차

1) 고전압 부품에 대한 유지보수 작업 중 고전압 부품의 결선이 체결되어 있지 않다거나 커버가 잘 감싸지 못하고 있으면 등과 같은 상황을 만날 때에는 다음의 절차대로 행한다.

2) 시동키를 OFF로 하고 키를 제거한다.

3) 배터리 모듈의 스위치가 제거되었는지 확인한다.

4) 인가되지 않은 작업자의 접근을 엄금하고 부주의하게 노출된 부품을 만지지 않도록 주의한다.

(2) 충돌 안전

전기 차량도 기존의 차량과 동일 한 매우 엄격한 규정에 따른 충돌 테스트 및 각종 시험을 시행하고 있으며 이로써 고객의 안전을 보장하고 있다. 2011년에는 최초의 순수 전기차가 유럽의 NCAP 시험을 통과한 사례가 있다.

(3) 보행자 안전

EV의 조용함은 이점이지만 특히 저속에서 시각 및 청각 장애가 있는 사람들에게 위협이 될 수도 있다. 차량을 본 보행자는 최대 20km/h의 차량 속도에서 사고를 피하기 위해 대응할 수 있으나 연구에 따르면 타이어 소음은 약 20km/h 이상의 속도에서 보행자에게 차량의 존재를 경고할 수 있기 때문에 요즈음에 시판되는 차량들은 모두 VESS(Virtual

Engine Sound System)을 적용하여 일정 기간 이상 동안 20km/h의 속도를 유지하지 않을 경우는 가상의 엔진음을 내어 주변의 보행자에게 차량이 지나가고 있다는 것을 알리는 의무화 장치가 탑재되어 있다.

(4) 5대 안전 수칙

1) 작업장에서는 항상 아래 5대 안전 수칙에 근거하여 모든 작업을 수행하여야 하며, 이는 작업장에서의 위험성이 모두 사라진 것을 안전하게 확인한 후에야 해제할 수 있다.

① **격리** : 작업공간을 주변 사물과 격리하고 전원을 효과적으로 차단한다.

② **재접속 방지** : 의도하지 않은 재접속이 이루어지지 않도록 조치한다.

③ **비 활 전상태 확인** : 비 활 전성태가 제대로 이루어졌는지 확인한다.

④ **접지와 단락 확인** : 회로 구성이 설계한 대로 제대로 이루어지고 있는지 확인한다.

⑤ **주변 부품 확인** : 인접한 주변 부품들에 대하여 안전조치를 시행한다.

2) 또한 작업을 마친 이후 다시 에너지를 복원할 때는 마찬가지로 다시 5대 안전수칙에 입각하여 모든 작업을 수행하여야 한다.

03 부품 교환 및 폐기

1. 개요

고전압 배터리 관련 시스템을 점검하기 위해 고전압 배터리팩 어셈블리를 탈착하여 점검하기 위하여 적합한 공구를 준비한다. 또한 차종에 적합한 특수공구를 사용하여 고전압 배터리의 이상 유무를 검사 및 판단한 후 신품으로 교환이 완료되면 고품 고전압 배터리 시스템 점검 절차에 따라 검사하고 폐기처리가 필요하면 고전압 어셈블리를 법적 절차에 따라 폐기한다.

2. 고품 고전압 배터리 시스템 점검 절차

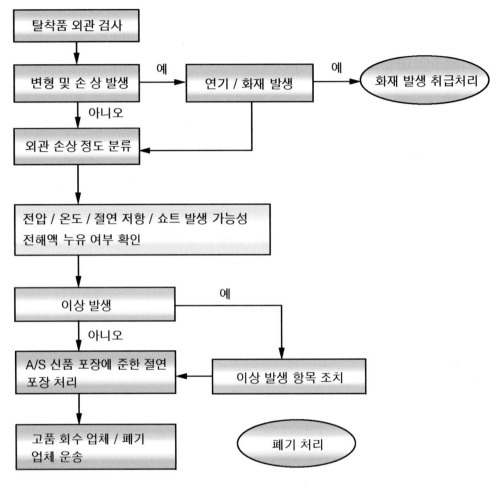

❖ **고품 고전압 배터리 시스템 취급 절차**
출처 : ㈜ 골든벨(2021), [전기자동차매뉴얼 이론&실무]

3. 고품 고전압 배터리 시스템 취급 및 점검 방법

(1) 미 손상 고전압 배터리

(가) 보관 : 안전 플러그 탈착 후 신품 배터리 시스템과 동일한 기준으로 안전 포장 및 보관

(나) 운송 : 충격을 최소화하고 타 일반부품과 섞이지 않도록 별도 운송 조치

(다) 폐기 : 지정 폐기업체에 운송하여 염수 침전 또는 방전 장비 이용하여 완전 방전시킨
후 폐기업체의 폐기 절차 수행

(2) 손상 고전압 배터리

(가) 점검방법

1. 전압 이상 점검(디지털 멀티미터 이용)

(1) 안전 플러그 상단 (+)단자와 [고전압 배터리-PRA] 연결 케이블 (-)단 자간 전압 측정 = 120 ~ 207V 정상

(2) 안전 플러그 하단 (-)단자와 [고전압 배터리-PRA] 연결 케이블 (+)단 자간 전압 측정 = 120 ~ 207V 정상

(3) 고전압 릴레이 연결 케이블 (+)단자와 (-)단자간의 전압 측정 = 240~413V 측정 기본 조건 : 안전 플러그 연결된 상태에서 측정 실시

(4) 조치 방법 : 비정상 시 고전압 배터리 화재방지를 위해 즉시 염수 침전 또는 방전 장비 이용한 완전 방전 실시

2. 온도 이상 점검 (비접촉식 온도계 이용)

(1) 배터리 팩 케이스의 외부 온도 확인

(2) 최초 온도/30분 후 온도 측정 후 온도 변화 확인

(3) 정상 기준 : 온도변화 3℃ 이하, 최대 온도 35℃ 이하

(4) 조치 방법

 - 최대 온도 35℃ 이상 시 건조하고 시원한 장소에 자연 방치한 후 35℃ 부근에서 온도 점검 진행

 - 최초 온도와 30분 후 온도 차이가 3℃ 이상 상승할 경우 즉시 염수 침전 또는 방전 장비 이용한 완전 방전 실시, 30분 간격으로 온도측정 결과 온도 지속상승 시 즉시 염수전 또는 방전 장비 이용한 완전 방전 실시.

3. 절연저항 이상 점검(메가 옴 테스터 이용)

(1) 파워 릴레이 (+) 단자와 배터리 팩 커버 간 절연저항 측정

(2) 파워 릴레이 (-) 단자와 배터리 팩 커버 간 절연저항 측정

(3) 정상 기준 : 절연저항 2MΩ 이상 (500V 전압 적용 시)

(4) 조치 방법 : 절연처리 및 외부 절연체 포장

4. 단락 발생 가능부위 절연 조치(육안 점검 후 절연조치)

(1) 고전압 배터리-PRA 연결 케이블 단자

(2) BMU 전압 센싱 커넥터

(3) 조치 방법

- 팩, 셀간, 모듈간 단락 방지를 위해 고무 캡 혹은 절연 테이프 처리 필요

- 움직임 최소화를 위한 케이블 단자 고정 필요

5. 전해액 누설 점검

(1) 배터리 팩 30cm 이내 거리에서 냄새 직접 확인(화학약품, 아크릴 냄새와 유사)

(2) 조치 방법

- 전해액 누설이 의심되는 이상 냄새 감지 시 즉시 염수 침전 또는 방전 장비 이용한 완전 방전 실시.

4. 단락 발생 가능 부위 절연 처리 방법

(1) 고전압 배터리와 PRA 연결 케이블 단자 절연 처리 방법

1) 팩 단락 방지를 위해 고무 캡 혹은 절연 테이프를 이용한 케이블 단자 (+), (-) 각각에 대해 절연처리 작업을 한다.

2) 움직임을 최소화하기 위해 절연 테이프를 이용하여 케이블 단자를 배터리 팩 케이스에 고정시킨다.

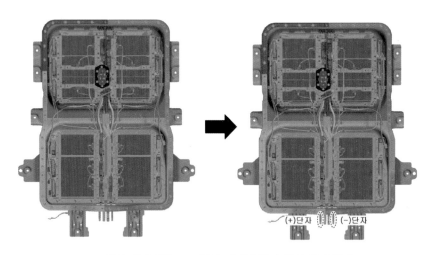

(+)단자   (-)단자

❖ 고전압 배터리와 PRA 연결 케이블 단자 절연 처리 방법
출처 : ㈜ 골든벨(2021), [전기자동차매뉴얼 이론&실무]

(2) BMU 전압 신호 커넥터 절연 처리 방법

1) 셀간, 모듈간 단락을 방지하기 위해 고무 캡 또는 절연 테이프를 이용하여 커넥터 절연 처리 작업을 한다.

2) 와이어링의 움직임을 최소화하기 위해절연 테이프를 이용하여 와이어링을 배터리 팩 케이스에 고정시킨다.

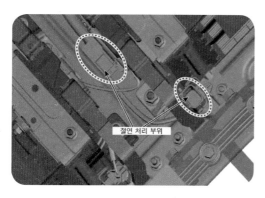 

❖ **BMU 전압 신호 커넥터 절연 처리 방법**
출처 : ㈜ 골든벨(2021), [전기자동차매뉴얼 이론&실무]

(3) 고품 고전압 배터리 시스템 방전 절차

1) 염수 침전 방전이 필요한 배터리

고전압 배터리는 감전 및 기타 사고의 위험이 있으므로 고품 고전압 배터리에서 아래와 같은 이상 징후가 감지되면 서비스 센터에서 염수 침전(소금물에 담금) 방식으로 고품 고전압 배터리를 즉시 방전하여야 한다.

가) 화재의 흔적이 있거나 연기가 발생하는 경우

나) 고전압 배터리의 전압이 비정상적으로 높은 경우 (413V 이상)

다) 고전압 배터리의 온도가 비정상적으로 지속적 상승하는 경우

라) 전해액 누설이 의심되는 이상 냄새(화학약품, 아크릴 냄새와 유사)가 발생할 경우

2) 염수 침전 방전 방법

가) 고전압 배터리 전체를 잠수시킬 수 있는 플라스틱 용기에 물을 준비한다.

나) 소금물의 농도가 약 3.5% 정도가 되도록 소금을 부어 소금물을 만든다. 예를 들어 물의 양이(10ℓ)인 경우 소금의 양은 350g을 넣어 준다.

다) 고전압 배터리 어셈블리 또는 배터리모듈을 아래와 같이 소금물에 담근다.

라) 약 12시간 이상 방치한 후 고전압 배터리를 용기에서 꺼내어 건조한다.

참고자료

- 일본자동차기술회(1996).『자동차공학기술대사전』. 도서출판 과학기술.
- 현대자동차 IONIOQ 전장회로도
- 이진구 외1 (2019)『전기자동차 매뉴얼 』골든벨
- 임치학외(2018).『친환경 자동차』. 한국폴리텍
- 현대자동차(2018),『플러그인 하이브리드 자동차 정비지침서』현대자동차(주)
- 기아자동차(2017),『쏘울 전기차 정비지침서』
- 한국산업인력공단(2013).『자동차전기전자장치』한국산업인력공단
- 세나토모가즈외(2005).『자동차 신기술 용어해설』. 골든벨
- 서비스정보기술팀.(2013).『YF 소나타 하이브리드 정비지침서』. 현대자동차(주)
- 한국산업인력공단(2014).『자동차전기장치정비실습』
- 한국산업인력공단(2014).『자동차전기전자장치』
- 한국폴리텍대학(2018), [친환경자동차]
- ㈜ 골든벨(2014), [정석자동차정비교본] 자동차전기
- ㈜ 골든벨(2021), [전기자동차매뉴얼 이론&실무]
- ㈜ 골든벨(2019), [내차달인교과서] 전기자동차편
- ㈜ 골든벨(2019), [전기자동차]
- 기아자동차, [쏘울 전기자동차] EV 신차교육교재
- 현대자동차, [플러그인 하이브리드 자동차] PHEV 신차교육교재

「미래자동차 기술인력양성」 교육·훈련교재

전기자동차 고전압 안전교육

초 판 인 쇄 | 2022년 4월 15일
초 판 발 행 | 2022년 5월 2일

저　　자 | 미래자동차 인재개발원 편찬위원회(전광수, 박동수, 이후경)
발 행 인 | 김길현
발 행 처 | (주) 골든벨
등　　록 | 제 1987-000018호　ⓒ 2022 GoldenBell Corp.
I S B N | 979-11-5806-579-9
가　　격 | 28,000원

표지 및 디자인 | 조경미 · 남동우
웹매니지먼트 | 안재명 · 서수진 · 김경희
공급관리 | 오민석 · 정복순 · 김봉식

제작 진행 | 최병석
오프 마케팅 | 우병춘 · 이대권 · 이강연
회계관리 | 문경임 · 김경아

(우)04316 서울특별시 용산구 원효로 245(원효로 1가 53-1) 골든벨 빌딩 5~6F
• TEL : 도서 주문 및 발송 02-713-4135 / 회계 경리 02-713-4137
　　　내용 관련 문의 02-713-7452 / 해외 오퍼 및 광고 02-713-7453
• FAX : 02-718-5510　• http : //www.gbbook.co.kr　• E-mail : 7134135@naver.com

이 책에서 내용의 일부 또는 도해를 다음과 같은 행위자들이 사전 승인없이 인용할 경우에는 저작권법 제93조
「손해배상청구권」에 적용 받습니다.
① 단순히 공부할 목적으로 부분 또는 전체를 복제하여 사용하는 학생 또는 복사업자
② 공공기관 및 사설교육기관(학원, 인정직업학교), 단체 등에서 영리를 목적으로 복제 · 배포하는 대표, 또는 당해 교육자
③ 디스크 복사 및 기타 정보 재생 시스템을 이용하여 사용하는 자